2016 The Capital Science and Technology Innovation Development Report 2016

首都科技创新发展报告

首都科技发展战略研究院

科学出版社
北京

内 容 简 介

本书是首都科技发展战略研究院每年系列研究成果之一。首都科技发展战略研究院依托国内多部门、多学科、多领域的专家团队，结合国家战略和北京发展实际需求，开展系列研究。本书紧密结合“十三五”开局之年的国内外发展形势，在总结“十二五”发展成就的基础上，用“首都科技创新发展指数”系统地分析了首都当前科技创新发展水平，勾画描绘了“十三五”时期在战略规划、创新发展、开放发展和改革发展方面的下一步部署。

本书可供政府工作人员、高校院所的研究人员和关心科技创新政策的广大读者参考阅读。

图书在版编目（CIP）数据

首都科技创新发展报告. 2016 / 首都科技发展战略研究院编. —北京：科学出版社，2016

ISBN 978-7-03-049129-9

Ⅰ. ①首…　Ⅱ. ①首…　Ⅲ. ①科学研究事业-发展-研究报告-北京市-2016　Ⅳ. ①G322.71

中国版本图书馆 CIP 数据核字（2016）第 143246 号

责任编辑：马　跃 / 责任校对：何艳萍
责任印制：霍　兵 / 封面设计：蓝正设计

科学出版社 出版
北京东黄城根北街 16 号
邮政编码：100717
http://www.sciencep.com

中国科学院印刷厂　印刷

科学出版社发行　各地新华书店经销

*

2016 年 7 月第　一　版　开本：787 × 1092　1/16
2016 年 7 月第一次印刷　印张：19　1/2
字数：462 000

定价：146.00元

（如有印装质量问题，我社负责调换）

首都科技发展战略研究院简介

首都科技发展战略研究院（简称“首科院”）是科学技术部、中国科学院、中国工程院和北京市人民政府发起，以北京市科学技术委员会为秘书长单位，北京市科学技术委员会、北京师范大学和北京市科学技术研究院共同承建的首都特色新型智库。首科院旨在围绕“坚持和强化首都全国政治中心、文化中心、国际交往中心、科技创新中心的核心功能，深入实施人文北京、科技北京、绿色北京战略，努力把北京建设成为国际一流的和谐宜居之都”的目标，搭建“小核心、大网络”的首都科技发展战略研究平台，探索服务和利用首都科技智力资源的体制机制，为率先实现创新驱动的发展格局、促进首都科学发展提供智力支撑。

大事记

2009年9月，北京市人大常委会在审议“市政府推动高新技术在本市经济社会发展中应用情况报告”时，建议市政府研究建立由北京市和国家有关部门共同组成的首都科技创新协调机构。

2010年9月，时任中共中央政治局委员、北京市委书记刘淇，时任市委副书记、市长郭金龙，市人大常委会主任杜德印等北京市领导对首科院筹建工作做出重要批示，筹建工作正式启动。

2011年8月10日，首科院正式揭牌成立。

2012年9月6日，市人大常委会主任杜德印赴首科院就首都科技发展战略研究进行专题调研，指出首科院要加快建设成为首都特色新型智库，更好地支撑和服务首都经济社会发展。

2012年9月13日，恰逢北京市科技创新大会隆重召开，首科院首次发布“首都科技创新发展指数”，从创新资源、创新环境、创新服务和创新绩效四个维度为首都科技创新发展水平“画像”。同年，出版《首都科技创新发展报告2012》。此后，每年在北京市科技工作大会期间发布首都科技创新发展指数，已成为惯例。

2013年11月，十八届三中全会提出建设中国特色新型智库，建立健全决策咨询制度。2015年1月20日，国务院发布了《关于加强中国特色新型智库建设的意见》。北京市委宣传部积极牵头出台落实文件，首科院即北京落实中央系列文件和会议精神的重要举措。

组织机构

中关村科技园区管理委员会
北京市科学技术研究院
北京师范大学经济与资源管理研究院
国务院发展研究中心产业经济研究部
中国科学技术发展战略研究院
中国科学院科技政策与管理科学研究所
中国科学院北京分院
清华工业开发研究院
北京大学首都发展研究院
北京航空航天大学先进工业技术研究院
中国钢研科技集团公司
中国航天科工集团
中国核工业集团公司
国家电网公司
神华集团有限公司
中国恩菲工程技术有限公司
中国铁道科学研究院
首钢集团公司
北大方正集团公司
北京汽车工业控股有限责任公司
联想控股有限公司
时代集团公司
中星微电子有限公司
启明星辰信息技术有限公司
北京碧水源科技股份有限公司
二十一世纪空间技术应用股份有限公司
中关村发展集团

《首都科技创新发展报告（2016）》编委会

目　录

战略规划篇

创新发展篇

开放发展篇

改革发展篇

总　　论

总　论①

创新是引领发展的第一动力。党的十八届五中全会提出了“五大发展理念”，并把创新发展列为“五大发展理念”之首，指出坚持创新发展，是贯穿“十三五”时期乃至今后相当长一段时期的重大战略思想，必须把创新摆在国家发展全局的核心位置，让创新贯穿党和国家一切工作，让创新在全社会蔚然成风。2016年，是“十三五”开局之年，更是落实首都城市战略定位、建设全国科技创新中心，提升城市国际创新竞争力和影响力的关键时期。面向“十三五”，北京需要牢牢把握全球经济和科技进步的方向与趋势、充分服务国家战略需要和城市功能定位，把科技创新摆在发展全局的核心位置，坚持通过创新增强发展新动能，引领经济发展新常态，坚持通过创新释放发展新活力，实现供给侧结构性改革新突破，坚持通过创新推动区域合作新进步，打造京津冀协同创新共同体，推动创新引领协调、绿色、开放、共享发展，以全球视野来谋划和推动科技创新，以首善标准努力使科技创新走在全国前列，推动科技创新从“跟跑”向“领跑”转变，真正发挥北京在全国创新驱动发展中的“领头羊”和“排头兵”作用，推动科技创新向更高层次、更高水平全面推进。

一、“十二五”北京科技创新主要进展

“十二五”时期，北京积极践行和服务国家创新驱动发展战略，不断优化创新创业环境，着力聚集高端创新人才，大力提升自主创新能力，科技创新成效显著，在凝聚创新资源，发挥创新优势，推动创新引领经济社会发展方面取得了积极进展，创新驱动发展格局初步形成，为首都经济社会发展提供了有力支撑，主要体现在以下四个方面②。

一是服务国家创新发展战略作用突出。“十二五”期间，北京作为国家自主创新源头地位进一步凸显，产生了量子通信和量子反常霍尔效应、化学诱导的多潜能干细胞、高温铁基超导等一批具有国际水平的重大创新成果，越来越多的创新成果正在从“跟跑”向“领跑”跨越。承担国家重大创新任务取得显著成效，累计承接10个民口国家科技重大专项项目1 000余项，牵头“极大规模集成电路制造装备及成套工艺专项”（02专项）

① 本章由首都科技发展战略研究院院长关成华执笔完成。

② 引自北京市科学技术委员会主任闫傲霜在2016年北京市科技工作会议上的报告。

取得重大突破，国家集成电路产业基金落户北京，6个重大科技基础设施在京建设，国家蛋白质科学中心开始运行。央地协同创新取得实质性进展，与科技部共同推进中关村国家自主创新示范区（简称中关村示范区）、国家现代农业科技城建设等重点任务，与中国科学院（简称中科院）共建超级云计算中心，高能同步辐射光源等大科学装置落地北京。发布实施了《关于贯彻〈京津冀协同发展规划纲要〉的意见》，加快建设京津冀协同创新共同体。持续推动创新要素向周边、其他省（自治区、直辖市）辐射溢出，北京技术覆盖全国全部地级以上城市，服务全国创新发展能力进一步增强。开放创新合作深入推进，全国首个服务业扩大开放综合试点工作深入开展，国家技术转移聚集区加快建设，外资总部企业累计268家，外资研发机构累计532家，成为全球创新网络的重要枢纽。

二是全面创新改革迈出坚实步伐。建立健全了“1+N”创新政策体系。“1”，是《关于进一步创新体制机制　加快全国科技创新中心建设的意见》；“N”是出台《加快推进高等学校科技成果转化和科技协同创新若干意见（试行）》（简称“京校十条”）、《加快推进科研机构科技成果转化和产业化的若干意见（试行）》（简称“京科九条”）等市级层面改革政策。近500家单位参加股权激励试点。更加尊重科研规律，修订科技计划项目经费管理办法。累计安排市级重大科技成果转化和产业化项目统筹资金约550亿元，带动社会投资近4 000亿元。首都科技创新券支持、引导小微企业和创业团队使用科技资源开展创新活动。中关村改革“试验田”成果丰硕。贯彻实施国务院批复的中关村中长期发展规划，推动示范区空间规模和布局调整，形成“一区十六园”的发展格局。加快建设中关村人才特区，制定实施13项配套政策。率先实施国务院“1+6”①“新四条”②等系列先行先试政策，其中10余项试点政策在全国推广。

三是创新创业生态引领全国。“十二五”期间，北京激励创新的市场体系进一步优化，制定《北京市新技术新产品（服务）认定管理办法》和《关于在中关村国家自主创新示范区深入开展新技术新产品政府采购和推广应用工作的意见》，增加国有企业为采购主体，支持民营科技企业进入市政基础设施建设等领域。累计认定8 000余个新技术新产品（服务），政府采购金额超过500亿元。研究制定《深化改革　加快建设国家科技金融创新的意见》，充分发挥金融对创新创业的助推作用，设立前孵化成果转化基金、中小企业创投引导基金、战略性新兴产业引导基金、“高精尖”产业发展基金等基金，初步形成涵盖技术创新和成果转化全链条、多领域的基金格局。发布《北京市人民政府关于大力推进大众创业万众创新的实施意见》，挂牌65家“北京市众创空间”，其中27家入选国家级众创空间。全市150余家科技孵化机构，在孵企业超过1万家。实施“公众参与创新行

---

① “1+6”先行先试政策：“1”即搭建首都创新资源服务平台；“6”即支持在中关村深化实施先行先试改革的6项政策，包括推进科技成果处置和收益权改革，开展完善股权激励个人所得税政策试点，中央有关部门会同北京市研究制定股权激励试点方案审批细则，明确审批主体、审批程序等，在中关村开展科研项目及经费管理改革试点，加快推进全国场外交易市场建设，在中关村先行开展完善高新技术企业认定试点。

② “新四条”政策包括：《关于在中关村国家自主创新示范区开展高新技术企业认定中文化产业支撑技术等领域范围试点的通知》（国科发高〔2013〕595号）、《关于中关村国家自主创新示范区有限合伙制创业投资企业法人合伙人企业所得税试点政策的通知》（财税〔2013〕71号）、《关于中关村国家自主创新示范区技术转让企业所得税试点政策的通知》（财税〔2013〕72号）、《关于中关村国家自主创新示范区企业转增股本个人所得税试点政策的通知》（财税〔2013〕73号）。

动计划”，在全国率先引爆大众创业、万众创新的导火线。中关村创业大街作为首家“北京市众创空间集聚区”，成为国内青年创业的新地标。聚集全国80%的天使投资人，创业投资和私募股权投资管理机构超过1 000家，发生的创业投资案例和金额占全国40%，“天使投资+合伙人制+股权众筹”成为我国创业热潮的主流模式。

四是创新驱动发展格局初步形成。“十二五”时期，北京实施创新驱动，着力转型发展，北京地区综合科技进步水平居全国首位，全市专利授权量、技术合同成交额、中关村示范区总收入都实现了翻番，创新驱动发展格局初步形成。制定实施“北京技术创新行动计划”，催生了一批新技术、新产品、新模式、新业态，产业聚集效应明显，六大高端产业功能区以全市7%的平原面积创造了45.2%的地区生产总值，高端产业形成发展新优势。创新惠民水平大幅提升。深入实施“首都蓝天行动”，京津冀联合开展大气污染联防联控。利用物联网技术，完善燃气、热力、电力、给排水、交通等“城市生命线”信息的实时监测。建设国家母婴乳品健康工程技术研究中心，建立供京蔬菜安全生产示范基地。实施《首都十大疾病科技攻关与管理实施方案》，率先建设全国规模最大的重大疾病临床数据和样本资源库，制定136项诊疗技术规范和标准，筛选170项科技成果共向5 000家（次）医疗机构推广。

二、“十三五”北京科技创新的关键环节：“一个核心”“三个转变”“四个引领”

“十三五时期”，是北京坚持和强化首都城市功能定位，建设全国科技创新中心，提升城市国际创新竞争力和影响力的关键时期。面向“十三五”，首都科技创新发展的重点任务主要是进一步巩固创新优势，提升创新驱动发展的能力和水平，在更好地服务国家创新发展战略的同时，实现首都科学发展。可以概况为“一个核心”“三个转变”“四个引领”，即以构建创新型经济发展模式，提升创新发展质量为核心，实现创新重点、创新范围、创新动力“三个转变”，把创新融入城市经济建设、政治建设、文化建设、社会建设和生态文明建设的全过程，以创新引领首都协调、绿色、开放、共享发展，构建高水平创新驱动发展新格局。

（一）“一个核心”

北京创新驱动发展的核心在于适应和引领经济新常态，以提高发展的质量和效益为主线，转变传统城市经济发展模式，构建创新型城市经济模式，提升创新驱动城市经济发展质量。一方面，需要加速北京创新要素聚合、裂变与知识外溢，推进科技创新与商业模式创新、服务流程创新结合，推动创新与产业、城市互动融合发展，提升创新的综合贡献率，增强全面创新对经济发展的贡献度，促进经济提质增效。另一方面，需要将北京创新发展与协调、绿色、开放、共享发展统一起来，实现科技创新、经济发展与生态保护的协调、融合与统一，构建富裕繁荣、环境宜居、社会和谐的品质城市。

（二）“三个转变”

（1）实现创新重点从规模扩张向结构优化转变。“十三五”时期，北京应更加注重创新与城市产业、空间功能的统一与协调，把握国际和我国经济格局深度调整的趋势，更加突出创新型经济结构调整的作用，以提高城市经济发展质量和效益为中心，以中关村示范区为载体，把转方式调结构放在突出的位置，通过供给侧和需求侧双向发力，充分发挥创新对优化城市生产能力和组织方式的引领功能，通过创新推动城市产业结构、空间结构的优化，实现北京城市供给与需求、产业与空间、内部与外部经济结构的均衡发展，为构建创新型经济体系提供支撑。

（2）实现创新范围从领域创新向全面创新转变。“十三五”时期，北京应着力打造多要素联动、多领域协同，对内可循环、可持续，对外形成强大的资源集聚效应的综合创新系统。在强调发挥科技创新在北京全面创新中的引领作用、发挥科技创新对城市经济增长支撑作用的同时，更加统筹推进推动技术创新、组织创新、要素创新、战略创新、市场创新、管理创新、文化创新、制度创新、社会创新等各种创新蓬勃发展，更加突出以科技创新为核心的全面创新对北京经济社会发展的促进和影响作用。

（3）实现创新动力从要素和投资驱动向创新驱动发展的转变。“十三五”时期，北京应持续深化推进单纯依靠要素驱动和投资规模驱动发展方式，向创新驱动发展为主转变。当前，首都人口资源环境矛盾突出，治理大气污染、交通拥堵等“大城市病”问题突出，在新常态下实现有序疏解非首都功能、构建“高精尖”经济结构，兼顾发展速度与质量、统筹发展规模与结构，关键是要依靠科技创新转换发展动力，核心是要牵住新旧动力转换这个“牛鼻子”。为此，必须坚持把发展的基点放在创新上，充分发挥首都科技智力资源优势，着力打造国家自主创新的重要源头和原始创新的主要策源地，加快构建“高精尖”经济结构，大力培育新的发展动能，在保持经济中高速增长的同时，切实提高发展的质量和效益。必须坚持以改革创新为根本动力，坚持问题导向，切实破除制约发展的体制机制障碍；把创新摆在发展全局的核心位置，深入实施创新驱动发展战略，着力激发创新创业活力，发挥创新激励经济增长的乘数效应，率先形成以创新为主要引领和支撑的经济体系和发展模式。

（三）“四个引领”

（1）以创新引领城市协调发展。“十三五”时期，北京要巩固和强化自身创新能力，以产业和空间为重点，通过改革释放创新活力，激发创新动力，促进创新资源集聚、流动、融合，完善人才、资本、市场等创新体制机制，通过创新驱动实现转型升级，依靠以产品、技术、业态、模式、制度等全面创新，挖掘支撑新常态发展创新动力，培育和形成新的经济增长点，构建协调的现代“高精尖”经济结构，同时依靠创新建立健全区域合作发展协调机制，优化区域分工和功能布局，优化城市发展布局和要素配置，消除内部空间发展“短板”，凝聚城市整体发展合力，推动城市区域协调发展、共同进步。

（2）以创新引领城市绿色发展。“十三五”时期，北京要以城市可持续、高质量发展的重大需求为导向，依靠创新加大污染治理和生态建设力度，加强创新对国际一流和谐宜居之都建设的贡献。特别围绕人口管理、交通拥堵、环境污染、食品安全等问题，加快科技创新步伐，推动先进适用、经济可行的绿色科技成果规模化、工程化、市场化应用，推动经济绿色化和绿色经济化，缓解人口、资源、环境矛盾，通过创新增强城市绿色发展能力，提升城市生活品质，彰显城市宜居形象。

（3）以创新引领城市开放发展。“十三五”时期，北京需要立足国情、面向世界，推动国内、国外双向开放，一方面积极适应国内开发开放发展要求，通过开放合作，以京津冀协同发展为重点，服务“一路一带”“长江经济带”等重大国家战略，发挥首都创新的引领示范和辐射带动作用，带动和引领全国其他地区经济社会发展。同时，更要站在世界科技创新的前沿，引领新一轮科技革命浪潮，集聚全球创新人才和资源，并推动创新产品、技术、制度、文化的全球化传播和推广，提升首都创新的国际影响力和话语权，打造中国特色、世界一流的全球科技创新中心。

（4）以创新引领城市共享发展。“十三五”时期，北京需要坚持以人为本，把人才作为创新的第一资源，更加注重创新人才培养模式，促进人才合理流动、优化配置；更加注重激励机制，给予科技人员更多的回报和鼓励；更加重视服务创新人才的需求，营造勇于探索、鼓励创新、宽容失败的文化和社会氛围。同时，要通过创新改善民生，加快创新产品、技术、商业模式在城市住房保障、健康医疗、养老服务等领域的推广，推动创新成果的全社会包容共享，增进市民福祉、促进人的全面发展，真正实现创新依靠人、创新服务人，形成创新引领城市共享发展的格局。

三、《首都科技创新发展报告2016》的主要内容

《首都科技创新发展报告》自2012年起已经连续出版3年，以往惯例是第二年出版时年号为前一年度。为了更好地突出时效性，按照国际通用方法，自2016年起，《首都科技创新发展报告》年度将为出版当年年度，即《首都科技创新发展报告2016》。

2016年度报告主要分为指数篇、战略规划篇、创新发展篇、开放发展篇和改革发展篇。每一篇分别围绕主题，从不同角度、不同研究层面为首都科技创新发展提供了决策支撑。

（一）指数篇

首都科技创新发展指数研究构建了科技创新发展指数体系，连续、动态地跟踪和度量首都科技创新发展的进展情况，科学、客观、公正地评价了首都科技创新发展的成效

和趋势。指数篇主要包括首都科技创新发展指数理论基础与指标体系、指数测算、专栏分析和“十三五”新趋势等方面。总体看，“十二五”时期，首都科技创新发展指数增长态势明显，发展水平不断提高，支撑首都经济社会发展成效显著。指数得分从2010年的79.77分，增长到2014年的88.72分，总体增幅达11.22%，年均增长2.24分。

（二）战略规划篇

2016年是“十三五”的开局之年，结合全国科技创新中心战略定位的研究和分析，战略规划篇开宗明义即勾勒出“十三五”时期加强全国科技创新中心发展的愿景，系统总结回顾了“十二五”首都科技创新发展的成就；遵循“基础研究—前沿技术—产业发展”的思路，从战略视角提出北京“十三五”时期的基础研究发展战略，对北京在“领跑、并跑、跟跑”格局中的技术进行了预测研究，分析了《〈中国制造2025〉北京行动纲要》的战略布局。

（三）创新发展篇

为深入实施北京市创新驱动发展战略，聚焦国家重大战略需求和首都城市战略定位，更加突出科技创新对经济社会发展支撑作用，本篇首先对《北京技术创新行动计划（2014—2017年）》取得的阶段性进展进行了系统梳理；总结了北京市在推进“大众创业万众创新”过程中的主要工作及进展。特别是围绕构建“高精尖”经济结构，专题遴选了新能源汽车、大数据、智能机器人等战略性新兴产业，深入开展了有关产业政策、发展路径、技术创新等方面的研究，并提出了相关政策建议。

（四）开放发展篇

为更好地贯彻落实京津冀协同发展、“长江经济带”、“一带一路”等重大国家战略，本篇对京津冀区域协同创新发展的现状、外部环境和面临的挑战进行了分析，提出了未来发展的思路建议。同时，以企业为切入点，对京津冀地区的企业的活力、动力和创新力进行了分析。《北京市国民经济和社会发展第十三个五年规划纲要》明确指出，“到2020年北京要建设成为具有全球影响力的科技创新中心”。基于此，站在全球视野角度，本篇对北京科技开放合作的战略进行了大胆设想，还分专题对全球创新中心和中关村国际化发展进行了深入研究，提出了相关对策建议。

（五）改革发展篇

2015年是全面深化改革的关键之年，作为我国科技体制改革的先行者，北京的改革探索将更具有现实意义。本篇选取了中关村示范区、首都人才制度、首都特色新型研发机构、首都特色新型智库等各领域的创新改革探索实践，分专题进行了深入研究。这些研究成果将对更好地落实创新驱动发展战略，深化科技体制改革，释放创新活力,激发创新动力，提升创新能力起到促进作用。

四、致　谢

首都科技发展战略研究院自2011年成立以来，以打造首都高端新型智库为目标，始终致力于发挥平台、纽带和枢纽功能，汇思想、聚人才、出成果，探索打造符合首都发展需求，用得上、用得好的首都创新基地，为率先实现创新驱动的发展格局、促进全国科技创新中心建设提供战略决策支撑。《首都科技创新发展报告2016》是首都科技发展战略研究院的年度品牌研究报告，凝聚着首都科技发展战略研究院理事单位、承建单位和各课题组研究人员的智慧和汗水，也得到了来自科技部、中共中央政策研究室、国务院研究室、国务院发展研究中心、中国社会科学院、国家统计局、中国科学技术发展战略研究院、北京市委研究室、北京市政府研究室、北京市统计局、北京市科学技术研究院等国家和北京市有关政府部门、研究机构、专家学者的广泛支持，在此一并表示感谢。同时，我们也要感谢社会各界一直以来对首都科技发展战略研究院研究工作的关注和鼓励，并真诚欢迎关心首都科技创新发展的领导、专家、企业家和朋友提出更多宝贵的意见与建议，齐心协力，为建设全国科技创新中心和国际一流的和谐宜居之都贡献力量，服务北京和国家创新发展大局。

指　数　篇[①]

① 本篇由首都科技发展战略研究院课题组完成。课题负责人关成华教授，执行负责人赵峥，指数测算组组长刘杨，课题组成员包括杨仁全、董齐超、王海芸、刘芸、王艳辉、陶晓丽、张橦、王琪、温梦琪等。

第一章 导 论

第一节 关于首都科技创新发展指数

创新驱动是时代发展的主旋律。党的十八大做出了实施创新驱动发展战略的重大部署，强调科技创新是提高社会生产力和综合国力的战略支撑。党的十八届五中全会将创新发展确立为必须坚持的“五大发展理念”之首，强调必须把创新摆在国家发展全局的核心位置。创新，成为以习近平同志为总书记的党中央治国理政的核心理念之一；创新驱动，成为中国发展的核心战略之一。党的十八大以来，创新驱动发展战略在大江南北落地生根，为经济稳中求进、为产业转型升级提供重要动力。研究建立评价科技创新发展水平的指标体系，对北京贯彻落实国家创新驱动发展战略、建设具有全球影响力的科技创新中心和推动京津冀协同发展具有十分重要的意义。近年来，首都科技发展战略研究院紧紧围绕服务国家创新战略和促进首都经济社会发展为主题，以度量科技进步对经济社会发展的贡献程度为核心，逐步探索并建立了一套具有“首都特色”的科技创新发展指标评价方法，即“首都科技创新发展指数”，其主要目的是“看过去、察当前、谋未来”，其主要手段是“大数据、新数据、解数据”，选取一套结合首都实际情况的指标体系来全景式描绘首都科技创新工作成效，站在历史和当前的维度，全面翔实、客观公正地反映首都科技创新发展的水平和趋势，全方位分析首都创新驱动发展的新趋势、新特点，更加强调以科技创新为核心的全面创新对经济社会发展的总体驱动作用，并从中分析问题，总结规律，谋划和指导未来科技创新发展。目前已连续监测3个年度并发布了3期，被称为首都科技创新发展的“全景图”和“晴雨表”。“首都科技创新发展指数2016”将契合时代发展主题，重点围绕“‘十二五’回顾，‘十三五’趋势预测”展开。

一、理 论 体 系

“首都科技创新发展指数”是基于首都科技创新发展理论体系（图1-1）构建而成。首都科技创新发展是各类创新主体在特定的支撑条件下运用创新资源开展创新活动、形成创新成果并作用于经济社会发展的复杂过程。具体而言，政府和市场共同为科技创新活动提供环境和服务支撑，企业、科研院所和高等院校等创新主体，通过人力资本和研发经费等资源投入，开展知识创新、技术创新、管理创新、体制创新、商业模式创新和生产组织方式创新，形成知识、技术和产品的产出，进而推动经济发展、结构优化和民生改善，同时通过技术创新溢出，形成辐射、引领效应。

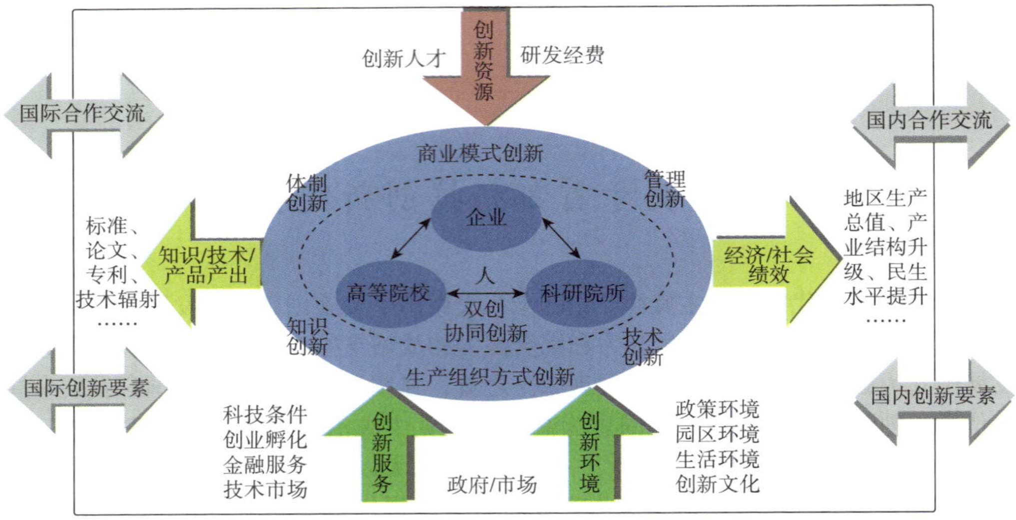

图1-1　首都科技创新发展体系图

二、“首都科技创新发展指数”体系及其完善

首都科技创新发展指数指标体系由三个层次指标构成。其中，一级指标共4个，主要包括创新资源、创新环境、创新服务、创新绩效。二级指标共15个，主要包括创新人才、研发经费、政策环境、人文环境、生活环境、国际交流、科技条件、技术市场、创业孵化、金融服务、科技成果、经济产出、结构优化、绿色发展、辐射引领。三级指标共64个，主要包括创新资源三级指标10个，创新环境三级指标15个，创新服务三级指标11个，创新绩效三级指标28个。具体指标及权重如表1-1所示。

表1-1　首都科技创新发展指数指标体系

一级指标	权重/%	二级指标	权重/%	三级指标	正逆	权重/%
创新资源	20	创新人才	11	万名人口中本科及以上学历人数	正	2.20
				万名从业人口中从事R&D人员数	正	2.20
				企业R&D人员数占其从业人员比重	正	2.20
				高校、科研机构R&D人员占其从业人员比重	正	2.20
				每万名从业人员中高端人才数	正	2.20

续表

一级指标	权重/%	二级指标	权重/%	三级指标	正逆	权重/%
创新资源	20	研发经费	9	R&D经费内部支出相当于地区生产总值比例	正	1.80
				地方财政科技投入占地方财政支出比重	正	1.80
				企业R&D投入占企业主营业务收入比重	正	1.80
				基础研究投入占R&D投入的比重	正	1.80
				每万名高校和科研机构R&D人员使用的企业科技经费额	正	1.80
创新环境	20	政策环境	6	政府采购新技术新产品支出占地区公共财政预算支出比重	正	2.00
				企业税收减免额占缴税额的比例	正	2.00
				中关村示范区试点政策效果	正	2.00
		人文环境	5	全市公民科学素养达标率	正	1.25
				人均公共图书馆藏书拥有量	正	1.25
				人均科普专项经费	正	1.25
				人均公共财政教育支出	正	1.25
		生活环境	4	每千人口拥有医院床位数	正	1.00
				每百名学生拥有专任教师人数	正	1.00
				城市人均公园绿地面积	正	1.00
				地均城市轨道交通里程数	正	1.00
		国际交流	5	企业在境外设立研发机构的增长率	正	1.25
				外资研发机构数量增长率	正	1.25
				高校参与国际交流合作人次与高校教学科研人员数之比	正	1.25
				外国专家来京人次增长率	正	1.25
创新服务	20	科技条件	6	信息化指数	正	1.50
				大型科学仪器（设备）原值增长率	正	1.50
				每万名科技活动人员占有的市级及以上科技创新平台数	正	1.50
				首都科技条件平台开发仪器资源价值增长率	正	1.50
		技术市场	6	技术交易额增长率	正	3.00
				吸纳全国技术合同成交额增长率	正	3.00
		创业孵化	4	孵化器在孵企业数量增长率	正	2.00
				孵化面积增长率	正	2.00
		金融服务	4	境内上市公司股票筹资额增长率	正	1.33
				创业投资金额增长率	正	1.33
				创业板上市企业数增长率	正	1.33
创新绩效	40	科技成果	8	每万人口的SCI/EI/CPCI-S论文产出数	正	1.60
				每亿元R&D经费PCT专利数	正	1.60
				每万人发明专利拥有量	正	1.60
				每万家企业拥有的国家或行业技术标准数	正	1.60
				每亿元R&D经费技术合同成交额	正	1.60
		经济产出	8	人均地区生产总值	正	2.00
				地区生产总值增长率	正	2.00
				第二产业劳动生产率	正	2.00
				第三产业劳动生产率	正	2.00

续表

一级指标	权重/%	二级指标	权重/%	三级指标	正逆	权重/%
创新绩效	40	结构优化	10	高新技术企业认定数增长率	正	1.43
				企业中有科技活动企业比重	正	1.43
				第三产业增加值占地区生产总值比重	正	1.43
				高技术制造业增加值占工业增加值比重	正	1.43
				现代服务业增加值占第三产业增加值比重	正	1.43
				企业新产品销售收入占主营业务收入比重	正	1.43
				高新技术产品出口占地区出口的比重	正	1.43
		绿色发展	10	万元地区生产总值水耗	逆	2.00
				万元地区生产总值能耗	逆	2.00
				城市污水处理率	正	2.00
				生活垃圾无害化处理率	正	2.00
				空气质量达二级以上天数占比	正	2.00
		辐射引领	4	流向京外技术合同成交额占北京市技术合同成交总额比重	正	0.57
				技术交易增加值占地区生产总值的比例	正	0.57
				企业拥有的驰名商标数	正	0.57
				每亿元R&D经费发明专利授权量	正	0.57
				技术标准制定及修订数量增长率	正	0.57
				智库数量占全国比重	正	0.57
				全球500强企业总部数量增长率	正	0.57

注：正向指标62个，逆向指标2个

首都科技创新发展指数坚持“客观科学、相对稳定和可持续”原则，坚持“指数总体框架不变，部分微调”的总体思路，围绕加快建设全国科技创新中心的新形势，深刻把握国家创新驱动发展战略内涵，强调创新动力机制的转换、创新型经济结构构建等创新驱动评价导向，一级、二级指标保持不变，只是与时俱进地针对部分三级指标进行了完善，力求更好地反映创新驱动发展的内涵。

具体而言，将“绿色发展”项下的三级指标“环境污染治理指数”修改为“空气质量达二级以上天数占比”。主要原因是“环境污染治理指数”采用工业废水排放达标率、工业废气治理率、固定废物综合治理率的平均值来衡量，从2011年开始不再统计这三个具体指标的数据，相关数据无法实现持续可得。而空气污染指数（air pollution index，API）是根据环境空气质量标准和各项污染物对人体健康和生态环境的影响来确定污染指数的分级及相应的污染物浓度值。为此，用“空气质量达二级以上天数占比”三级指标来替换“环境污染治理指数”。

需要说明的是，根据国际通用方法，报告年号采用出版当年年份，故本报告名为《首都科技创新发展报告2016》。同时，本报告力争采用最新数据分析首都当前科技创新发展情况，但根据数据可得性、完整性，以及指标一致性，本指标体系的测算主要基于2014年数据，而在文中对部分热点问题分析时，采用了2015年数据。

“首都科技创新发展指数”是采用对标研究方法，根据历史序列数据进行纵向测度比较，因此需要确定基准年和基准得分。结合前几年研究基础，为保证指数的延续性，根据专家组建议，首都科技创新发展指数的基准年定为2005年，其基准分仍为60分。

为了保证测度结果的客观公正，所有指标口径概念均与国家统计局相关统计制度保持一致。测算数据主要来源于国家和北京市的官方统计机构出版的年度统计报告、统计年鉴和国内知名研究机构或公司的主题报告和调查数据，部分数据由北京市科学技术委员会（简称北京市科委）和各委办局提供，各指标具体数据来源可参见本篇末“附录1　首都科技创新发展指数指标解释及数据来源”。

第二节　从指数结果看“十二五”首都科技创新发展情况

“十二五”时期是首都科技创新发展具有重大历史意义的五年，回顾“十二五”发展历程对于谋篇布局“十三五”首都科技工作，加快建设成为全球影响力的科技创新中心，推动首都创新驱动发展具有重要意义。为此，本节将以2010~2014年科技创新数据，分析“十二五”时期首都科技创新的总体状况和主要特点。

一、“十二五”时期首都科技创新发展指数测算结果

从整体测算结果看，“十二五”时期，“首都科技创新发展指数”增长态势明显（图1-2），表明首都科技创新发展水平不断提高，支撑首都经济社会发展成效显著。具体而言，指数得分从2010年的79.77分，增长到2014年的88.72分，始终保持持续增长态势，总体增幅达11.22%，年均增长2.24分。

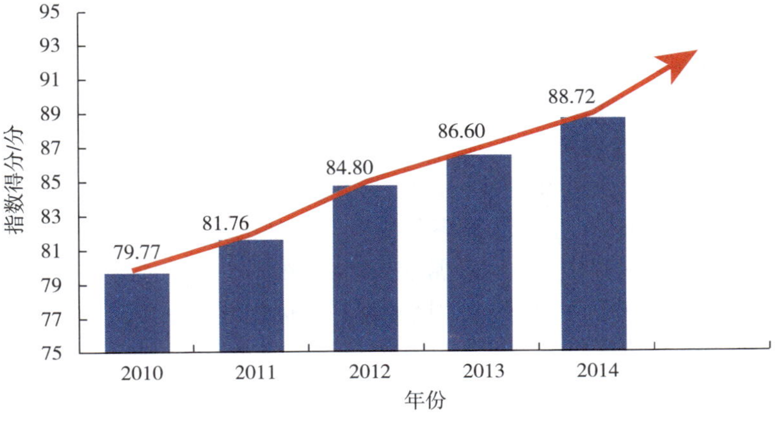

图1-2　2010~2014年首都科技创新发展指数得分图

如表1-2所示，从分项指标的测度结果来看，虽然指标得分在个别年份略有波动，但

整体呈现稳定上升的态势。2010~2014年，创新资源、创新环境和创新绩效三项一级指标得分都呈现明显改善态势，指数得分增长比较快；创新服务一级指标得分保持稳定，略有起伏。

表1-2　2010~2014年首都科技创新发展指数得分具体情况（单位：分）

年份	总指数	一级指标			
		创新资源	创新环境	创新服务	创新绩效
2010	79.77	75.93	81.01	78.29	81.81
2011	81.76	84.01	81.08	77.53	83.08
2012	84.80	85.62	88.23	77.57	86.30
2013	86.60	81.89	91.66	76.71	91.36
2014	88.72	88.16	93.21	76.97	92.62

具体分析各一级指标得分情况：

（1）创新资源：首都创新资源指数得分上升趋势最为明显，为北京成为全国创新发展战略高地奠定了坚实基础。从2010年的75.93分升至2014年的88.16分，增长了12.23分，表明首都创新资源不断丰富。其中，2011年涨幅最大，比上一年增长8.08分，表明2011年首都在科技创新经费和创新人才的投入上有较大程度的提高。但2013年出现了负增长，比上一年降低3.73分，分析具体指标发现，创新资源项下10个三级指标，有5个指标在2013年均不同程度出现下降，其中“高校、科研机构R&D人员占其从业人员比重”和“每万名高校和科研机构R&D人员使用的企业科技经费额”指标下降明显，但是在2014年又再次出现了跃升。

（2）创新环境：首都创新环境指数得分最高且增长快，是首都科技创新强大助推力。从2010年的81.01分升至2014年的93.21分，增长了12.20分。另外，除2011年以外，其他年份创新环境指数得分均高于总指数，表明首都在营造创新环境方面的投入力度较大，对整体科技创新发展起到了很好的推动作用。增幅最大的是2012年，比上一年提升了7.15分，分析具体指标发现，创新环境项下15个三级指标，有11个指标在2012年明显提升，仅有4个指标略有降低。

（3）创新服务：首都创新服务指数得分保持稳定，技术市场和培育高新技术企业表现亮眼，成为首都创新发展的有力抓手。从2010年的78.29分降至2014年的76.97分，降低了1.32分，主要原因跟首都科技创新发展指数多选择相对性指标有关，创新服务项下的11个三级指标中，有9个是“增长率”指标，反映的是指标的增长速度。“十二五”以来，首都科技创新发展逐步进入“新常态”，总量提升、速度放缓成为这一时期首都科技创新发展的特点，创新服务项下9个“增长率”指标相继呈现下降趋势，也正好反映了这一特点。另外，虽然速度指标有所下降，但总量（绝对值）指标仍然呈现大幅度提升，如技术交易额增幅达137.3%，孵化器在孵企业数增幅达131.7%。表明首都在创新服务上的投入还是不断增强，服务环境在逐年改善。

（4）创新绩效：首都创新绩效指数得分呈现逐年上升趋势，科技创新成果大量涌现，为创新持续发展积聚了新动能。从2010年的81.81分升至2014年的92.62分，增长了

10.81分。研究发现，创新绩效下的二级指标科技成果增长幅度最为明显，从2010年的104.19分增至2014年的126.74分，而同期另外4个二级指标——经济产出、结构优化、绿色发展、辐射引领的得分则明显低于科技成果，2014年这4个指标得分均在80分左右。这种情况表明，“十二五”时期，科技论文、专利、技术标准等增长速度快，但科技成果转化为经济发展、结构优化、绿色发展的速度相对较慢。这与科技成果转化为现实生产力具有滞后性相关，即当期科技产品产出与经济社会发展并非呈现即期效应。下一步，如何真正把发展基点放在创新上，加大科技投入，提升技术成果转化效率，提高科技创新对经济社会发展的实际贡献度仍然是科技创新工作的重中之重。

下面，借助雷达图（图1-3）来直观反映各年度四个一级指标的对比关系。

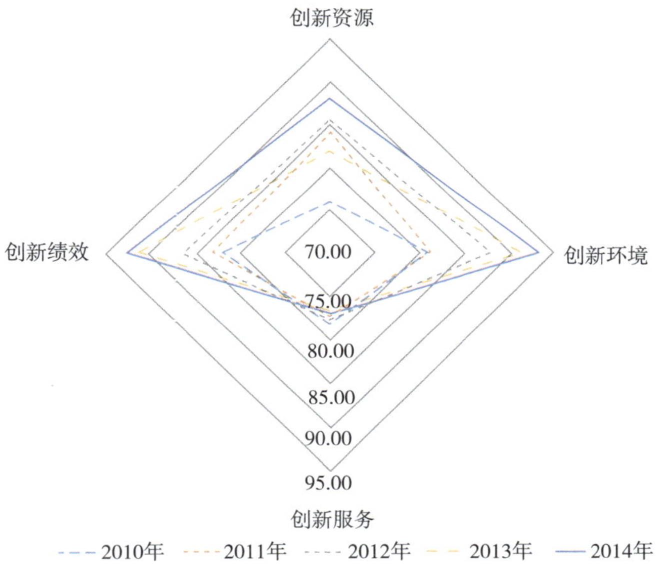

图1-3　2010~2014年一级指标雷达图

整体而言，2010~2014年，创新绩效和创新环境指数得分保持持续增长，在图1-3中体现为年度间层层叠加；创新资源得分除2013年外，也呈现层层叠加的形态；而创新服务2010~2014年的雷达图基本重叠，表明变化幅度不大。

对比分析发现，创新绩效和创新环境指数得分优于创新资源和创新服务，表明创新绩效和创新环境是拉动首都科技创新发展指数提升的主要因素。

从投入产出角度而言，虽然创新资源和创新绩效指数得分均有所提升，但创新资源指数增长的幅度高于创新绩效，创新资源4年来共提高12.23分，而创新绩效共提高10.81分，表明首都科技创新投入产出效率还有进一步的空间。

二、“十二五”时期首都科技创新发展的“大数据”盘点

“十二五”时期是北京发展具有重大历史意义的五年。在北京改革发展的关键时刻，习近平总书记亲临视察并发表重要讲话，明确了全国政治中心、文化中心、国际交往中心、科技创新中心的城市战略定位，提出了建设国际一流的和谐宜居之都的目标，为新时期做好首都工作、推动京津冀协同发展指明了方向。这一时期，北京深入贯彻创新驱动发展、京津冀协同发展等重大国家战略以及习近平总书记系列重要讲话精神，深入落实党的十八大，十八届三中、四中、五中全会，以及全国科技创新大会部署的重点任务，把创新摆在发展全局的核心位置，深入实施创新驱动发展战略，着力激发创新创业活力，发挥创新激励经济增长的乘数效应，率先形成以创新为主要引领和支撑的经济体系和发展模式，以下结合“首都科技创新发展指数”和其他数据信息分析“十二五”时期科技创新发展方面的新特点。

（一）一个特征：速稳质升，驱动发展

“十二五”时期，北京率先进入要素和投资驱动向创新驱动发展的新阶段，首都科技创新发展逐渐体现出速稳质升，驱动发展的新特征，既反映了北京创新从量向质转变的新趋势，也显示出“新常态”下创新从供给、需求两侧发力，对北京调结构、稳增长、促转型起到重要作用，体现了北京在聚集高端要素、增强原创力和创新驱动实际效果等方面的综合实力。

如表1-3所示，从首都科技创新发展指数各项指标来看，首都科技创新发展总指数和4项一级指标的年均增速分别为4.49%、4.57%、5.08%、3.02%和4.99%。其中，首都科技创新发展总指数、创新环境指数、创新绩效指数一直保持持续上升趋势，增速均为正，整体上呈上升趋势；创新资源和创新服务虽在个别年份出现略微下降，但整体也呈现出平稳的上升趋势。分析首都科技创新发展指数的增长速度变化情况，可以发现以下内容。

表1-3 指数得分增速（上一年为基期）（单位：%）

年份	总指数及微笑脸谱		创新资源及微笑脸谱		创新环境及微笑脸谱		创新服务及微笑脸谱		创新绩效及微笑脸谱	
2006	7.33	☺	–1.52	☹	6.19	☺	13.92	☺	9.04	☺
2007	6.31	☺	0.25	☺	5.23	☺	4.24	☺	10.65	☺
2008	0.36	☺	0.98	☺	3.42	☺	–7.21	☹	2.42	☺
2009	4.54	☺	7.30	☺	3.79	☺	3.23	☺	4.35	☺
2010	11.06	☺	18.31	☺	12.56	☺	14.72	☺	5.74	☺
2011	2.49	☺	10.63	☺	0.09	☺	–0.98	☹	1.56	☺
2012	3.73	☺	1.92	☺	8.82	☺	0.06	☺	3.87	☺
2013	2.11	☺	–4.36	☹	3.89	☺	–1.12	☹	5.87	☺
2014	2.45	☺	7.66	☺	1.69	☺	0.34	☺	1.38	☺
年均增速	4.49		4.57		5.08		3.02		4.99	

注：以上一年得分为基期，得出2006~2014年首都科技创新发展总指数和4项一级指标的增速变化表。若增速为正，则用“笑脸”表示；若增速为负，则用“哭脸”表示

1. 首都科技创新能力保持平稳增长

如表1-3所示，从总指数看，2006~2014年，首都科技创新发展指数保持平稳增长，年均增长率为4.49%。分阶段看，2006~2010年，年均增速为5.92%，“十二五”以来的年均增速为2.70%，略有放缓。从各一级指标看，增速最快的是创新环境，年均增速达到5.08%，创新服务增长相对最慢，但年均增速也达到3.02%。

2. 首都科技创新发展质量有了很大提升

人均科技产出、单位R&D经费科技产出可以反映一个地区科技创新发展质量。“十二五”以来，首都科技创新发展指数中的人均科技产出和单位R&D经费科技产出指标呈现出快速的增长趋势，充分表明首都科技创新发展质量不断提升。具体而言，从人均科技产出指标看，每万人口的科技论文产出数从2010年的31篇左右增长至2014年的35篇左右，增幅达到13%；每万人发明专利拥有量从2010年的23件左右增长至2014年的48件左右，增长了一倍多。从单位R&D经费科技产出指标看，每亿元R&D经费PCT专利数从2010年的1.5件左右增长至2014年的2.8件左右，也接近增长一倍；每亿元R&D经费技术合同成交额则从2010年的1.9亿元增长至2014年的2.5亿元左右，增幅达到32%。

（二）两个显著：“经济产出”和“科技成果”指标影响显著

首都科技创新发展指数选用了15个有代表性的指标来综合计算首都科技创新发展总指数，为此，探究哪个指标在十年的发展历程中对首都科技创新发展的影响作用最大也十分重要。鉴于此，课题组基于2005~2014年首都科技创新发展指数的原始数据，进行了大胆探索研究，运用主成分分析法[①]，利用SPSS 19.0软件对首都科技创新发展指数的各二级指标进行主成分分析，探究影响首都科技创新发展的主要指标。具体测算结果见表1-4。

表1-4　二级指标影响度排序

排序	指标名称	所属类别	系数	影响程度/%
1	经济产出	创新绩效	0.263	7.82
2	科技成果	创新绩效	0.254	7.55
3	科技条件	创新服务	0.254	7.53
4	人文环境	创新环境	0.253	7.52
5	绿色发展	创新绩效	0.252	7.50
6	辐射引领	创新绩效	0.249	7.41
7	创新人才	创新资源	0.240	7.13
8	国际交流	创新环境	0.240	7.12
9	政策环境	创新环境	0.232	6.88

① 具体运算方法见篇末附录2。

续表

排序	指标名称	所属类别	系数	影响程度/%
10	生活环境	创新环境	0.227	6.74
11	创业孵化	创新服务	0.201	5.97
12	研发经费	创新资源	0.199	5.91
13	技术市场	创新服务	0.182	5.40
14	结构优化	创新绩效	0.176	5.23
15	金融服务	创新服务	0.144	4.29

注：影响程度数值反映的是该指标在多大程度上反映总指标的实际情况

从表1-4可以看出如下内容。

1."经济产出"影响力居首，创新型经济发展格局初显

"经济产出"对总指数的影响程度达7.82%，具体分析，二级指标"经济产出"包括人均地区生产总值、地区生产总值增长率、第二产业劳动生产率、第三产业劳动生产率，表明在市委市政府的系统谋划和大力推动下，北京市适应经济发展新常态，有效应对经济下行压力，首都经济实力显著增强；更加注重经济发展的质量和效益，在平稳增长中实现了结构更优、质量更高、效益更好的发展。

2."科技成果"贡献提升，供给侧改革动力强劲

"科技成果"对总指数的影响程度为7.55%，首都科技资源丰富，科技成果层出不穷，为科技创新储备了丰厚的基础，以科技创新为核心的全面创新带动供给创新，以供给创新来释放需求潜力，将是北京下一步深化改革，推动经济再次飞跃发展的强力抓手。

3. "金融服务"潜力巨大，建设科技金融创新中心任重道远

在总体排名中，创新绩效项下的5个二级指标，有4个排名前6，有1个排名靠后；创新服务项下的4个二级指标，有3个排名倒数5名，仅有1个排名靠前；而金融服务影响程度最小，为4.29%。金融资本是科技创新发展的助推器，2014年，北京地区"天使投资和VC/PE①投资"募集额达到1 729.7亿元，中关村聚集了全国80%的天使投资人，2014年发生在中关村的创业投资案例和金额占全国40%，科技金融创新中心建设取得积极进展，但与广大创新主体特别是小微企业的创新融资需求相比还有较大差距，如何破题还有待进一步探索。

（三）"三重辐射"：全球、国家和区域科技创新辐射能力持续增强

作为全国科技创新中心，北京在服务国家创新战略方面不断体现着更大的担当、更大的作为。从数据上看，首都科技创新发展指数下的辐射引领指标从2010年的75.12

① VC：venture capital，即风险投资；PC：private equity，即私募股权。

分增长至2014年79.20分，年均增长1.02分，呈现稳中有升的态势，北京正发挥强大的辐射带动功能，服务京津冀、长江经济带、“一带一路”等国家发展战略，并以此为基础，形成全球创新网络核心枢纽，逐步形成开放创新和辐射带动区域发展新局面。

首先，国际层面，北京正逐渐站在世界科技创新的前沿，引领新一轮科技革命浪潮，努力由“跟跑者”“并行者”变为“领跑者”，成为全球最有影响力的科技创新中心之一。根据首都科技发展战略研究院组织开展的2014年以来的技术预测研究阶段成果来看，北京在全国“三跑”格局中占有重要地位。通过对技术所属地分析，在被调查的1 346项技术中，有446项技术分布在北京的大学、研究机构和企业，其领跑、并跑和跟跑技术分别为122项、145项和179项，在国家“三跑”技术占比分别达到55.7%、35.8%和24.8%，领跑技术占比最高。从技术发展水平来看，北京已成为全国领先技术的主要供给地区。2014年，量子通信和量子反常霍尔效应、CiPS干细胞、高温铁基超导等一批重大基础研究成果的涌现，进一步提升了北京的国际影响力。世界首例及第二例避免单基因遗传病试管婴儿在京诞生。在世界上，首次证明热休克蛋白90α为肿瘤标志物，自主研发的“Hsp 90α定量检测试剂盒”通过临床试验验证，并获准进入欧盟市场。首次发现乙型肝炎和丁型肝炎病毒的功能性受体——“钠离子-牛磺胆酸共转运多肽”，为乙肝及其相关疾病提供了有效的治疗靶点和新药开发途径。产生了世界首款55纳米全系统多核高精度卫星导航定位芯片、首个水稻全基因组芯片、首款全闪存软件定义云存储系统，首次描绘西瓜全基因组序列图谱。碳基集成电路、超顺排碳纳米管材料、可充电脑起搏器等成果“领跑”国际。“十二五”期间，北京地区创新主体主导或参与制定的国际标准、国家标准、行业标准数量稳居全国前列，形成一批国际标准和国内先进标准，每万家企业拥有的国家或行业技术标准数保持稳步增长。

其次，国家层面，北京正成为引领中国科技创新的领头羊，服务全国创新发展能力进一步增强。北京创新要素开放共享程度进一步提高，对京外省市创新驱动发展的支撑度超过40%。与18个省、自治区、直辖市建立了区域科技合作和对口支援机制，对内蒙古、西藏、新疆、青海的对口支援和帮扶协作进一步加强。在天津、河北、内蒙古、宁夏、重庆、贵阳、黑龙江、云南、山西等省、自治区、直辖市搭建“首都科技条件平台”合作站和技术市场窗口，共建“北京·贵阳”大数据应用展示中心。

最后，京津冀层面，北京正成为支撑京津冀区域经济社会可持续发展的原动力。2015年中共中央、国务院发布的《京津冀协同发展规划纲要》中进一步明确了北京是京津冀协同发展的核心，提出北京要重点提高原始创新和技术服务能力，打造技术创新总部聚集地、科技成果交易核心区、全球高端创新中心及创新型人才聚集中心。“十二五”以来，北京作为京津冀科技成果交易核心区地位进一步强化，北京输出到津冀的技术合同成交额从2011年的66.5亿元增长到2015年的111.5亿元，增长67.7%，航空航天、环境保护与资源综合利用和现代交通领域技术合同成交额分别增长2.9倍、2.1倍和1.5倍。推动成立中国国际技术转移中心河北分中心和京津冀技术转移协同创新联盟，仅2015年输出到津冀的技术合同额就增长了34.2%。中关村示范区创新引领能力逐步提升，中关村企业在天津、河北累计设立分支机构近2 000家。

（四）“四个突出”：创新投入、知识产出、产业结构、“双创”活力表现突出

通过首都科技创新发展指数，还可以很好地监测首都科技发展“十二五”规划指标完成情况，进而及时了解当前科技发展，更好谋划“十三五”科技工作。《北京市“十二五”时期科技北京发展建设规划》提出，到2015年，“科技北京”发展建设需要完成13个规划目标，要初步建成具有全球影响力的国家创新中心，推动首都率先形成创新驱动的发展格局（表1-5）。

表1-5　“科技北京”发展规划指标及完成情况

主要指标	“十二五”发展目标	“十一五”末情况	2014年情况	完成情况（距目标）
全社会R&D支出占地区生产总值比重/%	大于5.5	5.82	5.95	完成108.1%
企业R&D经费支出总额/亿元	达到450	298.8	463.5	完成103.0%
每万名劳动力中R&D人员/人年	达到210	187.78	212.14	完成101.0%
每万人发明专利申请数/件	超过22	17.1	36.3	完成165.0%
每万人发明专利授权数/件	大约8	5.7	10.8	完成135.0%
每万人PCT国际专利申请量/件	达到0.55	0.65	1.68	完成305.5%
工业企业新产品销售收入占产品销售收入比重/%	大约30	22.66	21.48	
技术交易额/亿元	超过1 800	1 066.7	2 531.5	完成140.6%
高技术产业、信息服务业和科技服务业增加值总额/亿元	超过3 500	3 044	8 483.1	完成242.4%
认定市级重点实验室/家	累计达300	127	390	完成130.0%
市级工程技术研究中心/家	累计达200	85	287	完成143.5%
每千人互联网用户数/户	超过300	278.10	256.88	
公众科学素质达标率/%	超过12	10	12.44	完成103.7%

资料来源：《北京统计年鉴》《中国科技统计年鉴》

截止到2014年年底，13项“科技北京”发展规划目标，已有11项指标提前一年完成，2项指标因2015年统计数据还未发布尚待观察。在已完成规划目标的11项指标中，“每万人PCT国际专利申请量”达到规划目标的3.1倍，“高技术产业、信息服务业和科技服务业增加值总额”达到规划目标的2.4倍，“每万人发明专利申请数”和“每万人发明专利授权数”分别达到规划目标的1.7倍和1.4倍。截止到2014年年底，“工业企业新

产品销售收入占产品销售收入比重”和“每千人互联网用户数”，分别达到规划目标的71.6%和85.6%。实际上，工业企业新产品销售收入自2010年以来，增长趋势十分明显，从2010年的2 495.5亿元增长至2014年的4 247.0亿元，增幅达70.2%。同时，截止到2014年年底，首都互联网覆盖率已达90%以上，互联网用户数已达552.7万户。

整体而言，从规划指标完成情况可以看出，“十二五”以来，首都科技创新能力稳步发展，围绕城市发展重大需求，在创新投入、知识产出、产业结构、“双创”活力等方面均取得重大提升，表现突出，北京已经成为创新资源最集聚、创新成果最多、创新创业最活跃的地区。

（1）创新投入突出。“十二五”时期，北京持续加大创新投入，创新资源优势不断巩固和提升。在资本投入方面，北京全社会R&D支出占地区生产总值比重从2010年的5.82%增长至2014年的5.95%，高居全国第一；企业R&D经费支出总额从2010年的298.8亿元增长至2014年的463.5亿元，增长55.12%；人才投入方面，创新人才支撑稳定，每万名劳动力中R&D人员从2010年的187.78人年增长至2014年的212.14人年，增长12.97%，R&D人员比重均持续稳步增长。持续的投入使得北京创新资源的存量和增量均有提升，截止到2014年年底，北京拥有两院院士853人，占全国的55.1%；累计留学回国人员达10万人，占全国的1/4；累计入选“千人计划”904人，占全国的27%；国家级高新技术企业超过1万家，占全国的20%左右；为全国科技创新中心建设奠定坚实基础。

（2）知识产出突出。“十二五”时期，北京着力推动知识创新，产生了一批具有国家和世界影响力的原创性科学和技术成果，日益成为国家和全球新思想、新知识、新技术的策源地之一。数据显示，北京每万人发明专利申请数从2010年的17.1件增长至2014年的36.3件，每万人PCT国际专利申请量从2010年的0.65件增长至2014年的1.68件，两项指标增幅均超过1倍，每万人PCT国际专利申请量增幅甚至超过3倍，呈逐年递增态势。原始创新动力逐步积累，与全国地区相比，2014年北京发表国际科技论文数量继续保持全国第一，高被引论文的数量占全国比重达到30.9%，位居全国首位，专利申请受理数和授权数仅次于广东，排名第2。同时，北京不仅注重自身知识竞争力的提升，还充分发挥了知识产出的辐射引领作用，技术合同成交总额从2010年的1 579.5亿元增长至2014年的3 136亿元，占同期地区生产总值比重也从9.0%增长至9.46%，知识溢出效应显著提升。

（3）产业结构突出。“十二五”时期，北京全力推动科技与经济社会发展紧密结合，加快科技服务业等高端服务业发展，优化首都“高精尖”经济结构、推进国际一流和谐宜居之都建设，在打造具有示范引领功能的国家创新驱动先行区方面亮点突出。从数据上看，首都高技术产业、信息服务业和科技服务业发展迅猛，增加值总额从2010年的3 044亿元增长至2014年的8 483.1亿元，占同期地区生产总值比重也从21.6%增长至39.8%。高技术产业和知识密集型服务业的战略性先导地位更加突出，对产业结构调整和经济发展方式转变发挥着重要作用。

（4）“双创”活力突出。“十二五”时期，北京围绕建设全球一流的创新创业生态环境，集聚和利用高端创新资源，改革商事制度，降低创业门槛，激发大众创业积极性，为全国科技创新中心长远发展提供强大保障。数据显示，2014年，北京R&D经费投入占地区生产总值比重达5.95%，持续保持全国最高水平；政府采购新技术新产品支出从2010年的51.5亿元增长至2014年的104.55亿元，企业R&D费用加计扣除所得税减免额从2010年的41.02亿元增长至2014年的117.65亿元；2014年，每天新创办科技型企业平均超过145家；上市企业总数达235家，“新三板”挂牌企业累计362家。

同时，从规划指标完成情况来看，北京创新发展也仍然面临着一些亟待解决的问题，集中体现在企业技术创新的主体地位不突出等方面。具体来看，一方面，企业创新投入占全社会创新投入比重低，且增速下滑。虽然北京全社会创新投入和创新产出在全国均名列前茅，但中央大院大所雄厚资源一定程度上“掩盖”了地方企业创新投入不足。“十二五”时期，北京企业R&D经费占全社会R&D经费比重保持在36%~40%，且近年波动下滑，由2011年的39%降至2014年的36.5%，低于全国38.9百分点，也远低于欧美发达国家和地区60%~70%的水平。另一方面，企业自身资金投入技术创新力度不够，2014年全社会R&D经费投入来自企业自身资金的仅占34.3%，远低于来自政府资金所占比例55.2%。未来仍需要进一步突出企业创新主体地位，引导创新要素向企业集聚，充分发挥企业在技术创新决策、R&D投入、科研组织和成果转化中的主体作用，支持企业自建或与高等学校、科研院所共建研发机构、中试基地和成果转化基地，完善创新型企业培育机制，在推动央地、高校院所、企业协同创新和深化军民融合创新方面建立更加高效的运行机制，推动首都科教资源竞争力向创新竞争力转变。

（五）科技创新产出指标实现“五个翻番”

“十二五”以来，在持续优化调整的基础上，北京经济发展方式加快转变，发展动力持续转换，创新能力较强的优势更加明显。北京在保证科技投入总量的同时，通过推动中关村示范区建设，落实“1+6”“新四条”等一系列先行先试政策，出台加快全国科技创新中心建设的意见，发布实施“京校十条”“京科九条”等市级层面改革政策，深入开展科技成果使用、处置、收益管理改革和股权激励试点，加快建设人才管理改革试验区和科技金融创新中心，支持众创空间集聚发展等一系列措施，实现了科技创新的提质增效，创新驱动发展格局初步形成。《北京市2015年暨“十二五”时期国民经济和社会发展统计公报》数据显示，“十二五”时期，北京市专利申请量与授权量累计分别达到58.8万件和32.3万件，分别比“十一五”时期增长1.8倍和2.2倍；累计签订技术合同315 814项，实现技术合同成交额13 788.6亿元，分别比“十一五”时期增长23.3%和150%。“十二五”期间，与2010年年底相比，2015年技术合同成交额、技术交易额、专利申请量、专利授权量、中关村示范区总收入等实现“五个翻番”（图1-4~图1-6），科学技术进步对经济的贡献突出。2014年，社会劳动生产率由2010年的13.9万元/人提高到18.5万元/人，比全国平均水平高10.3万元/人，高技术产业增加值所占比重达到22.21%；六大高端产业功能区增加值占地区生产总值比重由2010年的40%提高到46%，高端产业集群日益集聚壮大，经济结构进一步优化，科技创新对经济社会发展的引领作用显著提升。

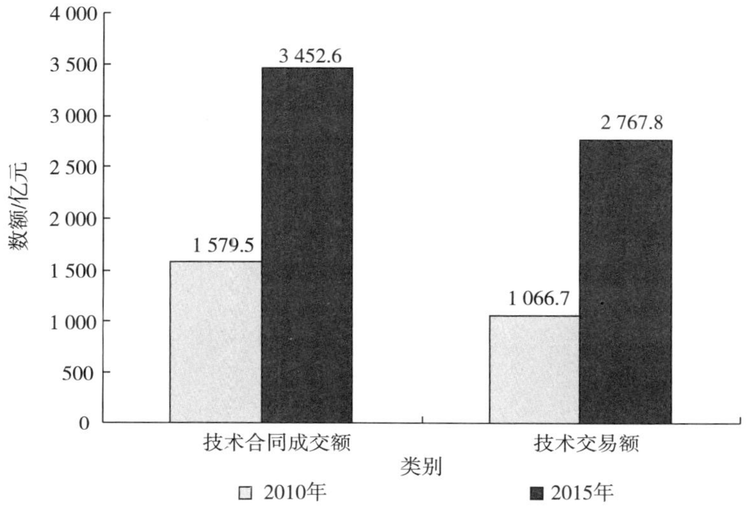

图1-4 北京地区技术合同成交额和技术交易额情况（2010年和2015年）

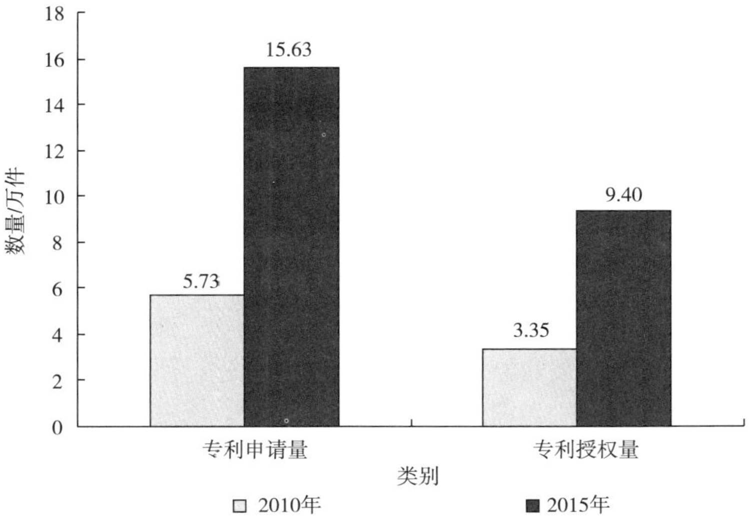

图1-5 北京地区专利申请、专利授权情况（2010年和2015年）

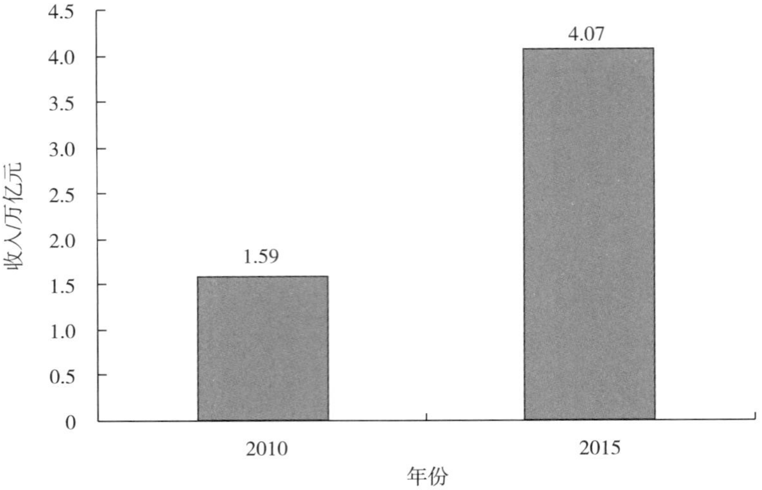

图1-6 中关村示范区总收入情况（2010年和2015年）

第三节 “十三五”首都科技创新发展态势与方向

“十三五”时期是我国全面建成小康社会的决胜阶段，也是落实首都城市战略定位、加快建设国际一流的和谐宜居之都的关键阶段。北京科技创新工作需要牢牢把握首都城市战略定位，强化全国科技创新中心地位，以提升发展的质量和效益为中心，通过创新加快形成引领经济发展新常态、实现城市可持续发展的体制机制和发展方式，统筹推进经济建设、政治建设、文化建设、社会建设、生态文明建设，实现创新驱动首都发展新格局。

一、“十三五”时期首都科技创新发展指数及重要指标趋势预测

结合首都以往科技创新发展特征和国际国内最新形势，课题组对“十三五”时期，首都科技创新发展指数的发展趋势及相关重要指标情况进行预测。

时间序列预测方法是目前预测未来趋势的常用方法，该方法的基本思想是通过时间序列的历史数据揭示现象随时间变化的规律，将这种规律延伸到未来，从而对该现象的未来做出预测。这种自相关性体现了变量变化发展的连续性。一旦这种自相关性被某种方式定量地描述出来，就可以根据时间序列的过去值预测其将来值。

按时间序列预测法计算，首都科技创新发展指数“十二五”时期年均增长3.95分，年均增速约为2.7%。考虑2014年首都科技创新发展指数得分为88.72分，若保持2.7%的年均增速，则“十三五”中期（2017年），首都科技创新发展指数将达到96.08分；到“十三五”末期（2020年），指数将达到104.06分（图1-7）。

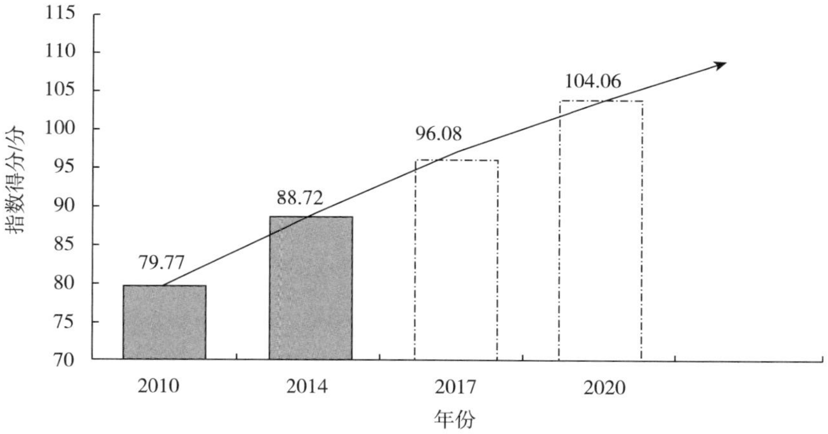

图1-7　基于时间序列预测法的首都科技创新发展指数趋势图

基于此方法预测创新资源、创新环境、创新服务和创新绩效发展情况，可得出以下结果。

（1）创新资源方面，预测“十三五”中期达到99.06分、末期达到111.31分。

从研发经费上看，R&D投入强度自2010年来，一直保持在5.5%以上，2014年达到5.95%。考虑到目前北京地区R&D投入强度本身已经很高［远超OECD（Organization for Economic Co-operation Development，即经济合作与发展组织）标准］，预计到2020年，该指标还是力争维持在6%左右。

从创新人才上看，每万名劳动力中R&D人员在2010~2014年，保持年均增长3.2百分点，预计到2020年，每万名劳动力中R&D人员将达到256.92人年。

（2）创新环境方面，预测“十三五”中期达到103.71分、末期达到115.39分。

从人文环境上看，2010年公众科学素质达标率指标为10%，2015年该指标增长率为17.56%，平均每年增长1.51百分点，结合2020年我国进入创新型国家行列对公众科学素质达标率的要求，预计2020年该指标为24%左右。

从国际交流上看，外资R&D机构数量在2010~2014年保持年均8百分点的增速，预计2020年将达750家左右。

（3）创新服务方面，预测“十三五”中期达到84.15分、末期达到92.01分。

从技术市场上看，从2010~2014年的数据来看，技术交易实现增加值占地区生产总值比重平均每年增长0.15百分点，考虑到技术交易受企业等技术创新主体行为的影响较大，预计2020年该指标将保持在9.5%左右。

（4）创新绩效方面，预测“十三五”中期达到101.72分、末期达到111.70分。

从科技成果上看，PCT国际专利申请量稳步增长，到2014年达到3 606项，年均增长率达到25.5%，根据市知识产权“十三五”规划相关指标发展目标，预计2020年，PCT国际专利申请量的年均增长率仍将保持在25%左右。

从经济产出上看，2014年，北京地区综合科技进步贡献率超过60%，随着创新驱动发展的不断深化，预计2020年科技进步贡献率将超过65%。

从结构优化上看，2013年和2014年科技服务业收入分别为6 160亿元和6 559.1亿元，增长较快，结合该指标增速，预计2020年该指标将超过1.5万亿元。

二、关于“十三五”时期首都科技创新发展的重要思考

“十三五”时期，首都科技创新发展的重点任务主要是进一步巩固创新优势，提升创新驱动发展的能力和水平，在更好地服务国家创新发展战略的同时，实现首都科学发展。可以概括为“一个核心”“三个转变”，即以构建创新型经济发展模式，提升创新发展质量为核心，实现创新重点、创新范围、创新动力“三个转变”，构建高水平创新驱动发展新格局。

构建创新型经济发展模式，提升创新发展质量。北京创新驱动发展的核心在于适应和引领经济新常态，以提高发展的质量和效益为主线，转变传统城市经济发展模式，构建创新型城市经济模式，提升创新驱动城市经济发展质量。构建创新型城市经济模式，提升城市经济发展质量。一方面，需要加速北京创新要素聚合、裂变与知识外溢，推进科技创新与商业模式创新、服务流程创新结合，推动创新与产业、城市互动融合发展，提升创新的综合贡献率，增强全面创新对经济发展的贡献度，促进经济提质增效。另一方面，需要将北京创新发展与协调、绿色、开发、共享发展统一起来，实现科技创新、经济发展与生态保护的协调、融合与统一，构建富裕繁荣、环境宜居、社会和谐的品质城市。

实现创新重点从规模扩张向结构优化转变。“十三五”时期，北京应更加注重创新与城市产业、空间功能的统一与协调，把握国际和我国经济格局深度调整的趋势，更加突出创新型经济结构调整的作用，以提高城市经济发展质量和效益为中心，把转方式调结构放在突出的位置，通过供给侧和需求侧双向发力，充分发挥创新对优化城市生产能力和组织方式的引领功能，通过创新推动城市产业结构、空间结构的优化，实现北京城市供给与需求、产业与空间、内部与外部经济结构的均衡发展，为构建创新型经济体系提供支撑。

实现创新范围从领域创新向全面创新转变。“十三五”时期，北京应着力打造多要素联动、多领域协同，对内可循环、可持续，对外形成强大的资源集聚效应的综合创新系统。在强调发挥科技创新在北京全面创新中的引领作用、发挥科技创新对城市经济增长支撑作用的同时，更加统筹推进推动技术创新、组织创新、要素创新、战略创新、市场创新、管理创新、文化创新、制度创新、社会创新等各种创新蓬勃发展，更加突出以科技创新为核心的全面创新对北京经济社会发展的促进和影响作用。

实现创新动力从要素和投资驱动向创新驱动发展的转变。“十三五”时期，北京应持续深化推进单纯依靠要素驱动和投资规模驱动发展方式，向创新驱动发展为主转变。当前，首都人口资源环境矛盾突出，治理大气污染、交通拥堵等“大城市病”问题突出，在新常态下实现有序疏解非首都功能、构建“高精尖”经济结构、破解“大城市病”，兼

顾发展速度与质量、统筹发展规模与结构，关键是要依靠科技创新转换发展动力，核心是要牵住新旧动力转换这个“牛鼻子”。为此，必须把“五大发展理念”贯穿于经济社会发展全过程和各领域，坚持把发展的基点放在创新上，充分发挥首都科技智力资源优势，加快构建“高精尖”经济结构，大力培育新的发展动能，在保持经济中高速增长的同时，切实提高发展的质量和效益。必须坚持以改革创新为根本动力，坚持问题导向，切实破除制约发展的体制机制障碍；把创新摆在发展全局的核心位置，深入实施创新驱动发展战略，着力激发创新创业活力，发挥创新激励经济增长的乘数效应，率先形成以创新为主要引领和支撑的经济体系和发展模式。

第二章 创新资源

创新资源是一个地区持续开展创新活动的基本保障，反映了全社会对创新的投入，创新人才资源的储备状况以及创新资源配置结构。创新资源下设创新人才和研发经费两个二级指标。

创新人才是从科技人才的数量、结构、层次等方面来衡量地区对人才和智力资源的投入，它反映了一个地区的科技、教育和智力资源情况；研发经费是指在产品、技术、材料、工艺和标准的研究、开发过程中发生的各项费用，该指标反映地区科技经费投入强度。

从测算结果来看，2014年首都创新资源得分88.16分，相比上年增长6.27分，同比增长7.7%。具体到各二级指标来看：创新人才在科研人员储备、高端人才聚集等方面的表现突出，2010~2014年创新人才得分由79.8分增长到95.59分，尽管2013年和2014年得分有微弱下降，但总分依旧保持在95分以上。研发经费得分稳中有升，呈现出加速增长趋势。2010~2014年研发经费得分由71.2分增长到79.08分，其中，2014年得分相比上年增加了14.4分，增幅为22.26%，如图2-1所示。

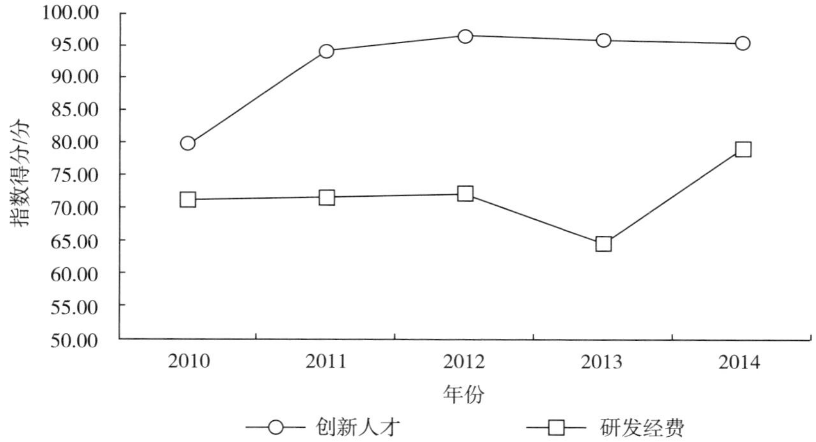

图2-1 2010~2014年创新资源二级指标得分

第一节 创新人才

北京市对人才工作始终保持高度重视。近年来，随着“千人计划”“海聚工程”等人才计划的相继落实，北京市已经成为海内外高层次人才的“强磁场”，人才汇聚效应初步显现。其中一部分人才已经成为产业领军人物，为北京市建设全国科技创新中心奠定了坚实的基础。“十二五”期间创新人才三级指标情况如表2-1所示。

表2-1 2010~2014年首都创新人才三级指标情况

年份	万名人口中本科及以上学历人数/人	万名从业人口中从事R&D人员数/人	企业R&D人员数占其从业人员比重/%	高校、科研机构R&D人员占其从业人员比重/%	每万名从业人员中引进的高端人才数/人
2010	2 020	190.86	3.92	50.70	0.19
2011	1 837	206.78	4.53	53.74	0.38
2012	1 932	216.35	4.77	56.71	0.48
2013	2 139	215.43	5.34	41.16	0.60
2014	2 379	213.59	5.13	41.11	0.69

资料来源：《中国科技统计年鉴》、《北京统计年鉴》、北京市科委及相关委办局等

从整体情况来看，北京近些年创新人才方面有以下特点。

一、创新人才储备丰富，高端人才加速集聚

2014年，北京市在校本科以上学历学生124.25万人，其中硕士以上学历学生27.44万人，占本科以上学历总人数比例高达22.08%。万名人口中本科学历以上人数达到2 379人，同比增长11.22%（图2-2）。万名从业人口中从事R&D人员数为213.59人，与2013年基本持平。可以看出，北京市创新人才储备不断丰富，结构日趋合理，同时伴随着“海聚工程”等一批人才计划的落实，海内外高端人才加速向北京集聚。

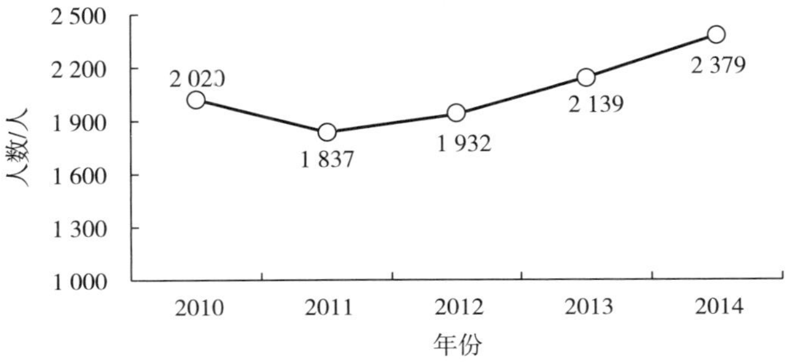

图2-2 2010~2014年万名人口中本科学历以上人数

截至2015年年底，北京地区累计入选“千人计划”1 337人，约占全国的25%，“万人计划”258人，占全国的30%；“海聚工程”759人，“北京学者”28人，“科技北京领军人才”150人，“北京市科技新星”2 040人。

二、创新人才配置更加科学合理

创新人才在各个平台的分布更加科学合理，有效促进了科研成果的转化，提升了人才吸引力。目前，北京地区高校、科研院所密集，以市场为主体的其他形式的科研平台也快速涌现。2014年，北京地区企业R&D人员数占其从业人员比重为5.13%（图2-3），高校、科研机构R&D人员占其从业人员比重为41.11%。

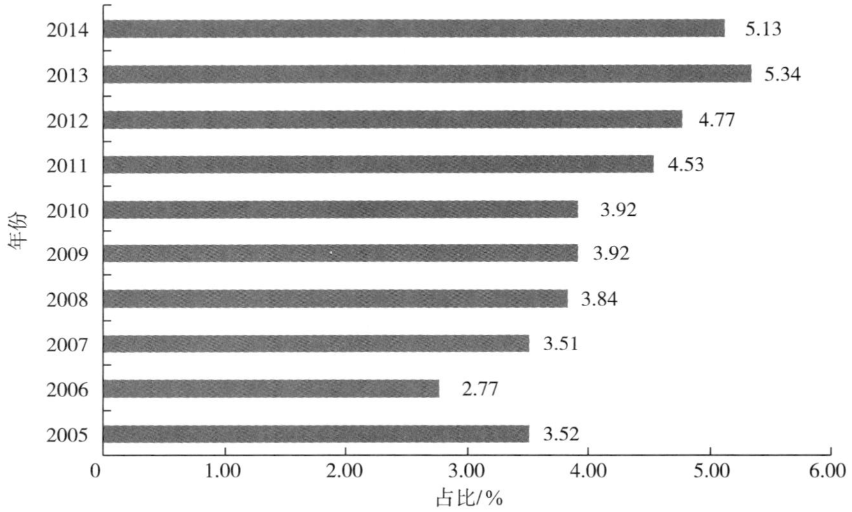

图2-3　企业R&D人员数占其从业人员比重

第二节　研 发 经 费

2010~2014年，相比创新人才的快速增长势头，研发经费指标得分增长相对缓慢，呈现略微波动后平稳上升趋势，得分由2010年的71.2分增长到2014年的79.08分，增长了11.07%。研发经费整体得分增长较缓慢的原因在于基数较大。2010~2014年研发经费三级指标情况如表2-2所示。

表2-2 2010~2014年研发经费三级指标情况

年份	R&D经费内部支出相当于地区生产总值比例/%	地方财政科技投入占地方财政支出比重/%	企业R&D投入占企业主营业务收入比重/%	基础研究投入占R&D投入的比重/%	每万名高校和科研机构R&D人员使用的企业科技经费额/亿元
2010	5.82	6.58	0.93	11.63	0.90
2011	5.76	5.64	1.05	11.59	1.01
2012	5.95	5.43	1.17	11.83	0.94
2013	5.98	5.62	1.14	11.58	0.41
2014	5.95	6.25	1.18	12.57	1.31

资料来源：《中国科技统计年鉴》、《北京统计年鉴》、北京市科委及相关委办局等

从实际情况来看，北京近年研发经费的投入情况有以下特点。

一、研发经费投入保持高强度，政府研发资金开始增长

如图2-4所示，2010~2014年，R&D经费内部支出相当于地区生产总值比例指标在5.7%~5.98%波动，持续保持全国首位。如图2-5所示，地方财政科技投入占地方财政支出比重指标在2010年和2014年都突破了6%，分别为6.58%和6.25%，其他年份均位于5%~6%，波动幅度较小，表明地方财政科技投入的增长与地方财政支出的增长较为同步，个别比重较高的年份，地方财政科技投入的增长略快于地方财政支出的增长。

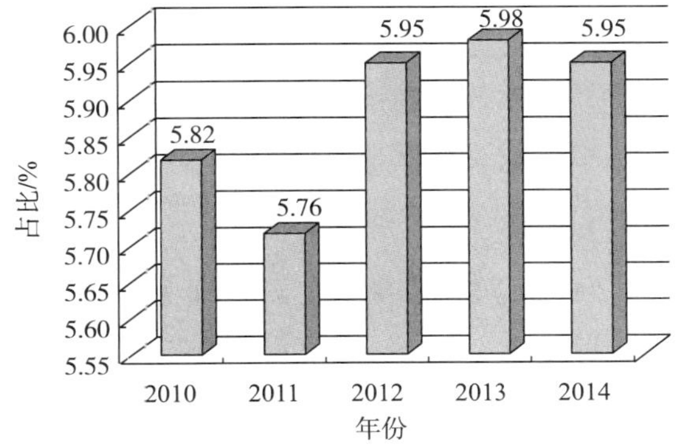

图2-4 R&D经费内部支出相当于地区生产总值比例

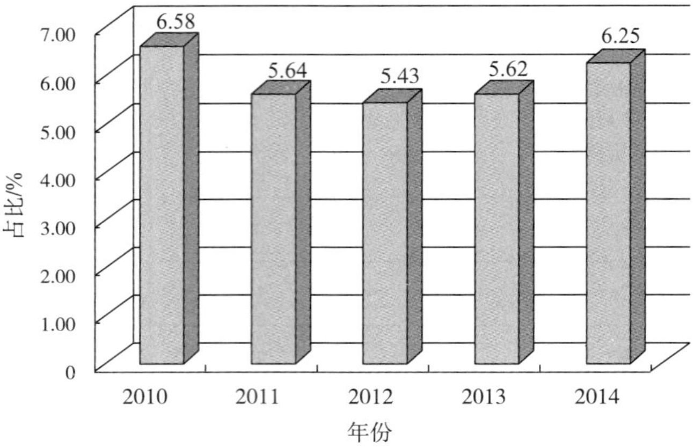

图2-5　地方财政科技投入占地方财政支出比重

二、企业R&D经费持续增加，投入强度波动上升

如图2-6所示，企业R&D投入占企业主营业务收入比重在2010~2014年呈现出上升趋势，2014年达到1.18%，相比2010年的0.93%增长了0.25百分点，这表明企业R&D投入增长快于企业主营业务收入增长，体现了企业对研发创新的重视程度不断提高。

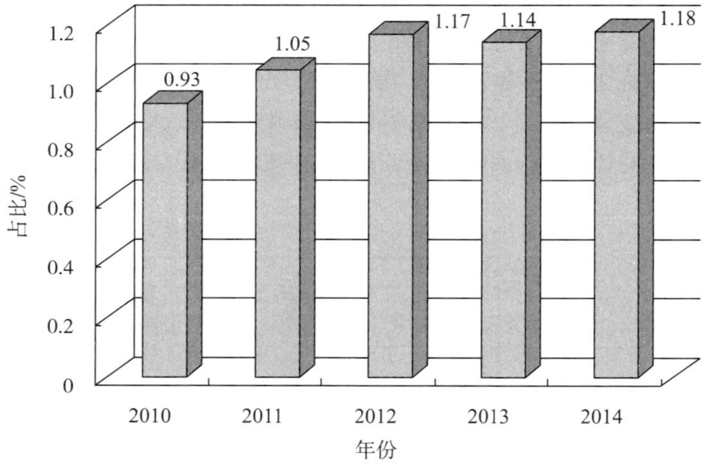

图2-6　企业R&D投入占企业主营业务收入比重

三、R&D经费结构趋于合理，基础研究经费比重上升

基础研究作为科技创新的源泉，始终推动着科技进步和创新。基础研究投入占R&D

投入的比重指标反映首都在基础研究方面的投入力度。如图2-7所示，该指标从2010年的11.63%到2014年的12.57%，呈现出平稳增长的趋势，2010~2013年均在12%以下，2014年则有显著提升，超过12%的水平。

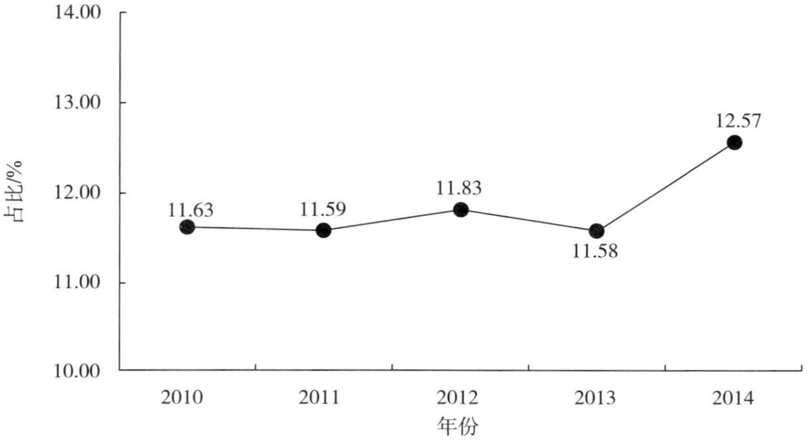

图2-7　北京基础研究投入占R&D投入的比重

四、企业外部R&D支出增加，产学研合作加强

每万名高校和科研机构R&D人员使用的企业科技经费额指标在2013年有一定幅度下降，但总体呈现上升趋势，2014年每万名高校和科研机构R&D人员使用的企业科技经费额达到1.31亿元（图2-8）。该指标2013年下降的主要原因是，根据《中国科技统计年鉴2014》的数据，2013年企业对研究机构R&D经费外部支出同比大幅下降，仅为上一年的43.62%。

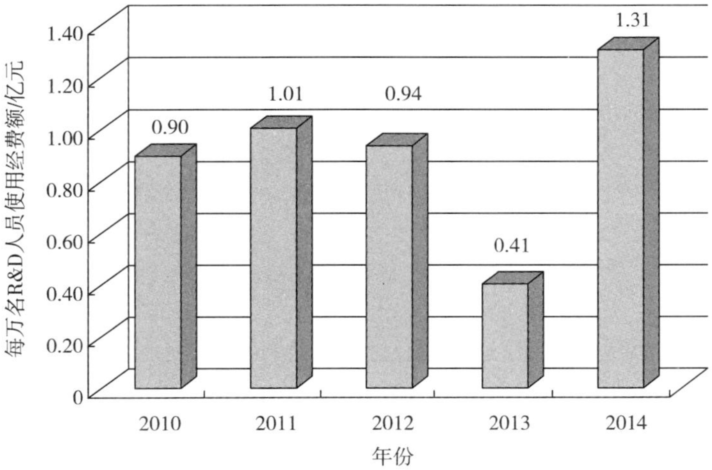

图2-8　每万名高校和科研机构R&D人员使用的企业科技经费额

第三章 创新环境

创新环境主要反映创新活动所依赖的外部软件环境和硬件环境，为科技进步与创新提供保障。创新环境下设政策环境、人文环境、生活环境和国际交流四个二级指标。

政策环境是指政府为促进科技进步与创新而实施的一系列政策法规，以及这些政策法规所产生的实际效果对创新能力的促进和提升。政府可以通过制定和完善创新政策来提高创新资源的利用效率，从而促进创新能力的提升。

人文环境重点强调整个社会的创新氛围和对创新的基础支撑作用。一个地区人口科学文化素养越高，表明这个地区对创新的基础越强，创新的氛围也就越浓厚。同时，一个地区对于提高人口科学文化素质的投入越高，表明这一地区对创新软环境就越重视。

生活环境主要评测一个地区的民生状况和自然环境。良好的生活水平和宜居的生活环境将为人们提供更加舒适的工作环境，从而有助于激发人的创造活力。医疗、教育、交通等基础服务完善，加上优良的自然环境将共同营造出更加完善的创新环境。

国际交流主要评测一个地区与全球其他地区进行交流合作的积极程度，是全球视野下开展科技创新程度的一个评测维度。一个良好的国际交流氛围能够促进先进知识的传播，使得该地区获得更好的技术与合作机会，从而使科技创新站在更高的视野，赢得更多的信息和资源。

从测算结果看，首都创新环境指数有了显著改善。2010~2014年，得分从81.01分增长到了93.21分，年均增长3.05分。其中2011~2012年增幅最大，达到了7.15分。具体到各二级指标：政策环境得分增幅最大，2010~2014年增长了30.03分；人文环境增长了9.84分；生活环境增长了5.1分；而国际交流则相反，减少了1.14分。具体如图3-1所示。

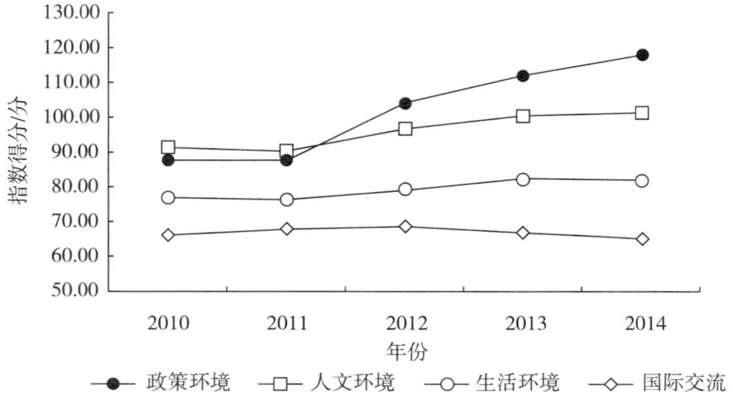

图3-1 创新环境各二级指标得分

第一节 政策环境

根据首都科技创新发展指数体系的测算结果，首都政策环境建设在2010~2014年实现了大幅增长，得分从87.68分增长到117.71分，年均增长7.51分。特别是2011年后，创新环境的改善整体上呈现加速的势态。这与北京市高度重视科技创新的顶层设计，注重营造政策环境和发挥政策引导作用密不可分。政策环境部分三级指标情况如表3-1所示。

表3-1 2010~2014年首都政策环境部分三级指标情况（单位：%）

年份	政府采购新技术新产品支出占地区公共财政预算支出比重	企业税收减免额占缴税额的比例
2010	1.90	1.12
2011	1.90	1.19
2012	2.17	1.61
2013	2.50	1.56
2014	2.51	1.57

资料来源：《北京统计年鉴》、北京市科委及相关委办局等

近年来，北京着力优化促进创新的政策环境，统筹构建创新政策体系，用政策创新破解改革发展难题，营造创新创业环境。

一、全面深化改革，创新政策体系逐步优化

“十二五”以来，北京市坚持首都城市战略定位，推进全国科技创新中心建设，创新政策体系逐步优化。特别是2014年以来，加快建立“1+N”创新政策体系。其中，“1”是北京市委全面深化改革领导小组审议通过的第一项重大改革举措，即《关于进一步创新体制机制 加快全国科技创新中心建设的意见》；“N”是在高等学校、科研机构、财政税收、工商、知识产权、国资国企等领域出台的配套政策，促进科技体制改革和经济社会领域改革协同推进。相继发布、修订并实施了《北京市促进中小企业发展条例》、《北京市专利保护和促进条例》和《关于全面深化市属国资国企改革的意见》等政策法规，进一步完善创新的制度环境。此外，北京市还制定实施了《北京技术创新行动计划（2014—2017年）》，启动实施了新一代移动通信技术突破及产业发展、数字化制造技术创新及产业培育等12个重大专项。如今，《北京技术创新行动计划（2014—2017年）》已结出部分硕果，“高精尖”产业聚集效应明显，六大高端产业功能区以全市7%的平原面积创造了全市45.2%的地区生产总值，高端产业已形成发展新优势。

二、科技成果转化系列政策逐步落实

近年来，北京市为促进科技成果转化和协同创新，先后出台了一系列相关政策。2014年，北京市先后发布实施了“京科九条”“京校十条”，促进高等学校、科研机构科技成果转化和协同创新。特别是在制定出台的《关于进一步创新体制机制 加快全国科技创新中心建设的意见》中，以探索放开科技成果管理权限为突破口，明确提出了深化科技成果使用权、处置权和收益权改革，为科技成果转化继续“松绑助力”，也为当时正在修订的国家促进科技成果转化法提供了探索实践。

三、加强政府采购，搭建新技术新产品首发平台

“十二五”期间，北京市制定了《北京市新技术新产品（服务）认定管理办法》和《关于在国家自主创新示范区深入开展新技术新产品政府采购和推广应用工作的意见》，增加国有企业为采购主体，支持民营科技企业进入市政基础设施建设等领域。累计认定8 000余个新技术新产品（服务），政府采购金额超过500亿元。搭建新技术新产品（服务）首发平台，2015年发布26项新技术新产品（服务）。政府采购新技术新产品支出占地区公共财政预算支出比重如图3-2所示。

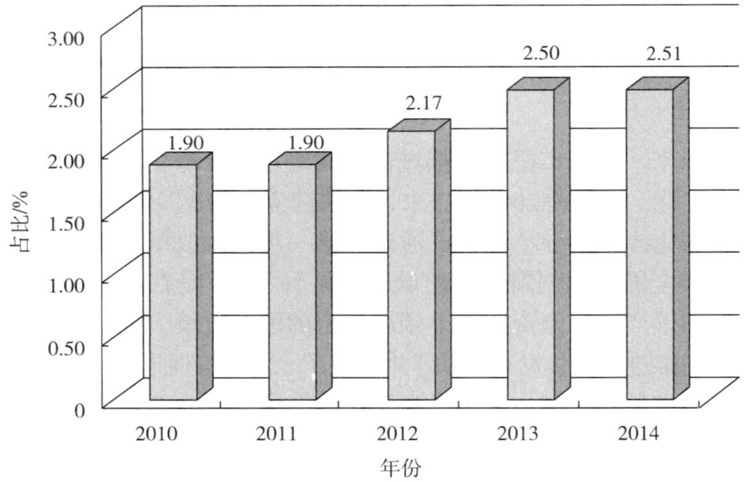

图3-2 政府采购新技术新产品支出占地区公共财政预算支出比重

专栏3-1 北京：首发平台推动新技术、新产品（服务）加快应用

为进一步促进相关科技成果的推广应用，特别是新技术、新产品（服务）的推广，发挥市场配置资源的决定性作用和更好发挥政府作用，北京市科委探索推进了首发平台建设，支持企业、创新创业服务机构、社会组织等作为主体，通过线上与线下相结合等

方式，采用市场化机制开展新技术、新产品（服务）首发活动。

首发平台既是新技术、新产品（服务）的首轮发布平台，也是新技术、新产品（服务）的聚集平台，同时还是新技术、新产品（服务）与信息、技术、人才、资金、政策、市场等资源对接的平台。北京市科委建设北京市新技术、新产品（服务）首发平台体系，旨在从市场端拉动企业技术创新，探索政府推动技术创新和产业发展的新模式、新理念、新机制，支撑首都“高精尖”经济结构建设，促进京津冀协同创新，引领全国创新发展。

北京市新技术、新产品（服务）首发平台包括面向政府采购的新技术、新产品（服务）首发平台、众创空间领域首发平台、产业技术创新联盟首发平台、智能硬件和设计创意等重点领域首发平台等分平台。这些平台将面向政府采购、民生消费、行业应用等重点领域，探索新技术、新产品（服务）首发和推广应用机制，把一批技术含量高、性能稳定、质量可靠、具有自主知识产权和自主品牌的新技术、新产品（服务）推向应用。

2015年，北京已率先启动了众创空间领域首发分平台，首批加入分平台的有京东“JD+开放孵化器”、创客大爆炸、创客总部、太库北京、IC咖啡、极地国际创新中心6家成员。未来，北京市科委将陆续启动其他分领域首发平台，完善北京市新技术、新产品（服务）首发平台体系。

四、中关村创新改革先行先试“试验田”结出硕果

“十二五”期间，北京市推动组建由19个中央部委和30余个市级相关部门参与的中关村创新平台。贯彻实施国务院批复的《中关村国家自主创新示范区发展规划纲要（2010—2020年）》，推动示范区空间规模和布局调整，形成“一区十六园”的发展格局。加快建设中关村人才特区，制定实施13项配套政策。率先实施“1+6”“新四条”等系列先行先试政策，其中10余项试点政策在全国推广。围绕商事制度、药品审评审批、人才管理、金融创新等重点改革领域，与中央单位共同推动开展70余项改革举措，先行先试改革取得新突破。

第二节 人文环境

2010~2014年，首都人文环境得到了显著的改善，各项有助于科技创新的人文事业得到了长足发展。人文环境指标得分总体上保持了较快的增长势头，四年间得分增长了9.84分，年均增长2.46分。人文环境三级指标情况如表3-2所示。

表3-2 2010~2014年首都人文环境三级指标情况

年份	全市公民科学素养达标率/%	人均公共图书馆藏书拥有量/册	人均科普专项经费/元	人均公共财政教育支出/万元
2010	10.00	2.48	36.42	0.24
2011	—	2.54	34.38	0.26
2012	—	2.72	40.61	0.31
2013	12.44	2.54	44.07	0.33
2014	—	2.63	46.01	0.35

资料来源：《中国科技统计年鉴》、《北京统计年鉴》、北京市科委及相关委办局等

一、积极搭建公众科普活动平台，提升全民科学素养

近年来，北京市积极搭建提高公众科学素质的各类科普平台，引导公众参与和互动体验，宣传科技改变生活、科技引领经济社会发展的重要理念，全民科学素养不断提升。例如，2014年，北京举行了以“科学生活·创新圆梦”为主题的科技周活动，将450余项科技成果和科普项目巧妙自然地串联起来；而2015年，又以“创新创业　科技惠民”为主题进行了科技周活动，此次活动则通过大型科普博览的形式，突出民生科技，向公众展示了国家和北京地区近300项创新成果和创业案例，让社会公众亲身感受科技给人们生产生活带来的变化，从不同层面充分展现“创新创业　科技惠民”的主题。此外，北京市还全面推进社区科普平台建设，截至2015年年底在全市16个区建成了30个社区科普体验厅，建设总面积6 300平方米，特色展项190余项。在14个区县启动建设19家科普体验厅，建设总面积预计达3 000多平方米、科技互动展示项目200多件。社区科普体验厅为居民提供了个性化有特色的服务，传播了最新科技成果与科学知识。

专栏3-2　北京科技周营造创新创业良好氛围

2015年5月16日~24日，2015年全国科技活动周暨北京科技周主场活动在北京民族文化宫成功举办。本届科技周以“创新创业　科技惠民”为主题，主场活动展览面积达6 000多平方米，通过大型科普博览的形式，突出民生科技，向公众展示了国家和北京地区近300项创新成果和创业案例，让社会公众亲身感受科技给人们生产生活带来的变化，激发全社会的创新创业热情。本届科技周主场采取模拟场景风格设计，以一条“众创大道”为展示主线，以“众创空间、科技创意坊、创造我发明、科普体验厅、电动汽车、纳米小屋”等板块为主要内容，从不同层面充分展现“创新创业　科技惠民”的主题。在本届科技周主场活动上，生态宝空气净化系统、石墨烯智能窗、脑电神经反馈训练系统、少数民族科普驿站等24个参展项目被评为“最受公众喜爱的科普项目”。同时，来自英国

皇家化学会、美国卡耐基梅隆大学机器人学院、韩国电子通讯研究院的三位国外科技工作者被授予“国际科普大使”称号。新华网、中国科技网等网络媒体对活动现场进行了网络直播，报道量达到了931篇，在科技周期间2 000多万人通过新华网、中国科技网、微信、微博等新媒体手段观看和了解科技周上的亮点项目。

二、传播科技知识，推动科普资源开放共享

通过政策引导学校、科研院所、图书馆和企业等向社会进一步开放及共享科普资源，吸引更多创新主体积极参与科普活动，人均科普经费支出呈现稳步增长态势（图3-3）。充分利用多媒体资源，特别是互联网，通过线上、线下等方式大力宣传创新驱动发展、科技体制改革、重大科技成果、科技人才和创新团队等，为科技创新营造良好的舆论氛围。例如，2015年年初，北京与香港亚洲电视台《腾飞中国》栏目共同策划了“1+4”《创新圆梦　智汇北京》专题片，充分展现了北京科技创新文化。

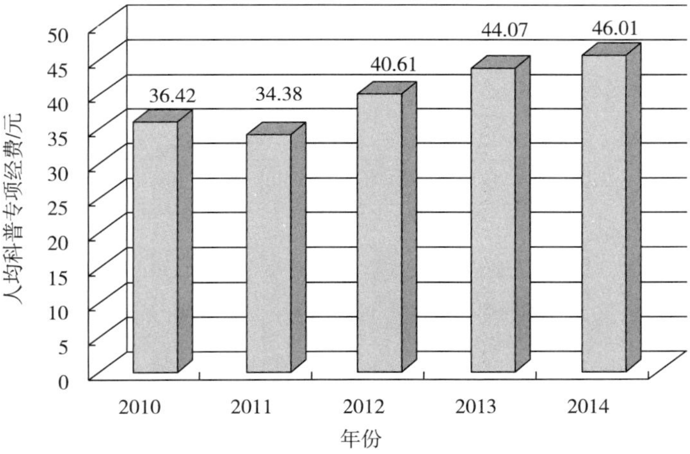

图3-3　人均科普专项经费

第三节　生活环境

2010~2014年，首都生活环境指标除个别年份略有波动外，总体呈现增长趋势。2010~2014年得分为从76.66分增长到81.76分，年均增长1.275分。生活环境三级指标情况如表3-3所示。

表3-3 2010~2014年首都生活环境三级指标情况

年份	每千人口拥有医院床位数/张	每百名学生拥有专任教师人数/人	城市人均公园绿地面积/平方米	地均城市轨道交通里程数/米
2010	6.83	6.26	15.00	0.02
2011	6.85	5.83	15.30	0.02
2012	7.14	5.74	15.50	0.03
2013	8.76	5.79	15.70	0.03
2014	7.71	5.96	15.90	0.03

资料来源：《中国科技统计年鉴》《北京统计年鉴》

一、绿化资源总量不断提升

2014年，北京新增造林绿化面积36万亩（1亩≈666.67平方米）、城市绿地面积1 000公顷，全市林木绿化率增加1百分点，达到58.4%，城市绿化覆盖率增加0.6百分点，达到47.4%，人均公园绿地面积增加0.2平方米，达到15.90平方米（图3-4），森林覆盖率达到41%。

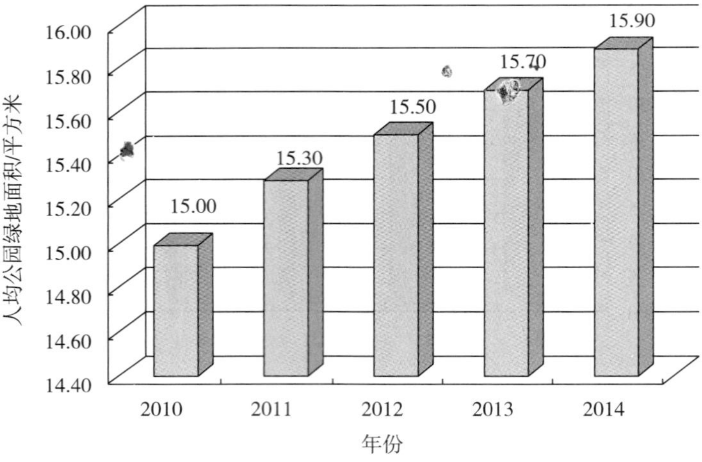

图3-4 城市人均公园绿地面积

二、优化空间布局，城乡一体化格局基本形成

“十二五”期间，北京积极推进郊区新城建设，重点功能和产业项目加快布局，城市建设和管理水平进一步提高，轨道交通向5个新城延伸，新增运营里程218千米、总里程达到554千米，城市路网进一步完善，基本实现了“三环、四横、五纵、七放射”格局，城乡一体化格局基本形成。地均城市轨道交通里程数从2010年的0.020千米增至2014年的

0.032千米（图3-5）。

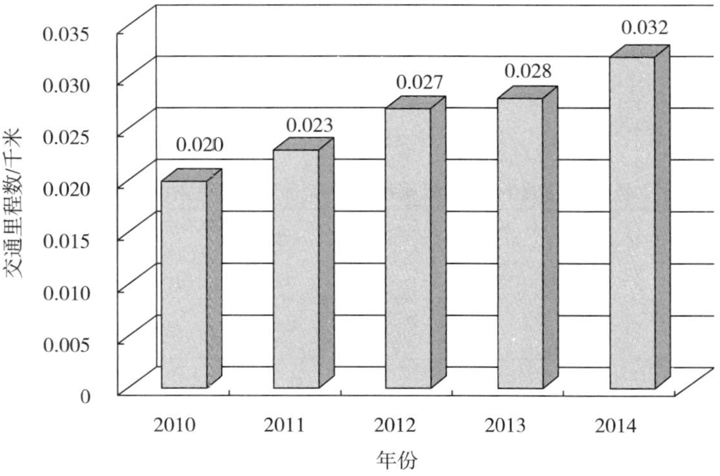

图3-5　地均城市轨道交通里程数

三、公共教育资源投入有所加强

“十二五”期间，北京对于公共教育资源的投入和整合进一步提升，师资队伍不断壮大，如图3-6所示。为进一步实现以创新为驱动的体制机制改革，北京市加大人才培养力度，推动教育资源优化布局，加快建设创新型人才聚集中心，大力推进素质教育，实施学前教育、中小学建设、市属高校建设三个“三年行动计划”。截至2015年年底，北京市新建和改扩建幼儿园843所、中小学校200所，分别增加学位10万个和19万个。

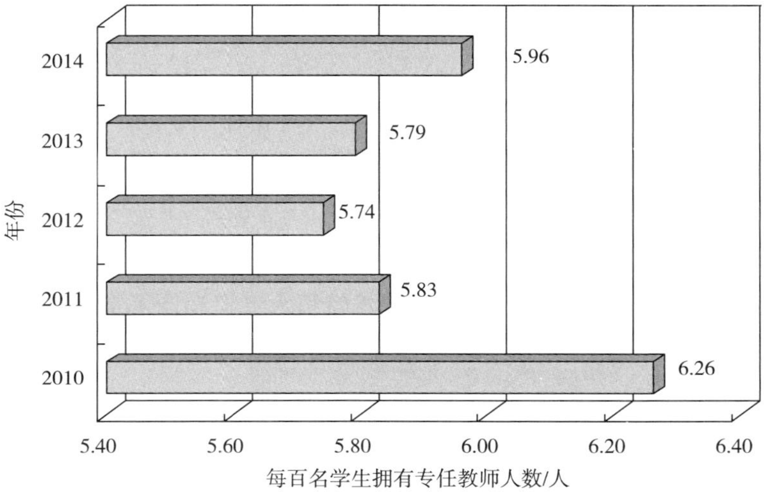

图3-6　每百名学生拥有专任教师人数

第四节 国际交流

2010~2014年，首都国际交流指标呈现出缓慢上升后又缓慢下降的态势。国际交流三级指标情况如表3-4所示。

表3-4 2010~2014年首都国际交流部分三级指标情况

年份	企业在境外设立研发机构的增长率/%	外资研发机构数量增长率/%	高校参与国际交流合作人次与高校教学科研人员数之比	外国专家来京人次增长率/%
2010	1.28	1.14	0.14	1.06
2011	1.25	1.13	0.17	1.04
2012	1.26	1.12	0.18	1.02
2013	1.28	1.12	0.16	1.04
2014	—	1.11	0.14	1.07

资料来源：《中国科技统计年鉴》、《北京统计年鉴》、北京市科委及相关委办局等

一、开放创新合作范围逐年扩大

“十二五”时期，北京全面部署开展全国首个服务业扩大开放综合试点，首批33项政策措施全面推进。与科技部联合建设国家技术转移聚集区。连续五年成功举办“中国（北京）跨国技术转移大会”和中意创新合作周等系列活动，促成120余个项目签约金额560亿元。国际技术转移协作网络（International Technology Transfer Network，ITTN）成员单位扩展至200家，与40多个国家的400多个国际技术转移机构建立长期合作关系。“北京市国际科技合作基地”达到370家。实施“走出去”战略，北京市企业已在全球布局582个研发机构，境外上市企业达101家。吸引2位诺贝尔奖得主在京设立联合研究院。跨国公司在京累计设立研发机构81家。进一步扩大高水平国际交流，创新海外智力资源利用机制，吸引外国专家来京交流和工作（图3-7）。

专栏3-3 中国（北京）跨国技术转移大会打造国际高端平台

2015年11月17日~19日，“第六届中意创新合作周”于北京国际会议中心举办。本届合作周以“中意携手，创新共赢”为主题，聚焦中国和意大利创新合作的关键技术领域、创新创业的核心资源，通过高端论坛、分领域圆桌会议、项目对接、创新成果展览展示以及园区、机构访问等形式，促进中意双方展开深入交流与务实合作。本届合作周采用多地联合的方式开展活动，除了北京的主会场活动，还在上海、重庆开展分

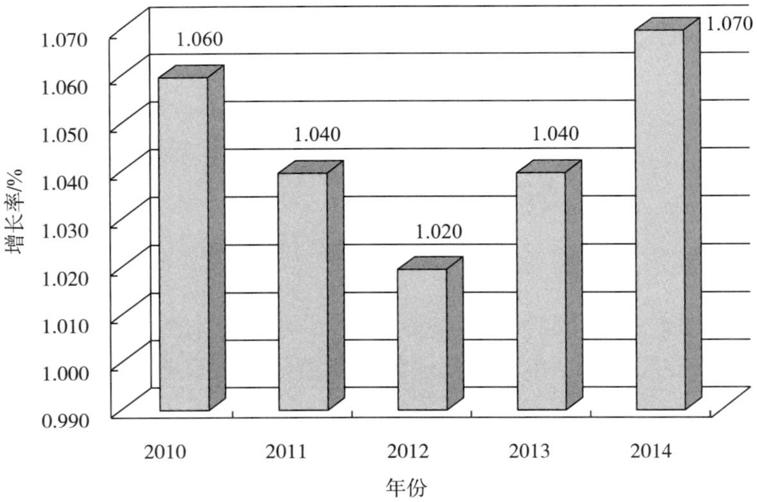

图3-7 外国专家来京人次增长率

会场活动。活动围绕航空航天、环境与可持续发展、生物医药与生命科学、农业与食品质量安全、创意产业与设计、青年学者创新创业、科技与金融等关键领域开设平行专场，讨论科技创新发展趋势，并进行项目洽谈对接，推动技术转移。创新周吸引意大利135家机构的200余位代表，携带205项技术项目，与来自北京、天津、河北、重庆、安徽等12个省市的500多家机构进行了677项次对接，达成合作意向120多项，促成现场签约24项，总投资额达6.71亿元，预期经济效益将达到18亿元。中意创新合作周按年轮流在中国和意大利召开，是连接中国与意大利科技创新资源的重要平台，展示了北京开展国际合作、引进国际创新资源的成效和潜力，体现了北京国际交往中心和科技创新中心的有机融合。

二、积极参与“一带一路”，推动与沿线国家和地区的科技合作

“十二五”以来，北京技术出口到约80个国家和地区，涉及发达国家和地区30个，出口发达国家和地区的合同额呈逐年上升态势，占出口合同总额比例由2011年的16.7%增长到2015年的31.8%。其中，北京技术输出到“一带一路”沿线39个国家和地区，成交额累计达1 381.6亿元，占同期北京出口总额的39.5%。来自国际市场的技术需求正在成为北京技术市场发展新的驱动力。同时，针对“一带一路”沿线国家的实际需求，北京结合自身技术优势和产业条件，深入调研、挖掘培育合作项目。此外，北京还与中国—东盟、中国—南亚、中国—阿拉伯技术转移中心等密切协作，共享双边、多边平台的资源和渠道。

第四章 创新服务

创新服务体现政府促进科技创新的服务职能，强调政府应发挥的服务及引导作用。创新服务下设科技条件、技术市场、创业孵化和金融服务四个二级指标，以此测度和分析北京创新服务的发展变化情况。

科技条件主要是指一个区域支撑科技创新的重要物质载体或者资源；技术市场是连接科技与经济的桥梁，是促进科技与经济结合的关键环节，是优化科技资源配置的重要载体，是实现科技成果转化的主要渠道；创业孵化反映一个地区为创新成果商业化提供服务的情况；金融服务是指金融机构通过开展业务，创新金融产品，为科技创新提供融资投资、信贷、保险和金融信息等服务，促进科技与金融结合。

创新服务各二级指标得分如图4-1所示。

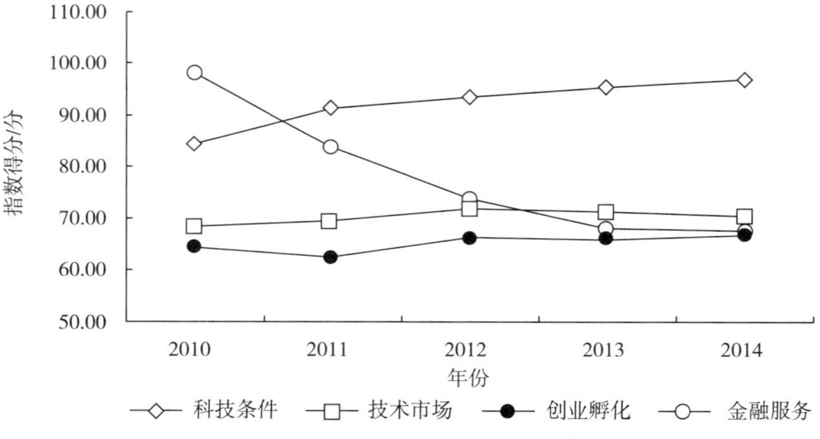

图4-1 创新服务各二级指标得分

2010~2014年，“创新服务”总得分呈现出相对稳定的态势。“创新服务”从2010年的78.29分，变化到2014年的76.97分，相比其他三个一级指标2014年得分，创新服务得分相对较低。得分出现略微下降的主要原因是，创新服务下的11个三级指标中，有9个是“增长率”指标，反映的是指标的增长速度。“十二五”以来，首都科技创新发展逐步进入“新常态”，总量提升、速度放缓成为这一时期首都科技创新发展的特点，创新服务下9个“增长率”指标相继下降的情况，也正好反映了这一特点。虽然增速下降，但总量（绝对值）仍然可观。例如，技术交易额增幅达137.3%，孵化器在孵企业数增幅达131.7%。

第一节 科技条件

科技条件指标整体呈现出稳步增长的变化趋势，得分在2011年有大幅度的提升，之后几年均维持在90分以上。这表明近年来首都科技条件发展情况较为良好。从具体得分来看，得分最高的是2014年，为96.61分，2010~2014年，年均增长3.04分，均值为92.16分。科技条件三级指标情况见表4-1。

表4-1 2010~2014年首都科技条件三级指标情况

年份	信息化指数	大型科学仪器（设备）原值增长率/%	每万名科技活动人员占有的市级及以上科技创新平台数/个	首都科技条件平台开发仪器资源价值增长率/%
2010	2.44	1.18	11.93	1.42
2011	2.66	1.20	16.72	1.38
2012	2.94	1.15	20.05	1.30
2013	2.99	1.18	23.57	1.25
2014	3.27	1.23	25.78	1.20

资料来源：《中国科技统计年鉴》、《北京统计年鉴》、北京市科委及相关委办局等

一、信息化水平“领跑”全国

“十二五”期间，北京市信息化指数平稳增长。由2010年的2.44分增长到2014年的3.27分，年均增长0.21分。截至2014年，互联网宽带接入用户数达到552.7万户，互联网上网人数也增至1 593万人（表4-2）。近年来，以“互联网+”、物联网为代表的信息化技术飞速发展，北京已在这些领域“领跑”全国。

表4-2 2010~2014年首都信息化建设情况

年份	年末固定电话用户/万户	年末移动电话用户数/万户	互联网宽带接入用户数/万户	互联网上网人数/万人
2010	885.6	2 129.8	545.6	1 218
2011	883.9	2 575.9	523.4	1 379
2012	883.1	3 168.0	572.0	1 458
2013	867.6	3 373.8	534.7	1 556
2014	831.1	4 076.2	552.7	1 593

资料来源：《北京统计年鉴》等

二、创新平台建设发展迅速

以人才、项目、基地一体化发展的平台建设作为创新发展的基石。截至2014年，每

万名科技活动人员占有的市级及以上科技创新平台数到达25.78个，是“十一五”末期（2010年）的2.16倍（图4-2）。

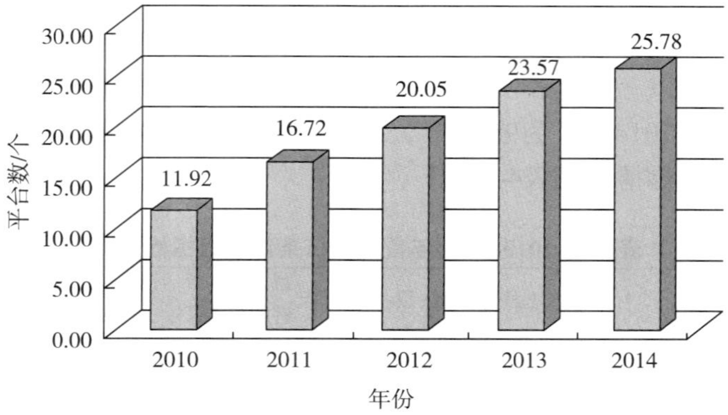

图4-2　每万名科技活动人员占有的市级及以上科技创新平台数

2015年新增70个国家级、北京市级重点实验室、工程中心，价值17亿元、2 125台（套）的仪器设备向社会开放共享。截至2015年，“首都科技条件平台”共促进首都地区743个国家级、北京市级重点实验室、工程中心，价值209亿元，4.05万台（套）仪器设备向社会开放共享，整合了636项较成熟的科研成果促进其转移转化，聚集了1万余位专家，产生了15 839项知识产权和技术标准。此外，北京地区高校获批牵头组建4个国家级协同创新中心，市属高校加快建设15个市级协同创新中心。

从平台实际价值方面看，北京地区自2008年开始统计大型科学仪器（设备）原值，一直保持稳定的增长势头，从2010年的129.3亿元增长到2013年的217.1亿元，增长了67.9%。同时，科技条件平台开发仪器源价值也稳步增长，2010~2014年，每年保持1%~2%的增长率（图4-3）。

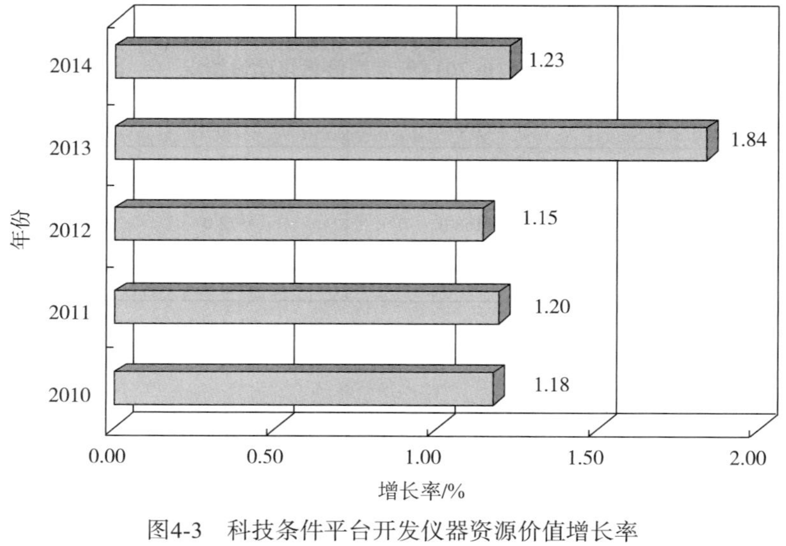

图4-3　科技条件平台开发仪器资源价值增长率

第二节 技术市场

2010~2014年，技术市场指标增长较为平稳，得分始终保持在70分左右。技术市场三级指标情况如表4-3所示。

表4-3 2010~2014年首都技术市场三级指标情况（单位：%）

年份	技术交易额增长率	吸纳全国技术合同成交额增长率
2010	1.25	1.09
2011	1.24	1.14
2012	1.29	1.19
2013	1.26	1.19
2014	1.25	1.17

资料来源：《北京统计年鉴》《北京技术市场统计年报》等

一、技术市场成交规模持续扩大

“十二五”期间，技术市场呈现出规模大、质量优的发展态势。从原始数据看，截至2014年，全市技术交易额为2 531.5亿元，是2010年的2.37倍；吸纳全国技术合同成交额为1 234.71亿元，五年间增长了2.48倍。技术交易额占技术合同成交额的比重由67.5%增长到80.2%，增长12.7百分点。技术交易额和吸纳全国技术合同成交额实现了“双翻番”。

二、技术市场交易质量不断提升

“十二五”期间，技术市场对北京市实现发展方式转换的作用不断增强，支撑构建高端经济结构。2014年，技术交易增加值占地区生产总值的比重由2010年的9.0%提高到9.46%（图4-4）。

其中，航空航天、新能源与高效节能、城市建设与社会发展、电子信息领域技术合同成交额分别比上年增长71.7%、65.4%、20.1%和23.6%。2014年，规模以上工业中战略性新兴产业增加值比上年增长17.9%，对规模以上工业增长的贡献率达62.7%，引领相关产业发展。

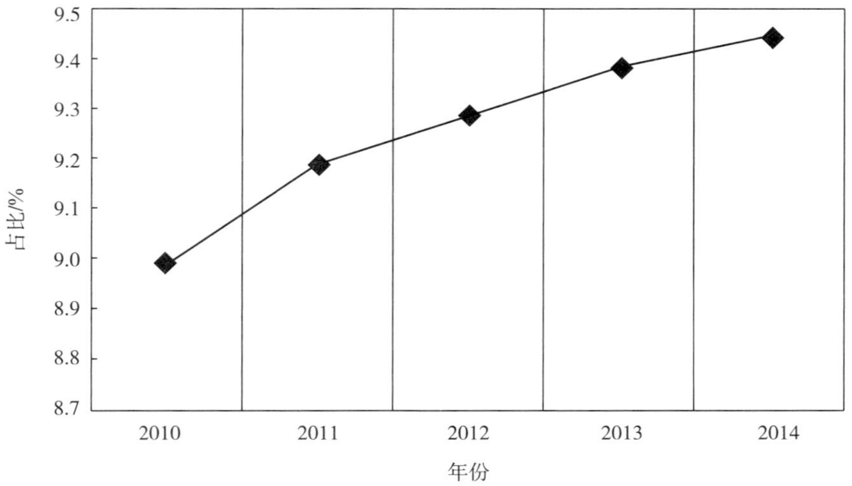

图4-4　2010~2014年北京实现技术交易增加值占地区生产总值的比重

专栏4-1　北京：技术市场助推经济增长

技术交易已成为北京经济增长的“主力”。2015年，北京技术合同突破7万项，达72 272项；成交额3 452.6亿元，占全国的35.1%，继续领跑。统计数据显示，2015年，北京地区实现技术交易增加值2 174.5亿元，占地区生产总值的比重达9.47%。

技术市场支撑构建“高精尖”经济结构。2015年北京吸纳（本市和外省市）的成交额（1 147.5亿元）比2010年（497.9亿元）增长1.3倍，占全国吸纳总量的14.1%。其中80%以上为战略性新兴产业，电子信息、新能源与节能环保、现代交通、航空航天和先进制造为主要领域。

技术市场支撑破解“城市病”惠及民生。“十二五”以来，以现代交通、环境保护等为核心的技术交易非常活跃，有力支撑城市建设和改善民生。2011~2015年，现代交通领域技术成交额从387.2亿元增长到441.6亿元，增长14.0%。环保技术成交额从153.1亿元增长到493.5亿元，增长2.2倍，其中，大气污染防治技术成交额从3.1亿元增长到14.0亿元，增长3.5倍，水污染防治技术成交额从5.6亿元增长到33.6亿元，增长5.0倍。

“两个突破”：一是五年成交规模总量首次突破万亿元，“十二五”总量超过1.3万亿元；二是首次在一个五年规划期间突破两个千亿元大关，即2012年和2014年分别突破2 000亿元和3 000亿元。

“两个翻番”：一是技术合同成交总量相比，“十二五”总量（13 788.6亿元）是“十一五”（5 422.9亿元）的2.5倍；二是两个五年规划的末年相比，2015年技术合同成交额3 452.6亿元，是2010年（1 579.5亿元）的2.2倍。

近八成技术辐射京外。从流向结构看，2011~2015年流向本市、流向外省市、技术出口的成交额呈“22：53：25”结构。超过50%的技术合同成交额辐射到京外省市，对全国330多个地级行政区实现了全覆盖，北京技术对全国的辐射效应进一步增强。

第三节 创业孵化

创业孵化指标得分呈波动增长趋势，从2010年的64.38分增长到2014年的66.78分，增长幅度相对较小。整体而言，在孵企业数每年呈递增趋势，而孵化面积增长率指标从2012年开始，出现略微下降的趋势。创业孵化三级指标情况如表4-4所示。

表4-4 2010~2014年首都创业孵化各三级指标情况（单位：%）

年份	孵化器在孵企业数量增长率	孵化面积增长率
2010	1.03	1.12
2011	1.03	1.05
2012	1.09	1.14
2013	1.09	1.12
2014	1.13	1.11

资料来源：《中国科技统计年鉴》、《北京统计年鉴》、北京市科委及相关委办局等

一、科技孵化体系更加完善

“十二五”期间，孵化器在孵企业数量呈加速增长趋势（图4-5）。截至2015年年底，北京地区拥有科技孵化机构150余家，其中国家级机构50家，在孵企业超过1万家，初步形成孵化器、大学科技园、创业投资机构、咨询培训机构、技术转移机构等有机联系的科技孵化体系。2015年发布了《北京市人民政府关于大力推进大众创业万众创新的实施意见》，提出将北京打造成全球原创思想的发源地和高科技创业者实现梦想的首选地。

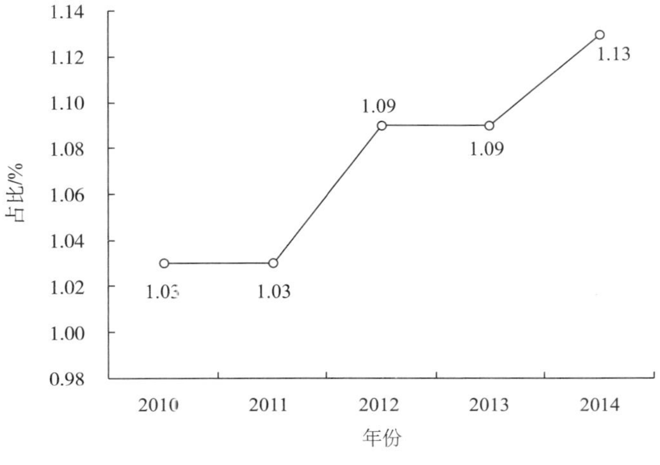

图4-5 孵化器在孵企业数量增长率

二、创新创业服务能力显著增强

2015年，北京市在全国率先授予65家机构“北京市众创空间”称号，支持成立北京众创空间联盟。实施“公众参与创新行动计划”，启动“北京创客科普季”，在全国率先引爆了大众创业、万众创新的导火线。首届“众创杯中国·北京创新创业大赛”吸引全市50余家众创空间、100余家孵化器、20余家大学科技园、30多家活跃的投资机构和银行等参加。2010～2014年首都孵化器在孵企业数量如图4-6所示。

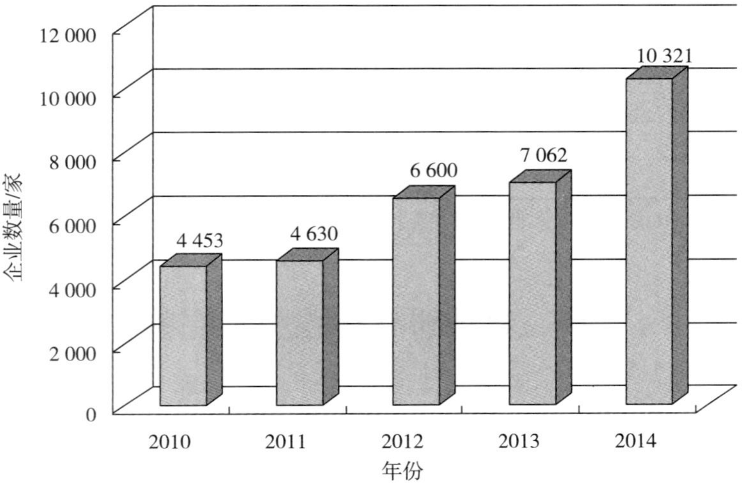

图4-6　2010~2014年首都孵化器在孵企业数量

同时，政府也不断为创新创业提供便捷优质服务，如实施“首都科技创新券”，由“众创空间”等第三方机构确定发放对象，2015年已有近700家小微企业和创业团队使用创新券近4 000万元。同时，还成立了“首都创业导师志愿服务团”，打造国内首个全要素创新创业“网上会客厅”。

专栏4-2　北京：“大众创业、万众创新”蓬勃发展

近年来，北京市积极完善创新创业政策体系，发布了《北京市人民政府关于大力推进大众创业万众创新的实施意见》，充分调动各方积极性，努力营造创新创业生态。

2015年，全市新设立科技型企业近6.6万户；股权投资管理机构超过1 000家，管理资本总量超过1.14万亿元，居全国首位；股权投资案例2 413起，占全国近1/3；技术合同成交额3 452.6亿元，占全国的35.1%，技术交易增加值占GDP的9.47%。在全国率先授予65家机构“北京市众创空间”称号。全市共有众创空间近200家，各类孵化器、大学科技园等服务机构150余家，服务企业和团队超过1.3万家；全市14个区有众创空间分布，众创空间集聚区初步形成。2015年，在由36氪、中国经济研究院、中国科学院大学等多家单位共同发布的中国创新创业指数中，北京“双创”综合指数位居全国第一。

第四节 金融服务

金融服务指标受三级指标增长率趋缓的影响，在2010～2013年表现为逐步下降的趋势。总体而言，金融服务指标得分从2010年的97.84分下降到2014年的67.53分。但“十二五”以来，金融支持科技创新的力度仍不断加强。金融服务三级指标情况如表4-5所示。

表4-5 2010~2014年首都金融服务三级指标原始数据情况（单位：%）

年份	境内上市公司股票筹资额增长率	创业投资金额增长率	创业板上市企业数增长率
2010	1.21	1.32	3.00
2011	1.03	1.50	2.21
2012	0.92	1.23	1.88
2013	0.79	1.25	1.60
2014	1.03	1.01	1.53

资料来源：《北京统计年鉴》《北京市金融运行与金融工作情况报告》《中国创新风险投资发展报告》等

一、科技创新投融资服务体系不断完善，金融服务能力持续提升

“十二五”期间，北京市研究制定《深化改革 加快建设国家科技金融创新中心的意见》，加快建设统一监管下的全国性场外交易市场。截至2015年年底，全国中小企业股份转让系统（“新三板”）挂牌公司5 129家，同比增长226%，总市值2.5万亿元，同比增长435%；中关村股权交易服务集团有限公司（“四板”）服务企业总数2 147家，同比增长193.3%；展示企业1 522家，挂牌企业60家，登记托管企业547家。“十二五”期间，北京市创业投资金额和创业板上市企业数量均保持快速增长趋势，创业投资机构数量、投资案例、投资金额等均居全国首位。2015年，北京地区共发生股权投资案例2 596起，投资金额1 464.9亿元，占全国的比重分别为31%和27.9%。

2010~2014年境内上市公司股票筹资额增长率如图4-7所示。

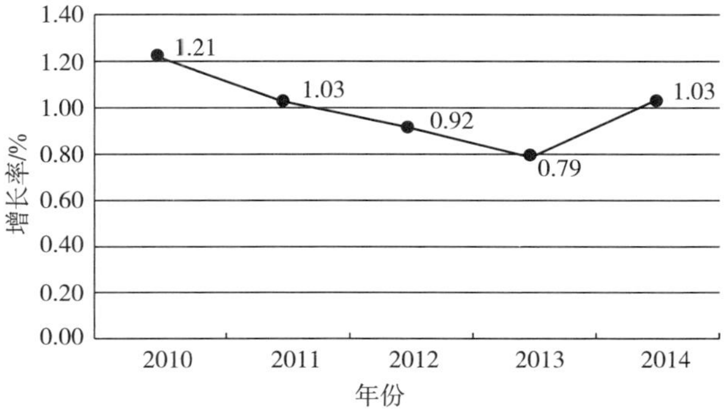

图4-7 境内上市公司股票筹资额增长率

专栏4-3 北京：让资本为智力“打工”[①]

为引导、激励更多社会资本助推创新创业，北京市科委大胆创新体制机制，积极探索推动资本为智力“打工”的工作模式。

一是实施“风险备偿金”政策，建立了“科技信贷综合服务平台”，采取贷款风险补偿、贷款风险备偿等方式，引导金融机构加大对科技型企业的支持力度。实施了“生物医药企业金融激励试点”，北京市科委每年设立2 000万元风险补贴专项资金，根据贷款额度和贷款性质，对参加试点的商业银行、担保机构给予一定的风险补贴，以提高商业银行、担保机构对生物医药企业的风险容忍度；同时，对参与试点的小微企业给予适当的直接奖励。

二是创新科技型中小企业支持方式，引导创业（天使）投资共同支持初创期科技企业发展。北京市科委创新财政科技资金立项筛选机制，与创业投资、天使投资机构加强合作，通过股权债权、融资租赁、融资担保等多种方式引导社会资本参与科技型中小企业技术创新投融资，打造中小企业“创新资金+投资机构”的支持模式。

三是搭建科技金融服务平台，畅通金融机构与科技企业之间的信息渠道。北京市科委搭建了科技金融综合服务平台，构建集科技金融服务机构、金融产品、企业融资需求于一体的线上线下工作流转体系。搭建了“首都科技大数据平台”，率先向社会，包括银行等金融机构开放了科技数据资源。

四是组建新型科技成果转化投资载体，探索和推广“前孵化”综合服务新模式。北京市科委建立了以民营资金为主的面向服务生物医药企业的“崇德生物创投基金”，与中国航天科工集团公司共同发起成立“航天科工军民融合成果转化创投基金”。同时，北京市科委积极推动北京首都科技发展集团公司组建运营，打造建设从“原始创新”“知识产权”到成果应用的中国第一家重大科技成果转化“前孵化”新型融资平台。以此为抓手，发挥财政资金对银行信贷、产业投资的引导放大作用，形成从“人才、技术”到“科技型企业”成长发展的专业化、职业化培育链条。

二、结合创新主体需求，推动金融产品创新

北京市紧紧围绕科技金融中心建设的要求，积极搭建平台，推动金融产品创新，促进科技成果转化。2015年5月，北京市金融工作局、市科委、市财政局、市发展和改革委员会、市商务委员会、中关村管委联合发布了《北京市关于推动科技金融创新支持科研机构科技成果转化和产业化的实施办法》，支持科研机构科技成果转化和产业化。

用金融手段支持“新技术新产品（服务）”推广。北京市科委与中国保险监督管理委员会北京监管局联合开展了推动北京新技术新产品（服务）风险补偿工作，对新技术

① 摘自北京市科学技术委员会主任闫傲霜2015年3月10日发表在《人民日报》的文章《让资本为智力打工——北京市科委大力发展科技金融的实践》。

新产品（服务）的企业投保产品质量险、产品责任险等4个险种进行保费补贴。通过银行系电商平台进行新技术新产品（服务）推广，截至2015年年底，已有32家企业的42个产品符合银行电子商务平台准入条件。

创新金融手段支持京津冀钢铁节能减排。通过京津冀三地财政投入，综合运用产业基金、创投基金、银行信贷、融资租赁、债券、财务公司融资等多种金融产品，中国建设银行、平安银行、北京银行、易禾资本等单位提供300余亿元的京津冀节能减排融资额度，发挥金融杠杆作用，破解资金缺少困境，促进节能减排企业开拓市场。

第五章　创新绩效

创新绩效反映创新活动产生的效果和影响，是评价首都科技创新发展目标实现程度最重要的指标，也是对经济社会发展影响最广泛的指标，占总指数权重的40%。创新绩效下设科技成果、经济产出、结构优化、绿色发展和辐射引领五个二级指标。

科技成果是指科技创新活动的直接产出成果，主要包括科技论文、专利、技术标准以及技术交易等。经济产出是直接体现科技与经济结合的指标，表征和体现科技创新绩效对促进地区经济发展的作用和程度。结构优化体现科技创新和技术进步对城市转型发展促进作用和程度的指标，是加快转变经济发展方式的重要内容。绿色发展体现科技创新促进可持续发展作用和程度，是表征正确处理经济增长与资源、生态、环境之间的关系，实现资源节约和环境友好的重要内容。辐射引领体现首都科技创新对国家创新战略和区域协调发展贡献程度。

从测算结果来看，首都创新绩效整体表现良好，得分从2010年的81.81分增长至2014年的92.62分，年均增长2.7分，且2014年得分仅次于创新环境。具体到各二级指标，科技成果得分最为突出，2014年得分高达126.74分，比2013年增长了5.49分；经济产出增幅次之，2014年得分为87.90分，总体呈现稳中有升的趋势；绿色发展稳步改善，2014年得分83.58分比上一年增长1.15分；结构优化与辐射引领得分比上年度略有下降，但整体仍保持较高的分数水平，如图5-1所示。

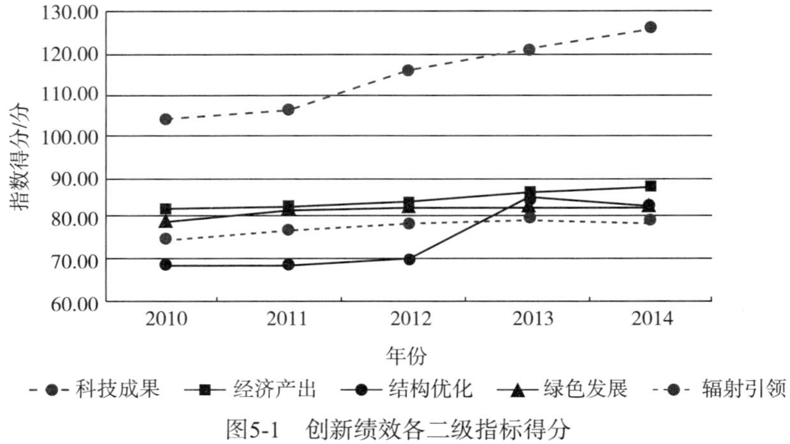

图5-1　创新绩效各二级指标得分

第一节 科技成果

科技成果用科技论文数、标准制定数、专利数、技术合同额等指标测度。从得分上看，科技成果表现十分突出，得分在所有的二级指标中排名第一。2010~2014年，科技成果得分由104.19分上升到126.74分，年均增长5.64分，该指标是创新绩效中唯一突破100分的二级指标。可见，“十二五”期间，首都科技成果增长迅猛，对推动创新绩效得分增长起到了巨大作用。表5-1为科技成果三级指标情况。

表5-1 2010~2014年首都科技成果三级指标情况

年份	每万人口的SCI/EI/CPCI-S论文产出数/篇	每万家企业拥有的国家或行业技术标准数/项	每亿元R&D经费PCT专利数/件	每万人发明专利拥有量/件	每亿元R&D经费技术合同成交额/亿元
2010	31.25	7.76	1.55	23.87	1.92
2011	28.24	7.78	1.99	26.02	2.02
2012	29.37	10.85	2.54	33.61	2.31
2013	34.36	—	2.52	40.40	2.41
2014	—	—	2.84	48.17	2.47

资料来源：《中国科技统计年鉴》、《北京统计年鉴》、北京市科委及相关委办局等

一、科技产出总量大幅提升

“十二五”以来，北京紧紧围绕首都城市战略定位，深入贯彻实施创新驱动发展战略，不断强化全国科技创新中心的核心功能，深入实施技术创新行动计划，科技成果不断涌现，产出总量大幅提升。

“十二五”期间，北京专利申请量、专利授权量、技术合同成交额、技术交易额实现大幅增长。398项成果获得国家科学技术奖，占全国获奖总数超过30.8%，获得市级科学技术奖励的成果超过千项。中关村企业累计创制国际标准184项，比“十一五”期间翻了一番还多。

除总量提升以外，人均和单位经费科技产出也有明显提升。其中，“每万人发明专利拥有量”增长趋势十分明显，由2010年23.87件上升为2014年的48.17件，年均增长6.08件（图5-2）。

如图5-3所示，2014年，“每亿元R&D经费PCT专利数”为2.84件，2010年以来，年均增长幅度为0.33件，居全国领先地位。

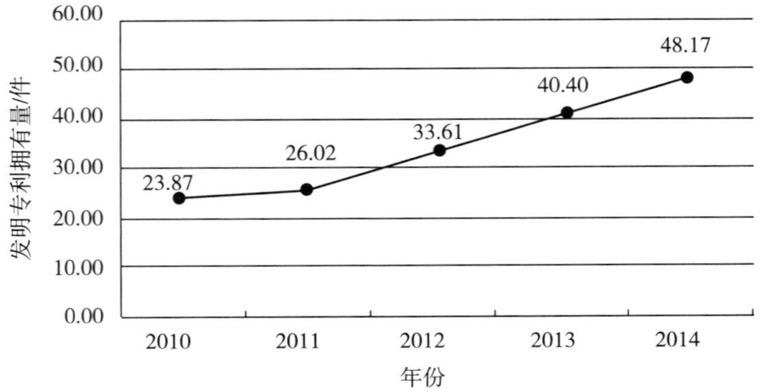

图5-2　2010~2014年北京每万人发明专利拥有量

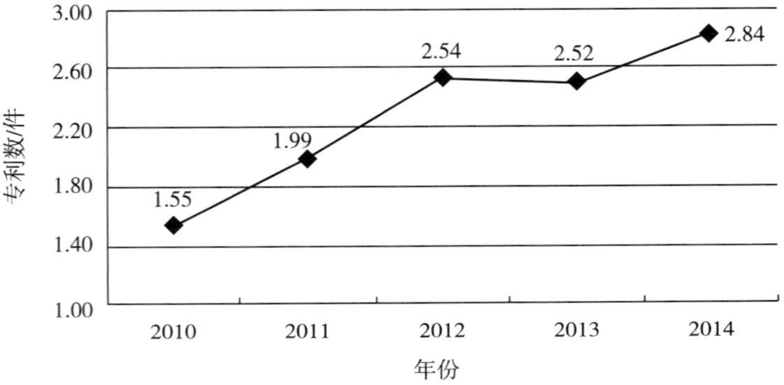

图5-3　2010~2014年北京每亿元R&D经费PCT专利数

二、基础研究成果绩效明显

“十二五”以来，北京把基础研究作为推动科技创新的先导，不断深化前沿技术研究，在生物医药、信息技术等领域突破一批原创技术，产出了诸如量子通信和量子反常霍尔效应、化学诱导的多潜能干细胞（CiPS细胞）、高温铁基超导等一批重大基础研究成果，大幅提升了北京科技创新的国际影响力。整体而言，“十二五”以来，北京越来越多的创新成果正在从“跟跑”转向“领跑”。

第二节　经 济 产 出

2010~2014年，经济产出指标保持连年增长的稳步上升趋势。经济产出指标在5个二级指标中排名靠前，其得分仅次于科技成果指标的得分，表现出较大的增长潜力。2010年，经济产出得分为82.42分，2014年该项得分增长至87.90分，年均增长1.37分。其中，在2012~2013年增幅最大，达2.30分。经济产出三级指标情况如表5-2所示。

表5-2　2010~2014年首都经济产出三级指标情况

年份	人均地区生产总值/元	地区生产总值增长率/%	第二产业劳动生产率/（元/人）	第三产业劳动生产率/（元/人）
2010	75 943	10.3	168 451	140 968
2011	81 658	8.1	177 886	158 603
2012	87 475	7.7	188 018	167 852
2013	93 213	7.7	205 540	175 066
2014	99 995	7.3	216 013	187 973

资料来源：《中国科技统计年鉴》、《北京统计年鉴》、北京市科委及相关委办局等

2010~2014年，北京“地区生产总值增长率”呈现下降趋势，说明经济增速放缓。但同时，“人均地区生产总值”、“第二产业劳动生产率”和“第三产业劳动生产率”稳步上升，说明调结构、促改革取得了一定成效。

2010年，北京人均地区生产总值为75 943元，到2014年增长为99 995元，增幅显著。第二产业劳动生产率也从2010年的168 451元/人，增至2014年的216 013元/人，四年间增长了47 562元/人，增幅达28.23%。第三产业劳动生产率从2010年的140 968元/人增长至2014年的187 973元/人，增幅也超过30%。值得一提的是，2014年北京第三产业劳动生产率高居全国首位，排名2~5位的分别是上海、天津、江苏和浙江。

第三节　结构优化

2010~2014年，结构优化指标呈现波动上升的总体趋势。三级指标方面，结构优化各三级指标虽略有波动，但整体增长趋势显著，如表5-3所示。

表5-3　2010~2014年首都结构优化部分三级指标情况（单位：%）

年份	高新技术企业认定数增长率	企业中有科技活动企业比重	第三产业增加值占地区生产总值比重	现代服务业增加值占第三产业增加值比重	企业新产品销售收入占主营业务收入比重	高新技术产品出口占地区出口的比重
2010	86.94	66.04	64.49	60.20	75.07	65.99
2011	80.25	69.67	65.28	61.04	75.59	58.69
2012	76.95	72.27	65.58	62.64	75.64	60.77
2013	73.48	75.78	65.88	65.02	69.26	61.43
2014	71.80	77.38	66.65	65.95	74.24	57.52

资料来源：《中国科技统计年鉴》、《北京统计年鉴》、北京市科委及相关委办局等

一、“高精尖”经济结构特征凸显

“十二五”期间，北京注重高技术产业的发展，成绩十分显著。金融、信息、科技服务业等优势行业占地区生产总值的比重分别由2010年的13.2%、8.6%和6.7%提高到2015年的17.1%、10.3%和7.9%，成为支撑全市经济增长的重要力量。重点领域投资力度加大，“十二五”时期，电子、医药制造业投资年均增速均超过30%，科技、文化、金融、商务服务业投资年均增速快于第三产业投资增速，均超过10%。

专栏5-1　北京“高精尖”经济结构初步形成①

“十二五”时期，北京坚持以科学发展为主题、以加快转变经济发展方式为主线，着力推进创新驱动发展战略和城乡经济社会发展一体化，打响治理“大城市病”攻坚战，具有内生动力的“高精尖”产业生态体系初步形成，综合经济实力迈上了新台阶。

一是高端产业带动力显著增强。金融、信息、科技服务三大优势产业对经济增长贡献率超过70%。科技服务业增加值实现翻番。战略性新兴产业收入占比超过全市五分之一，成为工业发展主体。前瞻布局新一代移动通信“5G”的前沿领域研究，催生了移动医疗、智能家居、互联网教育、互联网金融等新兴产业，并正在成为国内规模最大、技术最先进的集成电路制造基地。生物医药产业成为新的千亿级产业。建成新能源汽车完整产业链和“一园两基地”，整车设计产能达10万辆，电动汽车产业跨入成长期。

二是发展方式加快转变。第三产业比重由2010年的75.5%提高到2015年的79.8%，对全市经济增长的贡献率将近90%。网上消费、信息消费成为拉动消费的主要动力。万元地区生产总值能耗、水耗和二氧化碳排放分别累计下降25%、24%和27%左右。实施清洁空气行动计划，细颗粒物浓度比2012年下降15.8%。

三是产业布局聚集效应明显。六大高端产业功能区实现收入2.6万亿元，同比增长9.8%，以全市7%的平原面积创造了全市45.2%的GDP。中关村示范区实现总收入达4万亿元，实现翻番，年均复合增长率超过20%。高端、高效、高辐射成为六大高端产业功能区的共同特征。

二、新兴产业发展迅速，引领转型升级①

（1）新一代信息技术产业领先发展。实施“新一代移动通信技术及产品突破工程”，率先布局支持4G、5G技术研发和标准研制。北斗卫星导航系统广泛应用。加快互联网、大数据、云计算融合发展，催生了一批“互联网+”新业态。京东方8.5代线正式量产，

① 引自北京市科委主任闫傲霜在2016年北京市科技工作会议上的报告。

打破液晶面板进口依赖。支持建设12英寸①集成电路生产线和中关村集成电路设计产业园，北京正在成为国内规模最大、技术最先进的集成电路创新基地。

（2）高端装备制造产业提升发展。实施“高端数控装备产业技术跨越发展工程”，出台《促进北京市增材制造（3D打印）科技创新与产业培育的工作意见》《北京市科学技术委员会关于促进北京市智能机器人科技创新与成果转化工作的意见》等政策文件，将大型金属复杂构件、医疗健康、创意设计等领域作为3D打印重点应用领域，以特种机器人、医疗健康类和服务类智能机器人作为机器人技术重点领域。启动建设亦庄智能机器人创新园。

（3）生物医药产业跨越发展。实施“生物医药产业跨越发展工程”（G20工程），5年内取得新药临床批件300余个，居全国首位；获得药品批准文号370余个；培育了年销售额10亿元品种8个，5亿~10亿元品种17个。全球首个基因突变型埃博拉疫苗境外开展临床试验；自主研发的全球首创手足口病EV71疫苗获得新药证书和生产批件；灭活脊髓灰质炎疫苗研制成功并正式上市。生物医药产业从2009年的不到400亿元增长到2012年的1 023亿元，成为北京新的千亿元级产业。南部医药高端制造基地和北部新药研发创新中心对全市医药产业贡献度达到80%。

（4）新能源汽车产业加快发展。建成新能源汽车“一园两基地”，整车设计产能达10万辆，2015年实现销售收入1 973.1亿元，同比增长103%。制定实施《北京市电动汽车推广应用行动计划（2014—2017年）》，形成私人购买新能源汽车完整政策体系。累计推广纯电动汽车3.59万辆，规模居全国第一，电动汽车产业跨入成长期。布局智能驾驶技术研发和产业构架。

（5）先导与优势材料原创技术特色发展。实施“纳米科技产业跃升工程”，推动相对成熟的40余个技术项目入驻国家级怀柔纳米科技产业园。推动石墨烯等新材料研究跨入全球先进行列。开展第三代半导体领域技术创新，力争在光电子、电力电子、微波射频三大应用领域方面取得突破。

（6）科技服务业健康发展。发布《北京市人民政府关于加快首都科技服务业发展的实施意见》，形成研发服务、工程技术服务、设计产业和科技中介服务等优势领域，2015年科技服务业实现增加值1 820.6亿元，增速达14.1%。以工程技术服务首个自主化三代核电技术“走出去”。联合国教育、科学及文化组织（简称联合国教科文组织）“国际创意与可持续发展中心”落户北京，“设计之都”加快发展。国家文化产业创新实验区已聚集2万余家文化类机构，成为全国首个年收入超过千亿元的文化产业功能区。

（7）三产融合推动现代农业高端发展。北京国家现代农业科技城打造了生物种业、奶业、生物燃气等11条品牌产业链，通过审鉴定作物品种超过200个，初步建成全国农业科技数据源中心、服务源中心，成为全国“一城两区百园”农业科技创新体系建设龙头。昌平、顺义、通州、延庆等特色园区产值超过70亿元。

① 1英寸=2.54厘米。

第四节 绿 色 发 展

2010~2014年，绿色发展得分呈波动式上升趋势。2010年得分79.20分，2011年突破80分，2012年达到82.91分，2013年稍有下降，2014年达到83.58分，年均增长1.095分。绿色发展三级指标情况如表5-4所示。

表5-4 2010~2014年首都绿色发展三级指标情况

年份	万元地区生产总值水耗/立方米	万元地区生产总值能耗/吨标准煤	城市污水处理率/%	生活垃圾无害化处理率/%	空气质量达二级及以上天数占比/%
2010	24.94	0.49	81.00	96.90	78.30
2011	22.13	0.46	81.70	98.25	78.30
2012	20.07	0.44	83.00	99.10	76.99
2013	18.66	0.38	84.60	99.30	57.14
2014	17.58	0.36	86.10	99.60	57.26

资料来源：《中国科技统计年鉴》、《北京统计年鉴》、北京市科委及相关委办局等

一、节能降耗成效显著

“十二五”期间，北京市坚持绿色发展理念，走可持续发展道路，扎实推进节能降耗，资源能源利用效率进一步提升。2011~2014年，万元地区生产总值能耗、万元地区生产总值水耗分别下降26.53%和29.51%，均提前完成“十二五”目标。

二、各方联动，加大空气治理力度

近年来，北京市严格落实大气污染防治条例，制定实施“首都蓝天行动”和“北京市2013～2017年清洁空气行动计划”，建立区域大气污染联防联控机制，压减燃煤近1 400万吨，淘汰全部黄标车，淘汰老旧机动车183.2万辆，$PM_{2.5}$浓度比2012年下降15.8%，四项主要污染物减排超额完成目标任务。

专栏5-2 钢铁联盟：助力京津冀节能减排

钢铁行业是我国国民经济的基础产业，其产品品种质量方面的全面升级、重点突破一直是钢铁行业发展的重要任务，京津冀钢铁行业也面临着钢铁产品低端无序、高端不足的问题。

为落实京津冀协同发展战略，推动区域大气环境治理，打造多方共赢的科技工作机制，2015年4月，北京市科委联合天津市科学技术委员会、河北省科技厅发起成立“京津冀钢铁行业节能减排产业技术创新联盟”，促进钢铁行业节能减排，依靠科技手段实现钢

铁产业的转型升级。

该联盟整合了包括北京科技大学、中国钢研科技集团有限公司、新兴际华集团有限公司、天津渤海钢铁集团、河北钢铁集团有限公司、首钢集团、中国建设银行、平安银行、北京银行等70余家机构，涵盖京津冀钢铁生产企业、节能减排机构、高校院所及金融机构。联盟将以科技促进产业聚集，着力搭建“政产学研金用”产业融合发展平台，促进科技成果在京津冀区域的快速产出、转移、落地和产业化，实现钢铁行业产品升级、资源综合利用以及污染排放达标治理，打造一条京津冀钢铁行业的生态价值链。

京津冀钢铁行业节能减排产业技术创新联盟成立后迅速开展了搭建产业共性技术联合创新平台、科技成果转移转化平台、绿色金融服务平台，建设京津冀钢铁行业节能减排与产业转型升级科技示范区（简称“三平台一示范区”）等核心工作。5月，北京市科委支持京津冀钢铁行业节能减排产业技术创新联盟成员单位北京科技大学和首钢京唐公司，共同开展了“京津冀钢铁行业节能减排与产品品质提升工程研发示范”项目。8月，北京市科委、迁安市政府和京津冀钢铁行业节能减排产业技术创新联盟签署战略合作框架协议，将共同推进迁安钢铁行业整体改造提升工作，推动首都科技成果在迁安转化落地，成为钢铁行业节能减排产业转型升级的科技示范区。

三、加强城市污染治理，打造和谐宜居生态环境

“十二五”时期，北京加快推进污染减排和治理工作，加强生态环境建设，城市环境质量进一步改善。2015年，全市城镇污水处理率为87.0%，其中城六区污水处理率达到97.5%，分别比2010年提高6百分点和2.5百分点。全市生活垃圾无害化处理率（根据垃圾清运量计算）在2012年突破99%，2015年达到99.8%，比2010年提高2.9百分点。整体而言，北京在城市垃圾和污水处理能力上已达到较高水平，如图5-4所示。同时，2015年，北京林木绿化率、森林覆盖率分别达到59.0%和41.6%，比2010年提高6百分点和4.6百分点。

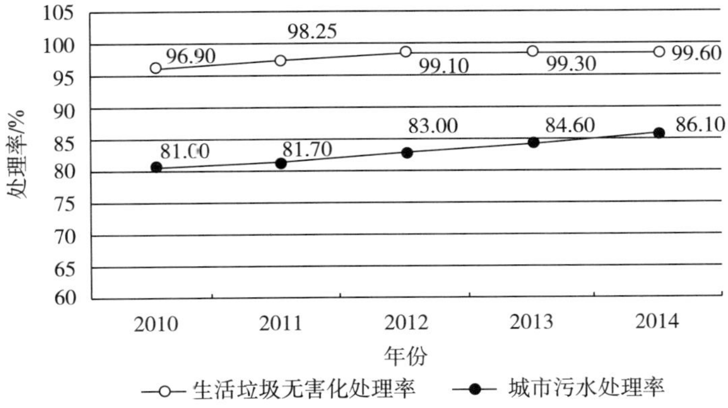

图5-4 2010~2014年北京生活垃圾无害化处理率和城市污水处理率

第五节 辐射引领

北京科技创新的辐射引领作用较为凸显，2010~2014年，辐射引领指标总体呈现波动式上升态势。辐射引领部分三级指标情况如表5-5所示。

表5-5 2010~2014年首都辐射引领部分三级指标情况

年份	流向京外技术合同成交额占北京市技术合同成交总额比重/%	技术交易增加值占地区生产总值的比例/%	企业拥有的驰名商标数/个	技术标准制定及修订数量增长率/%	全球500强企业总部数量增长率/%
2010	0.78	9.00	13.64	1.04	1.20
2011	0.75	9.20	16.95	0.97	1.23
2012	0.73	9.30	18.94	1.04	1.20
2013	0.80	9.40	17.46	1.09	1.19
2014	0.77	9.46	18.31	1.03	1.18

资料来源：《中国科技统计年鉴》、《北京统计年鉴》、《北京技术市场统计年报》、北京市科委及相关委办局等

一、技术输出水平显著，辐射带动出现新局面

北京技术交易增加值占地区生产总值的比重由2010年的9.00%升至2014的9.46%，呈连年稳定增长态势。技术交易日趋活跃，首都科技创新对外辐射交流影响力进一步凸显，如图5-5所示。

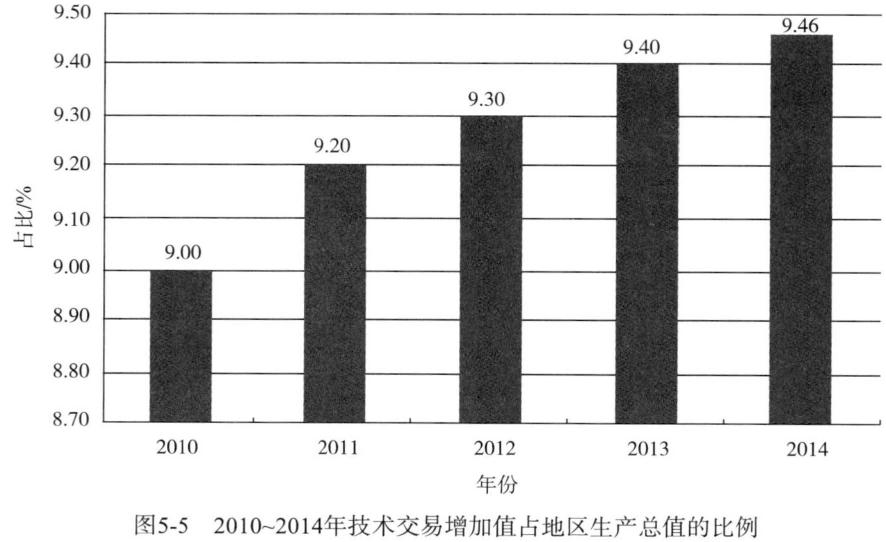

图5-5 2010~2014年技术交易增加值占地区生产总值的比例

以2014年为例，全市输出技术合同成交额突破3 000亿元，达到3 136.0亿元，比上年

增长10.0%，总量占全国的36.6%；成交项数67 278项，比上年增长7.2%。其中，流向本市、外省市和出口的技术合同项数分别为28 830项、37 212项和1 236项，比例结构为42.9∶55.3∶1.8；合同成交额分别为717.2亿元、1 722.0亿元和696.8亿元，比例结构为22.9∶54.9∶22.2。

同时，2014年北京积极推动优势产业走出去，出口技术合同成交额696.8亿元，比上年增长6.6%。以亚洲、欧洲、美洲为主的技术出口范围不断扩大，技术流向70多个国家和地区，其中出口发达国家技术合同成交额占45.5%。出口领域以资源综合利用、海洋工程、高铁、通信、航天等技术为主，占比为57.8%；形式以高技术水平的技术服务为主，成交额达475.5亿元，占出口的68.2%。

二、区域科技创新合作良好，服务全国创新发展能力明显增强

北京充分发挥全国科技创新中心“辐射引领”的核心功能，强化科技创新区域合作，形成“北京—全国”辐射范围的有机衔接的完整体系。探索建设新技术新产品展示推广基地、改造提升传统优势产业、科技成果落地转化三大合作方式，与18个省（自治区、直辖市）建立了区域科技合作和对口支援机制。首都创业导师志愿服务团积极与有需求的相关省（自治区、直辖市）开展深入对接，成为首都创新资源服务全国的一面旗帜。

专栏5-3　京津冀协同创新实现良好开局

北京市认真贯彻《京津冀协同发展规划纲要》，制订实施了贯彻意见及分工方案，京津冀协同创新实现良好开局。

一是发布《北京市科学技术委员会关于建设京津冀协同创新共同体的工作方案（2015—2017年）》，完善政策互动、资源共享、市场开放三个机制，建设创新资源、创新攻关、创新成果三个平台，实施高端产业培育、传统产业提升、生态安全和服务民生四项工程。

二是成立中国国际技术转移中心河北分中心和京津冀技术转移协同创新联盟，三地各类技术转移机构已超过200家，其中国家技术转移示范机构83家（北京59家，天津11家，河北13家），占全国的18.2%。中关村企业在天津、河北累计设立分支机构近2 000家。

三是有序疏解非首都功能，发布修订新增产业的禁止和限制目录，不予办理的工商登记业务累计1.3万件；关停退出一般制造和污染企业超过1 000家，退出地段市场200余家。

四是加快构建“4+N”产业格局，北京新机场主体工程开工建设，一批重大区域生态工程顺利推进，曹妃甸协同发展示范区、北京·沧州渤海新区生物医药产业园、张北云计算产业基地等一批产业合作园区建设发展势头良好。

三、服务全国的智库经济凸显

十八届三中全会提出，“加强中国特色新型智库建设，建立健全决策咨询制度”，2015年，国家先后发布了《关于加强中国特色新型智库建设的意见》和《国家高端智库建设试点工作方案》，智库建设已在我国各个领域、各个行业蓬勃兴起。

作为全国的政治中心、文化中心、国际交往中心和科技创新中心，北京的决策研究资源非常丰富。据统计，截至2015年年底，首都地区大约有800多家智库，专职研究人员1.5万人。其中以政策研究为核心，以直接或间接服务决策为目的的智库型研究机构有200多个，形成了比较稳定的智库体系和人才队伍，在服务首都经济社会发展方面取得丰硕成果，为建设中国特色新型智库做了诸多有益探索。

第六章 评价方法

“首都科技创新发展指数”评价指标体系通过计算总指数和分指数方法监测评价首都科技创新总体发展情况及各创新环节情况。课题组选择用多级综合方法，将各项反映科技创新基本特征的指标转化为综合反映科技创新水平的总指数，具体包括以下几个步骤。

（一）数据标准化采集

为确保测度结果的客观公正，所有指标口径概念均与国家统计局相关统计制度保持一致。具体测算数据主要来源于国家和北京市官方统计机构出版的年度统计报告、统计年鉴和国内知名研究机构的主题报告和调查数据。对于个别年份数据缺失情况，根据专家意见，采取依据其他年份趋势进行补值。在本篇的表和图中，凡是原始数据表均标注了出处；指标结构表和测算表均为课题组自行编列，不再一一标明出处。同时，课题组将首都科技创新发展指数指标解释和数据来源整理成附录，以供读者查阅。

（二）数据同向化处理

在完成数据的标准化采集后，需要对原始数据进行同向化处理。其中，在64个三级指标中，有62个指标与首都科技创新发展呈正相关，为正指标；有2个指标呈负相关，为负指标。与首都科技创新发展指数呈正相关的正指标无须进行同向化处理，而对于与首都科技创新发展指数呈负相关的逆指标，为了防止其与正指标合成时相互抵消，课题组采用倒数法和求补法进行正向化处理。

（三）数据标准化处理

由于各个指标具有不同的量纲，需要转化为标准化指标值才能加总合成。因此，对指标进行同度量处理（或称标准化处理）是指数测度工作的重要环节。首都科技创新发展指数是历史序列数据的纵向测度，因此，研究采用对标分析法，确定每年度指数得分。

根据对标研究的基本思想，历史序列数据的纵向测度需要确定基准得分。为保证首都科技创新发展指数延续性，根据专家组建议，2015年首都科技创新发展指数的基准年仍定为2005年，其基准分仍为60分。

步骤：

（1）计算每个指标的均值。

（2）计算标准化后指标值。

（四）指标权重设置

鉴于各指标要素的影响和作用颇不相同，为保证指数测度的客观性，课题组在认真研究国内外相关研究成果的基础上，组织专家对指标体系进行了论证和遴选，并采用类似“德尔菲法”进行权重分配。

（五）总指数测度

对全部数据进行加权汇总，在此采用加权平均综合法，综合评价分析指标值。公式 $\frac{\sum x_i w_i}{\sum w_i}$ 给定综合评价指标体系由n个指标构成，i=1，2，…，n。x_i为已经标准化处理过的各项指标的相对值，w_i为各项指标的权数。

附录1　首都科技创新发展指数指标解释及数据来源

1. 万名人口中本科及以上学历人数

常住人口是指某地区实际居住半年以上的人口。万名人口中本科及以上学历人数是指北京市每万名6岁及以上常住人口中，大学本科学历和研究生学历人口总数。

$$\text{万名人口中本科及以上学历人数}=\frac{\text{大学本科人口数}+\text{研究生人口数}}{\text{6岁及以上人口数}}\times 10\,000$$

资料来源：北京市统计局编《北京统计年鉴2015》。

2. 万名从业人口中从事R&D人员数

从业人员是指在各级国家机关、党政机关、社会团体及企业、事业单位中工作，取得工资或其他形式的劳动报酬的全部人员。

R&D人员是指调查单位内部从事基础研究、应用研究和试验发展三类活动的人员，包括直接参加上述三类项目活动的人员以及这三类项目的管理人员和直接服务人员。为R&D活动提供直接服务的人员包括直接为R&D活动提供资料文献、材料供应、设备维护等服务的人员。

$$\begin{aligned}&\text{万名从业人口中从事R\&D人员数}\\&=\frac{\text{R \& D人员数}}{(\text{上年从业人员年末人数}+\text{当年从业人员年末人数})/2}\times 10\,000\end{aligned}$$

资料来源：北京市统计局编《北京统计年鉴2015》；国家统计局、科技部编《中国科技统计年鉴2015》。

3. 企业R&D人员数占其从业人员比重

企业数据均为规模以上工业企业数据。规模以上是指：2000年以前统计范围为独立核算工业企业；2000~2006年为全部国有及年主营业务收入在500万元及以上非国有企业；2007~2010年调整为年主营业务收入500万元及以上的全部法人工业企业；2011年调整为年主营业务收入2 000万元及以上的全部法人工业企业。

$$\text{企业R\&D人员数占其从业人员比重}=\frac{\text{规模以上大中型企业R \& D人员数}}{\text{规模以上工业企业从业人员平均人数}}\times 100\%$$

资料来源：北京市统计局编《北京统计年鉴2015》。

4. 高校、科研机构R&D人员占其从业人员比重

高校、科研机构R&D人员数是指北京市高等学校和科研机构的R&D人员数的总和。

$$\text{高校、科研机构R\&D人员占其从业人员比重} = \frac{\text{高校R \& D人员数+科研机构R \& D人员数}}{\text{高等教育教职工数+科研机构从业人员年末数}} \times 100\%$$

资料来源：北京市统计局编《北京统计年鉴2015》。

5. 每万名从业人员中高端人才数

高端人才数是指入选北京市“海聚工程”人才数量和中关村“高聚工程”人才数量的总和。

$$\text{每万名从业人员中高端人才数} = \frac{\text{“海聚工程、高聚工程”人才总数}}{\text{（上年从业人员年末人数+当年从业人员年末人数）/2}} \times 10\,000$$

资料来源：北京市科委及相关委办局；北京市统计局编《北京统计年鉴2015》。

6. R&D经费内部支出相当于地区生产总值比例

R&D经费内部支出是指调查单位在报告年度用于内部开展R&D活动的实际支出，包括用于R&D项目（课题）活动的直接支出，以及间接用于R&D活动的管理费、服务费、与R&D有关的基本建设支出以及外协加工费等；不包括生产性活动支出、归还贷款支出以及与外单位合作或委托外单位进行R&D活动而转拨给对方的经费支出。

地区生产总值是指按市场价格计算的一个国家（或地区）所有常住单位在一定时期内生产活动的最终成果。

资料来源：北京市统计局编《北京统计年鉴2015》。

7. 地方财政科技投入占地方财政支出比重

科学技术支出是指用于科学技术方面的支出，包括科学技术管理事务、基础研究、应用研究、技术研究与开发、科技条件与服务、社会科学、科学技术普及、科技交流与合作等。

地方财政支出包括一般预算财政支出和基金预算支出。一般预算财政支出是各级财政部门对集中的一般预算收入有计划地分配和使用而安排的支出。基金预算支出是各级财政部门用基金预算收入安排的支出。

$$\text{地方财政科技投入占地方财政支出比重} = \frac{\text{地方公共财政预算支出中科学技术支出}}{\text{地方公共财政预算支出}} \times 100\%$$

资料来源：北京市统计局编《北京统计年鉴2015》。

8. 企业R&D投入占企业主营业务收入比重

主营业务收入是指企业确认的销售商品、提供劳务等主营业务的收入。

$$\text{企业R\&D投入占企业主营业务收入比重}=\frac{\text{规模以上二业企业R\&D经费内部支出}}{\text{规模以上工业企业主营业务收入}}\times 100\%$$

资料来源：国家统计局、科技部编《中国科技统计年鉴2015》。

9. 基础研究投入占R&D投入的比重

基础研究是指为了获得关于现象和可观察事实的基本原理的新知识（揭示客观事物的本质、运动规律、获得新发展、新学说）而进行的实验性或理论性研究，它不以任何专门或特定的应用或使用为目的。

$$\text{基础研究投入占R\&D投入的比重}=\frac{\text{基础研究R\&D经费内部支出}}{\text{R\&D经费内部支出总额}}\times 100\%$$

资料来源：北京市统计局编《北京统计年鉴2015》；国家统计局、科技部编《中国科技统计年鉴2015》。

10. 每万名高校和科研机构R&D人员使用的企业科技经费额

R&D经费外部支出是指报告年度调查单位委托外单位或与外单位合作进行R&D活动而拨给对方的经费。企业对高校和科研机构科技经费投入是指大中型工业企业R&D经费外部支出中对研究机构和对高校的支出。

$$\text{每万名高校和科研机构R\&D人员使用的企业科技经费额}=\frac{\text{规模以上工业企业对高校}+\text{研究机构R\&D经费外部支出总额}}{\text{高等院校R\&D人员数+科研机构R\&D人员数}}\times 10\,000$$

资料来源：北京市统计局编《北京统计年鉴2015》；国家统计局、科技部编《中国科技统计年鉴2015》。

11. 政府采购新技术新产品支出占地区公共财政预算支出比重

政府采购新技术新产品支出是指使用市、区两级财政性资金采购中关村示范区新技术新产品的金额。地区公共财政预算是各级财政部门对集中的一般预算收入有计划地分配和使用而安排的支出。

$$\text{政府采购新技术新产品支出占地区公共财政预算支出比重}=\frac{\text{政府采购新技术新产品支出}}{\text{地区公区财政预算支出}}\times 100\%$$

资料来源：北京市科委及相关委办局；北京市统计局编《北京统计年鉴2015》。

12. 企业税收减免额占缴税额的比例

企业税收减免金额是指企业研究开发费用的加计扣除金额和技术合同减免营业税

金额的总和。

$$企业税收减免额占缴税额的比例=\frac{对企业进行的税收减免金额}{企业营业税+企业所得税+增值税}\times 100\%$$

资料来源：北京市科委及相关委办局；北京市统计局编《北京统计年鉴2015》。

13. 中关村示范区试点政策效果

其是指中关村示范区先行先试政策，尤其是“1+6”政策的实施效果，包括直接效果和间接效果。由“‘1+6’政策辐射全国高新技术园区数量”“高新技术企业新认定数量”“研发加计扣除的免税额度”“股权激励方案试点批复数额”“全国中小企业股份转让系统中挂牌的企业数量”等具体指标经过处理得来。

资料来源：北京市科委及相关委办局。

14. 全市公民科学素养达标率

其是指全市公民中达到国际公认科学素养标准的比例，主要通过问卷调查了解公民对科学技术知识的了解程度、对科学技术感兴趣的程度、对科学技术的态度和看法以及公众获得科学技术信息的渠道等方面的概况。

资料来源：北京市科委及相关委办局。

15. 人均公共图书馆藏书拥有量

$$人均公共图书馆藏书拥有量=\frac{公共图书馆总藏书}{（上年常住人口年末数+当年常住人口年末数）/2}$$

资料来源：北京市统计局编《北京统计年鉴2015》。

16. 人均科普专项经费

$$人均科普专项经费=\frac{北京地区科普专项经费}{常住人口数}$$

资料来源：北京市科委及相关委办局。

17. 人均公共财政教育支出

公共财政教育支出是指政府教育事务支出，包括教育行政管理、学前教育、小学教育、初中教育、普通高中教育、普通高等教育、初等职业教育、中专教育、技校教育、职业高中教育、高等职业教育、广播电视教育、留学生教育、特殊教育、干部继续教育、教育机关服务等。

$$人均公共财政教育支出=\frac{地方财政教育支出}{（上年常住人口年末数+当年常住人口年末数）/2}$$

资料来源：北京市统计局编《北京统计年鉴2015》。

18. 每千人口拥有医院床位数

$$每千人口拥有医院床位数=\frac{全市医院床位数}{当年平均户籍人口}\times 1\ 000$$

资料来源：北京市统计局编《北京统计年鉴2015》。

19. 每百名学生拥有专任教师人数

在校学生数是指学年初开学以后，具有学籍的注册学生数。

专任教师是指主要从事教育工作的人员，包括临时（一年以内）调去帮助做其他工作的教学人员；不包括调离教学岗位，担任行政领导工作或其他工作的原教学人员，不包括兼任教师和代课教师。

$$每百名学生拥有专任教师人数=\frac{专任教师数}{各类学校在校生数}\times 100$$

资料来源：北京市统计局编《北京统计年鉴2015》。

20. 城市人均公园绿地面积

城市人均公园绿地面积是指市辖区常住人口的人均公园绿地面积。

资料来源：北京市统计局编《北京统计年鉴2015》。

21. 地均城市轨道交通里程数

城市轨道交通是指具有固定线路、铺设固定轨道、配备运输车辆及服务设施等的公共交通设施。

$$地均城市轨道交通里程数=\frac{城市轨道交通里程数}{城市面积}$$

资料来源：北京市统计局编《北京统计年鉴2015》。

22. 企业在境外设立研发机构的增长率

企业在境外设立研发机构数是指北京市企业在境外设立的带有研发功能的机构数量。

$$企业在境外设立研发机构的增长率=\sqrt[(当年年份-2005)]{当年数据/2005年数据}$$

资料来源：根据商务部政府网站《境外投资企业（机构）名录》数据整合。

23. 外资研发机构数量增长率

外资研发机构是指外商在北京市设立的以研发功能为主的法人企业数量。

$$外资研发机构数量增长率=\sqrt[(当年年份-2005)]{当年数据/2005年数据}$$

资料来源：北京市科委及相关委办局。

24. 高校参与国际交流合作人次与高校教学科研人员数之比

$$高校参与国际交流合作人次与高校教学科研人员数之比=\frac{高校参与国际交流合作人次}{高校教学科研人员数}$$

资料来源：国家统计局、科技部编《中国科技统计年鉴2015》。

25. 外国专家来京人次增长率

外国专家来京人次是指报告期内外国专家来京的人次数，计算时引用北京市持有外国专家证的实有人数。

$$外国专家来京人次增长率=\sqrt[(当年年份-2005)]{当年数据/2005年数据}$$

资料来源：北京市科委及相关委办局。

26. 信息化指数

信息化指数是国家信息化规划用于测量区域信息化发展总体水平的综合指标，借助信息化指数可以很好地反映区域的创新网络发展环境。信息化指数用每百人固定电话用户、移动电话数、互联网上网人数、互联网宽带接入端口的平均值来衡量。

资料来源：国家统计局编《中国统计年鉴2014》；北京市统计局编《北京市统计年鉴2014》。

27. 大型科学仪器（设备）原值增长率

大型科学仪器（设备）原值是指价格在50万元以上，在科学研究、技术开发及其他科技活动中使用的单台或成套仪器、设备等固定资产原值的原值。

$$大型科学仪器（设备）原值增长率=\sqrt[(当年年份-2005)]{当年数据/2005年数据}$$

资料来源：北京市科委及相关委办局。

28. 每万名科技活动人员占有的市级及以上科技创新平台数

市级及以上科技创新平台包括国家重点实验室、国家工程技术研究中心、北京市重点实验室、北京市工程技术研究中心、北京市工程实验室、北京市工程研究中心、企业研发机构和北京市企业技术中心的统计数据。

$$每万名科技活动人员占有的市级及以上科技创新平台数=\frac{市级及以上科技创新平台数}{北京市科技活动人员}\times 10\,000$$

资料来源：北京市科委及相关委办局。

29. 首都科技条件平台开发仪器资源价值增长率

$$首都科技条件平台开发仪器资源价值增长率=\sqrt[(当年年份-2005)]{当年数据/2005年数据}$$

资料来源：北京市科委及相关委办局。

30. 技术交易额增长率

技术交易额是指登记合同成交总额中，明确规定属于技术交易的金额。

$$技术交易额增长率=\sqrt[(当年年份-2005)]{当年数据/2005年数据}$$

资料来源：北京技术市场管理办公室；北京市科委及相关委办局。

31. 吸纳全国技术合同成交额增长率

吸纳全国技术合同成交额是指北京市吸纳的本市技术合同成交额和外省市技术合同成交额（不包括进口）的总和。

$$吸纳全国技术合同成交额增长率=\sqrt[(当年年份-2005)]{当年数据/2005年数据}$$

资料来源：北京技术市场管理办公室；北京市科委。

32. 孵化器在孵企业数量增长率

$$孵化器在孵企业数量增长率=\sqrt[(当年年份-2005)]{当年数据/2005年数据}$$

资料来源：北京市科委及相关委办局。

33. 孵化面积增长率

根据《国家级科技企业孵化器评价指标体系（试行）》，孵化器孵化场地面积包括孵化器办公用房、孵化企业用房及中介机构用房等实用建筑面积总额。

$$孵化面积增长率=\sqrt[(当年年份-2005)]{当年数据/2005年数据}$$

资料来源：北京市科委及相关委办局。

34. 境内上市公司股票筹资额增长率

上市公司是指所发行的股票经过国务院或者国务院授权的证券管理部门批准在证券交易所上市交易的股份有限公司。

资料来源：北京市统计局编《北京统计年鉴2015》。

35. 创业投资金额增长率

$$创业投资金额增长率=\sqrt[(当年年份-2005)]{当年数据/2005年数据}$$

资料来源：北京市科委及相关委办局；清科数据库。

36. 创业板上市企业数增长率

创业板（growth enterprises market board，GEM）是地位次于主板市场的二级证券市场，主要针对解决创业型企业、中小型企业及高科技产业企业等需要进行融资和发展而设立。

$$创业上市企业数增长率=\sqrt[(当年年份-2005)]{当年数据/2005年数据}$$

资料来源：《北京市金融运行与金融工作情况》报告；北京市金融工作局。

37. 每万人口的SCI/EI/CPCI-S论文产出数

SCI/EI/CPCI-S论文是指发表在SCI、EI、CPCI-S期刊上的科学研究成果，应具备以下三个条件：①首次发表的研究成果；②作者的结论和试验能被同行重复并验证；③发表后科技界能引用。

$$\text{每万人口的SCI/EI/CPCI-S论文产出数}=\frac{\text{发表在SCI、EI、CPCI-S期刊上论文数}}{(\text{上年常住人口年末数}+\text{当年常住人口年末数})/2}\times 10\,000$$

资料来源：国家统计局编《中国统计年鉴2014》；国家统计局、科技部编《中国科技统计年鉴2015》。

38. 每亿元R&D经费PCT专利数

PCT是《专利合作条约》（Patent Cooperation Treaty）的英文缩写，是有关专利的国际条约。根据PCT的规定，专利申请人可以通过PCT途径递交国际专利申请，向多个国家申请专利。

$$\text{每亿元R\&D经费PCT专利数}=\frac{\text{国际PCT专利申请数}}{\text{R\&D经费内部支出}}\times \text{亿元}$$

资料来源：国家统计局、科技部编《中国科技统计年鉴2015》；国家知识产权局编《专利统计年报》。

39. 每万人发明专利拥有量

专利拥有量是指经国内外知识产权行政部门授权且在有效期内的发明专利件数。

$$\text{每万人发明专利拥有量}=\frac{\text{发明专利有效量}}{\text{当年常住人口年末数}}\times 10\,000$$

资料来源：国家统计局、科技部编《中国科技统计年鉴2015》；国家知识产权局编《专利统计年报》。

40. 每万家企业拥有的国家或行业技术标准数

$$\text{每万家企业拥有的国家或行业技术标准数}=\frac{\text{企业形成的国家或行业标准数}}{\text{企业法人单位}}\times 10\,000$$

资料来源：国家统计局、科技部编《中国科技统计年鉴2015》；国家统计局普查中心编《中国基本单位普查年鉴2014》。

41. 每亿元R&D经费技术合同成交额

技术合同成交额是指在北京技术市场管理办公室认定登记的技术合同（技术开发、技术转让、技术咨询、技术服务）的合同标的金额的总和。

$$\text{每亿元R\&D经费技术合同成交额}=\frac{\text{技术合同成交总额}}{\text{R\&D经费内部支出}}\times \text{亿元}$$

资料来源：国家统计局、科技部编《中国科技统计年鉴2015》；北京市统计局编《北京统计年鉴2015》。

42. 人均地区生产总值

地区生产总值是指按市场价格计算的一个国家（或地区）所有常住单位在一定时期内生产活动的最终成果。

$$人均地区生产总值=\frac{地区生产总值}{当年平均人口}$$

资料来源：北京市统计局编《北京统计年鉴2015》。

43. 地区生产总值增长率

$$地区产总值增长率=\frac{本年地区生产总值-上年地区生产总值}{上年地区生产总值}\times 100\%$$

地区生产总值绝对值按现价计算，发展速度按可比价格计算。

资料来源：北京市统计局编《北京统计年鉴2015》。

44. 第二产业劳动生产率

根据中国2002年版《国民经济行业分类》标准：第二产业是指工业和建筑业。

$$第二产业劳动生产率=\frac{第二产业增加值}{第二产业就业人数}\times 100\%$$

资料来源：北京市统计局编《北京统计年鉴2015》。

45. 第三产业劳动生产率

为生产和消费提供各种服务的部门称为第三产业。根据中国2002年版《国民经济行业分类》标准：第一产业是指农、林、牧、渔业；第二产业是指工业和建筑业；第三产业是指除第一、第二产业以外的其他各业。

$$第三产业劳动生产率=\frac{第三产业增加值}{第三产业就业人数}\times 100\%$$

资料来源：北京市统计局编《北京统计年鉴2015》。

46. 高新技术企业认定数增长率

高新技术企业认定数是指依据《高新技术企业认定管理办法》认定的具有国家高新技术企业资质的企业数量。

$$高新技术企业认定数增长率=\sqrt[(当年年份-2005)]{当年数据/2005年数据}$$

资料来源：北京市科委及相关委办局。

47. 企业中有科技活动企业比重

R&D活动即研究与试验发展活动，是指在科学技术领域，为增加知识总量以及运用这些知识去创造新的应用而进行的系统的、创造性的活动，包括基础研究、应用研究、试验发展三类活动。

大中型工业企业：2010年以前企业大中小型划分执行《统计上大中小型企业划分办法（暂行）》标准；自2011年开始，大中小微型企业划分标准执行《国家统计局关于印发统计上大中小微型企业划分办法的通知》（国统字〔2011〕75号）。

企业中有科技活动企业比重是指有R&D活动的大中型工业企业数占大中型工业企业数的比重。

$$\text{企业中有科技活动企业比重}=\frac{\text{有R \& D活动的大中型工业企业数}}{\text{大中型工业企业数}}\times 100\%$$

资料来源：北京市统计局编《北京统计年鉴2015》。

48. 第三产业增加值占地区生产总值比重

为生产和消费提供各种服务的部门称为第三产业。根据中国2002年版《国民经济行业分类》标准：第一产业是指农、林、牧、渔业；第二产业是指工业和建筑业；第三产业是指除第一、第二产业以外的其他各业。

$$\text{第三产业增加值占地区生产总值比重}=\frac{\text{第三产业增加值}}{\text{地区生产总值}}\times 100\%$$

资料来源：北京市统计局编《北京统计年鉴2015》。

49. 高技术制造业增加值占工业增加值比重

根据《国民经济行业分类》（GB/T4754—2002）标准，高技术制造业属于高技术产业统计范畴。高技术产业主要是指与高技术产品相关联的各种活动的集合。

$$\text{高技术制造业增加值占工业增加值比重}=\frac{\text{高技术制造业增加值}}{\text{工业增加值}}\times 100\%$$

计算时，高技术制造业增加值用高技术产业增加值代替。原因是根据《高技术产业统计分类目录》，高技术产业仅统计相关制造业数据。

资料来源：北京市统计局编《北京统计年鉴2015》。

50. 现代服务业增加值占第三产业增加值比重

现代服务业是相对于传统服务业而言，是适应现代人和现代城市发展的需求，而产生和发展起来的具有高技术含量和高文化含量的服务业。

$$\text{现在服务业增加值占第三产业增加值比重}=\frac{\text{现代服务业增加值}}{\text{第三产业增加值}}\times 100\%$$

资料来源：北京市统计局编《北京统计年鉴2015》。

51. 企业新产品销售收入占主营业务收入比重

新产品是指采用新技术原理、新设计构思研制、生产的全新产品，或在结构、材质、工艺等某一方面比原有产品有明显改进，从而显著提高了产品性能或扩大了使用功能的产品。

$$企业新产品销售收入占主营业务收入比重=\frac{规模以上工业企业新产品销售收入}{规模以上工业企业主营业务收入}\times 100\%$$

资料来源：国家统计局、科技部编《中国科技统计年鉴2015》。

52. 高新技术产品出口占地区出口的比重

高新技术产品是指以新原理、新技术、新工艺、新材料生产出来的，具有较高科技含量和较高附加价值的产品。

$$高新技术产品出口占地区出口的比重=\frac{高新技术产品出口额}{地区出口总额}\times 100\%$$

资料来源：北京市统计局编《北京统计年鉴2015》。

53. 万元地区生产总值水耗

单位地区生产总值水耗是指一定时期内该地区每生产一个单位的地区生产总值所消耗的水量。万元地区生产总值水耗是指以万元为单位的地区生产总值所消耗的水量。

资料来源：北京市统计局编《北京统计年鉴2015》。

54. 万元地区生产总值能耗

单位地区生产总值能耗是指一定时期内该地区每生产一个单位的地区生产总值所消耗的能源。万元地区生产总值能耗是指以万元为单位的地区生产总值所消耗的能源。

资料来源：北京市统计局编《北京统计年鉴2015》。

55. 城市污水处理率

污水处理率是指报告期内污水处理量与污水排放总量的比率。

$$污水处理率=\frac{污水处理量}{污水排放总量}\times 100\%$$

资料来源：北京市统计局编《北京统计年鉴2015》。

56. 生活垃圾无害化处理率

生活垃圾无害化处理率是指报告期生活垃圾无害化处理量与生活垃圾产生量比率。在统计上，由于生活垃圾产生量不易取得，可用清运量代替。

$$生活垃圾无害化处理率=\frac{生产垃圾无害化处理量}{生活垃圾产生量}\times 100\%$$

资料来源：北京市统计局编《北京统计年鉴2015》。

57. 空气质量达到二级以上天数占比

空气污染指数是根据环境空气质量标准和各项污染物对人体健康和生态环境的影响来确定污染指数的分级及相应的污染物浓度值。我国目前采用的空气污染指数分为五个等级，API值小于等于50，说明空气质量为优，相当于国家空气质量一级标准，符合自然保护区、风景名胜区和其他需要特殊保护地区的空气质量要求；API值大于50且小于等于100，表明空气质量良好，相当于达到国家质量二级标准；API值大于100且小于等于200，表明空气质量为轻度污染，相当于国家空气质量三级标准；API值大于200表明空气质量差，称为中度污染，为国家空气质量四级标准；API值大于300表明空气质量极差，已严重污染。

空气质量达到二级以上天数占比是指该行政区域内空气污染指数达到二级以上天数与全年总天数的比值。

资料来源：环境保护部数据中心（http://datacenter.mep.gov.cn/）。

58. 流向京外技术合同成交金额占技术合同成交总额比重

根据《中华人民共和国合同法》第322条的规定，技术合同是当事人就技术开发、转让、咨询或者服务订立的确立相互之间权利和义务的合同。技术合同成交额是指在北京技术市场管理办公室认定登记的技术合同（技术开发、技术转让、技术咨询、技术服务）的合同标的金额的总和。

$$\text{流向京外技术合同成交金额占技术合同成交总额比重} = \frac{\text{流向京外技术合同成交金额}}{\text{北京地区技术合同成交总额}} \times 100\%$$

资料来源：北京市统计局编《北京统计年鉴2015》。

59. 技术交易增加值占地区生产总值的比例

技术交易增加值是从技术交易额反推科技研发生产过程的增加值形成的。按照生产法计算增加值，应该等于技术交易额扣除对应产生这部分技术交易额的中间投入后的那部分价值。

$$\text{技术交易增加值占地区生产总值的比例} = \frac{\text{技术交易增加值}}{\text{地区生产总值}} \times 100\%$$

资料来源：北京技术市场管理办公室；北京市科委及相关委办局。

60. 企业拥有的驰名商标数

驰名商标是指在中国为相关公众广为知晓并享有较高声誉的商标。

资料来源：北京市相关委办局。

61. 每亿元R&D经费发明专利授权量

发明专利是指对产品、方法或者其改进所提出的新的技术方案。专利授权量是指报告期内由专利行政部门授予专利权的件数。

$$每亿元R\&D经费发明专利授权量=\frac{发明专利授权量}{R\&D经费内部支出}\times 亿元$$

资料来源：国家统计局、科技部编《中国科技统计年鉴2015》；国家知识产权局编《专利统计年报》。

62. 技术标准制定及修订数量增长率

技术标准制定、修订数量是指北京市当年所制定的新技术标准或者对已有技术标准进行修订的数量。

$$技术标准制定及修订数量增长率=\sqrt[(当年年份-2005)]{当年数据/2005年数据}$$

资料来源：北京市科委及相关委办局。

63. 智库数量占全国比重

据上海社会科学院智库研究中心定义，智库主要是指以公共政策为研究对象，以影响政府决策为研究目标，以公共利益为研究导向，以社会责任为研究准则的专业研究机构。

$$智库数量占全国比重=\frac{北京地区智库数}{全国智库数}\times 100\%$$

资料来源：上海社会科学院智库研究中心编《2013年中国智库报告》。

64. 全球500强企业在京总部数量增长率

全球500强企业在京总部数是指美国《财富》杂志评选的全球最大五百家公司中，总部位于北京的企业数。

资料来源：美国《财富》杂志。

附录2　主成分分析法介绍

主成分分析法利用降维的思想，根据实际指标数据情况，从多个指标中选取少数几个潜在的、相互独立的主成分指标变量的线性组合来反映多个实际指标变量的主要信息，进而确定地反映出主要影响因素，具体模型如下。

设n个样本的m个特征变量所构成的矩阵如下：

$$\boldsymbol{X}=\begin{bmatrix} x_{11} & x_{21} & \cdots & x_{m1} \\ x_{12} & x_{22} & \cdots & x_{m2} \\ \vdots & \vdots & & \vdots \\ x_{1n} & x_{2n} & \cdots & x_{mn} \end{bmatrix} \tag{1}$$

对上述矩阵进行标准化处理得

$$Z_j=\frac{x_{ij}-\overline{x}_j}{s_j} \tag{2}$$

其中，

$$\overline{x}_j=\frac{1}{n}\sum_{i=1}^{n}x_{ij}\text{，}\quad s_j=\frac{1}{n-1}\sum_{i=1}^{n}(x_{ij}-\overline{x}_j)\text{，}\qquad i=1，2，\cdots，n；j=1，2，\cdots，m$$

根据公式$r_{jk}=\frac{1}{n-1}\sum_{i=1}^{n}Z_{ij}Z_{jk}$得出各城市数据的相关矩阵$\boldsymbol{R}=(r_{ik})_{m\times m}$，由此计算相关矩阵的特征根为

$$\lambda_1\geqslant\lambda_2\geqslant\cdots\geqslant\lambda_m\geqslant 0$$

相应的特征向量

$$\boldsymbol{L}_j=(l_{j1}，l_{j2}，\cdots，l_{jm}，)^{\mathrm{T}}，\qquad j=1，2，\cdots，m$$

于是标准化后的特征变量转换成主成分：

$$F_j=ZL_j=l_{j1}Z_1+l_{j2}Z_2+\cdots+l_{jm}Z_m，\qquad j=1，2，\cdots，m \tag{3}$$

然后，根据前k个主成分的累计贡献率确定主成分个数，并以城市科技创新发展水平为因变量，以主成分变量作为自变量，采用线性函数建立首都科技创新发展水平模型：

$$P=\alpha_0+\alpha_1F_1+\alpha_2F_2+\cdots+\alpha_kF_k+\varepsilon \tag{4}$$

战略规划篇

第七章　深化体制机制改革　推进全国科技创新中心建设①

内容概要：本章对北京加快建设全国科技创新中心提出了全面而系统的建设思路，提出了要加快建设国家原始创新中心，加快建设“高精尖”产业创新中心，加快建设区域协同创新中心，不断完善创新创业生态环境的具体目标。同时对未来进行了预期和展望，力争到2020年，全国科技创新中心的核心功能进一步强化，适应创新驱动发展的制度环境基本形成，自主创新能力显著增强，技术创新的市场导向机制更加健全，协同创新体系基本形成，以互联网+为代表的新经济初具规模，高精尖产业格局初步建立，使北京真正成为全球创新网络的重要枢纽；力争到2030年，全国科技创新中心的核心功能更加优化，率先形成新经济格局，建成与国际接轨的创新创业服务环境，形成国际一流的宜居生态和包容并蓄的创新文化，京津冀区域创新一体化格局基本形成，引领和支撑我国跻身世界创新型国家的前列。

2014年2月，习近平总书记视察北京并发表重要讲话，为新时期首都发展指明了方向。按照北京市委十一届五次全会“充分发挥科技资源优势，不断提高自主创新能力”的部署要求，全市紧紧围绕首都城市战略定位，不断强化全国科技创新中心核心功能，积极构建“1+N”创新政策体系，深入实施技术创新行动计划，加快推动协同创新共同体建设。北京市政府坚持问题导向，聚焦阻碍全国科技创新中心建设存在的主要问题，围绕央地协同、规划引导，开放合作、改革创新，加强组织、统筹协调，形成了以更宽广的视野、更大的力度谋划和推进全国科技创新中心建设的意见。

第一节　加强央地协同，加快建设国家原始创新中心

一、主动服务国家重大创新战略

深化与科技部等的部市会商机制，对接国家重大科技计划，鼓励和支持中央在京科

① 本章摘自北京市副市长隋振江在北京市第十四届人民代表大会常务委员会第二十三次会议上的报告。

研机构在量子计算、第三代半导体等战略高技术领域开展探索和跨学科研究；对接中国脑计划，实施北京脑科学研究专项，建设具有全球影响力的脑科学创新中心；支持航空科学与技术等国家实验室开展前沿战略性研究；推动子午工程、凤凰工程等六个重大科技基础设施在京建设，全面支撑前沿科技领域开展原创性研究。深化与中科院的院市合作机制，深入总结前期合作成效，积极对接“率先行动”计划，制订实施新一轮院市合作五年行动计划，重点支持大科学装置落地和卓越创新中心发展，在源头创新中充分发挥中科院的主力军作用。深化与首都高校共建知识创新工程，落实高等学校创新能力提升计划，建设量子物质科学、先进航空发动机、先进核能技术等国家协同创新中心；以高端人才培养为核心，加快推动央地高校协同建设高精尖创新中心。深化与央企和民营高科技企业的创新合作，以需求为导向，支持建设国家重点实验室、国家工程技术研究中心等高水平研发中心，突破关键共性核心技术，在标准制定中发挥主导作用，引领行业技术进步。

二、积极构建央地协同创新平台

充分发挥首都科技创新资源优势，建设好中关村科学城、怀柔科学城、未来科技城等央地共建、共享的协同创新平台。通过搭平台，实现聚人才、接任务、出成果。中关村科学城，重点是支持原始创新，聚集产学研创新主体和产业高端要素，集中建设新型特色产业园和技术研究院，最终形成国家知识创新和战略性新兴技术策源地。怀柔科学城，重点是拓展院市合作，共同建设高能同步辐射光源、综合极端条件实验、地球系统数值模拟三大科学装置，依托大科学装置集群和中科院怀柔科教产业园，搭建大型科技服务平台，建设国家科学中心，打造我国科技综合实力的新地标。未来科技城，重点是支持中央企业，通过聚集一流人才、集成科技资源，深入推进军民、央地融合发展，建成代表我国相关产业应用研究技术前沿水平、引领产业转型升级的创新高地。与此同时，继续加强首都科技条件平台建设，搭建网络化的开放服务体系，完善市场化的运行格局和利益分配机制，促进更多的首都创新资源更好地向社会开放、共享。

三、全面参与全球前沿科技合作

支持在京科研机构参与国际大科学计划，合作开展基础性、前瞻性国际科技研究。实施顶尖人才计划等战略，面向全球引进首席科学家、世界级顶尖人才和团队，择优支持一批有望在5~10年内达到国际一流水平的创新团队和研究机构。选择重点领域对高端创新人才和重点科研基地给予长期稳定支持，推动北京生命科学研究所、北京纳米能源与系统研究所等机构产生一批处于世界领先水平的创新成果。支持在京科研机构、学术组织承办或参加国际论坛和学术会议，鼓励中国科学家在国际科技组织任职，力争在重大国际学术交流活动中发布更多中国成果，发出更强中国声音。办好中国北京国际科技产业博览会世界机器人大会、国际气候与环境大会、国际生理科学联合会大会等国际性会议会展，建设具有世界影响力的科技创新成果展示、发布、交流中心。

第二节　加强规划引导，加快建设“高精尖”产业创新中心

一、深入实施技术创新行动计划

突出创新导向，聚焦产业发展和重大民生改善需求，紧紧围绕产业链部署创新链。实施数字化制造等12个重大专项，围绕产业发展的高端、集聚、融合和低碳，加强产业创新引领和高端技术突破，建设一批高精尖产业创新中心，积极培育先导产业和支柱产业。改革政府科技创新组织方式，促进各类科技资源、重大项目和政府资金、政策资源的整合，激发全社会促进技术创新的内生动力。将重大专项项目划分为政府直接组织开展、政府支持开展、政府鼓励开展三大类，优化重大专项管理机制，着力提升行动计划实施效果，增强重点领域的核心竞争力。

二、加快落实《〈中国制造2025〉北京行动纲要》

全面实施“三四五八”战略，推动存量产业进行转领域、转空间、转动力“三转调整”，强化以新技术、新工艺、新模式、新业态为主要内容的“四维创新”，重点发展创新前沿、关键技术、集成服务、设计创意和名优民生5类高精尖产品，组织实施新能源智能汽车、集成电路、智能制造系统和服务、自主可控信息系统、云计算与大数据、移动互联网、健康诊疗、通用航空与卫星应用8个专项，加快实现北京市制造业由“北京制造”向“北京创造”转型。通过实施一个专项、打造一个生态、主导一个产业，力求形成重点领域的突破发展，培育形成一批有影响力的技术、品牌和企业，使北京真正成为引领我国制造业创新发展的战略高地。

三、积极培育“互联网+”新经济形态

制定实施《关于积极推进“互联网+”行动的指导意见》，培育基于互联网的新技术、新服务、新模式和新业态，聚焦互联网+商务、互联网+城市交通、互联网+教育等13项互联网+行动的主攻方向，充分发挥互联网对产业转型升级、城市运行管理、社会公共服务等方面的基础支撑和重大促进作用。加快网络基础设施建设，加强信息安全保障，

探索公共信息资源开放开发利用的新模式，率先在互联网金融、网络教育、远程医疗、三网融合等领域开展创新政策试点，推进互联网与经济社会领域全面深度融合，使北京成为具有全球影响力的互联网经济前沿技术、解决方案、新兴高精尖产业的发源地。

四、完善应用转化机制

支持产业技术研究院、产业技术创新战略联盟等跨区域、跨产业的创新平台建设，促进产业链上下游畅通。激发中央在京创新资源的动力和活力，大力推广北京协同创新研究院对科技成果实行市场化筛选转化的模式，构建大学、大院、大所科技成果“转出来”，企业科技创新需求“走进去”的社会化平台，推动知识、技术、产品与产业的深度融合，解决好科技成果转化“最后一公里”问题。加快推进公共检测服务和科技大数据平台建设，为创新提供专业化公共服务。强化企业技术创新主体地位，弘扬企业家精神，建立高层次、常态化的企业技术创新对话、咨询制度。

五、推动创新成果惠及民生

科技发展的目的，就是要推动社会进步和提升生活品质。为更好地促进科技成果转化，持续在大气污染防治、生态功能提升、智能交通、应急救援、食品安全等领域，实施一批重大专项，以技术创新破解“大城市病”。落实健康中国战略，加强重大疾病科技攻关，建设临床数据和样本资源库，在疾病预防、诊断、精准医疗等领域形成一批创新性成果并转化应用，打造具有国际影响力的临床医学创新中心。充分发挥科技支撑作用，为把2022年北京—张家口冬奥会办成一届精彩、非凡、卓越的奥运盛会提供技术保障。

第三节　加强开放合作，加快建设区域协同创新中心

一、强化各区各园优势，提升创新支撑力

制定实施《关于推动中关村国家自主创新示范区一区多园统筹协同发展的指导意见》，建立产业对接服务、重大项目综合评价和统筹落地、规划调控引导、存量空间盘活利用和财政激励等机制，引导各分园实现差异化、特色化、高端化发展。支持中关村核心区和昌平园南部打造原创思想和创新成果的重要输出地、科技成果转化孵化中心；支

持城市核心区和行政副中心各分园发展科技金融、文化创意、信息和科技服务等现代服务业集群；进一步强化亦庄经济开发区高精尖产业创新中心的作用，带动大兴、房山等分园发展，加快建设南部战略性新兴产业带；围绕各园区特色定位，引导各类创新要素集聚和流动，使中关村十六园形成协同发展的园区链。

二、着眼京津冀协同发展，构建区域创新共同体

按照《京津冀协同发展规划纲要》要求，以京津冀区域系统推进全面创新改革试验为契机，完善政策互动、资源共享、市场开放的协同联动机制，构建创新资源、创新攻关、创新成果三类平台，联合组建一批产业技术创新战略联盟，推动区域内创新主体加强产学研用协同创新，提升创新成果转移转化效率。按照“一核、双城、三轴、四区、多节点”的空间格局，建设曹妃甸区、新机场临空经济区、张承生态功能区、滨海新区四个战略合作功能区，以及中关村海淀园秦皇岛分园、亦庄·永清产业园、北京·沧州渤海新区生物医药园等多个产业合作平台，健全区域间产业合理分布和上下游联动机制。

三、立足服务全国，增强辐射引领能力

支持在京科研机构和领先企业，推广应用先进技术和新工艺，强化对全国产业转型升级的创新支撑和服务能力。深化首都科技条件平台和技术市场合作模式，促进资源、成果、要素互通互联、有序流动。发挥好北京国家现代农业科技城的作用，建设农业科技协同创新体系。深化与全国其他省市的对接合作，拓展与长江三角洲（简称长三角）、珠江三角洲（简称珠三角）在先进制造业、现代服务业等领域的合作，完善双边、多边会商机制，充分发挥辐射引领作用。

四、面向全球，建立国际创新合作网

重点建设好国家技术转移聚集区和中国国际技术转移中心，积极推动亚欧创新中心、中意技术转移中心、中韩企业合作创新中心建设；拓宽与东北亚、欧盟及北美等发达国家和地区的创新合作，引导国际知名企业在京设立研发中心和地区研发总部，吸引国际知名科研机构来京联合组建国际科技中心。支持国内创新主体“抱团出海”，开展技术和标准输出以及境外技术和品牌收购，设立海外研发中心。

第四节　加强改革创新，不断完善创新创业生态环境

一、全面落实国家综合改革部署

认真贯彻《关于在部分区域系统推进全面创新改革试验的总体方案》《深化科技体制改革实施方案》等国家总体部署，率先启动全面创新改革试验区创建工作，制订实施深化科技体制改革行动方案，在营造公平竞争环境、健全市场导向机制、完善科技成果转化制度、强化金融创新功能、开创深度融合开放创新局面、构建统筹协调的创新治理体系等方面，聚焦最紧迫、有影响、可实现的重大举措，大胆先行先试，以科技创新全面带动经济、科技、教育等相关领域改革。加强和完善全市财政科技经费的统筹，建立统一的科技信息管理平台，形成覆盖创新过程的“大统筹”机制，不断提高科技经费的使用效益。

二、打造中关村改革升级版

充分发挥中关村创新改革试验田作用，深入总结“1+6”“新四条”等先行先试经验，主动对接国家有关部门，积极争取在中关村示范区开展新一轮改革试点。

着力深化科技成果转化机制改革。完善事业单位无形资产管理，建立促进国企创新激励制度，加快推进科技成果使用、处置和收益管理改革，强化对科技成果转化的激励。完善技术转移机制，构建技术交易市场体系，建立科技成果转化年度统计和报告制度，健全科技与标准互动支撑机制，加速科技成果产业化。

着力推动工商管理改革。加快落实国家工商行政管理总局(简称国家工商总局)2015年9月印发的《关于促进中关村国家自主创新示范区创新发展的若干意见》，在改革名称登记制度、简化审批流程和登记手续、下放外资企业登记管理权限、创新工商服务方式、推动商标战略发展、探索信用监管新模式六个方面加大改革落地力度。

着力推进人才管理制度改革。会同国家有关部门，系统研究和深化海外人才引进管理制度改革，争取实施海外高层次人才技术移民制度，简化外籍高层次人才永久居留证、才人签证、居留证和外国专家证办理程序，申请在中关村建立“一门式”受理窗口，探索符合实际需求的外籍人才标准和市场化认定机制，建立与国际规则接轨的高层次人才招聘、薪酬、考核、科研管理、社会保障等制度，推动国际人才大幅增长，打造真正的“国际人才港”。

着力深化商事制度改革。以服务业扩大开放综合试点为契机，率先推动在科学技术服务、互联网和信息服务、文化教育服务、金融服务、商务和旅游服务、健康医疗服务六大重点领域扩大开放，通过放宽市场准入、改革监管模式、优化市场环境，促进高端

创新要素合理配置和有序流动，形成与国际接轨的开放创新格局。

三、建设国家科技金融创新中心

深入实施《深化改革　加快建设国家科技金融创新中心的意见》，推动国家金融监管部门在中关村设立办事处或分支机构，并将机构准入、产品审查、高管核准等部分职能授权中关村属地监管机构。鼓励民间资本设立民营银行、消费金融公司、融资租赁公司等新型金融服务机构。充分利用多层次资本市场，加快推进转板试点，建设好北京股权交易中心，建立股权登记对接机制。推动互联网金融发展，鼓励互联网与银行、证券、保险、基金的融合创新。建设中关村互联网金融创新中心和全球股权众筹中心。以中关村科技金融街等区域为重点，建设科技金融功能区。

四、优化激励创新的公平竞争市场体系

改革产业准入制度，制定和实施产业准入负面清单，破除限制新技术、新产品、新商业模式发展的准入障碍。改进互联网、金融、环保、医疗卫生、文化、教育等领域的监管，支持和鼓励新业态、新商业模式发展。探索建立符合国际规则和产业发展的政府采购技术标准，鼓励采用首购、订购等非招标采购，以及政府购买服务等方式，促进创新产品的研发和规模化应用。研究制定促进新技术新产品应用的消费政策，推动民生领域技术创新成果的示范应用和推广普及。深入实施首都知识产权和标准化战略，加快制定知识产权转化运用的促进政策。积极推进全国知识产权运营公共服务平台建设，探索开展知识产权证券化试点。

五、营造大众创业万众创新生态环境

推进大众创业万众创新，构建创新创业服务体系，培育创新创业发展生态，完善创新创业保障机制，探索创新创业人才社保关系转移接续政策，开展大学生创业社保登记试点，加快建设全球创新创业首选地。大力推动与大学、大所、大型企业共建市场化“双创”平台，激励、便利科技人员携成果、出体制创新创业，促进传统院所科技体制改革，进一步释放创新创业活力。积极盘活闲置的商业用房、工业厂房等资源，鼓励各类社会力量建设众创空间，支持新型创业服务平台发展。强化政府基金的投资引导作用，支持创业投资发展，以创新资本引领创新发展。提升改造中关村大街，形成一批创新创业、科技金融等新型业态集聚区。引导和鼓励国内资本与境外合作设立

新型创业孵化平台，引进境外先进创业孵化模式，提升创新孵化能力。

第五节 加强组织领导，扎实推进全国科技创新中心建设

一、积极争取国家部门支持

在国家科技体制改革和创新体系建设领导小组领导下，主动对接国家有关部门、单位共同建立全国科技创新中心建设工作机制，在顶层设计、重点突破、改革保障等方面争取支持，实现上下联动。争取在国家层面统筹产业布局和区域协同，开展改革试点试验，推进重大创新项目落地，为实施创新驱动国家战略发挥示范引领作用。

二、加强市级层面统筹协调

建立全国科技创新中心，建设市级统筹和领导机制，把全国科技创新中心建设摆在更加突出的位置，形成促进创新的体制架构；分解改革任务，明确时间表和路线图，推动各项任务落到实处；加强监督考核，改革完善创新驱动发展的导向评价机制，把创新成效纳入考核范畴，充分调动各区政府、各部门的主动性和创造性。

三、引导社会力量广泛参与

加快高水平科技智库建设，充分发挥各类社会组织的作用，为全国科技创新中心建设提供智力支撑。充分运用各类媒体宣传创新典型和改革经验、回应社会关切、引导社会舆论，传播开放包容的创新文化，为创新营造良好的社会环境，汇集全社会智慧和力量形成全国科技创新中心建设的强大合力。

我们将全面落实党的十八大和十八届三中、四中、五中全会精神，坚持创新、协调、绿色、开放、共享的发展理念，立足全国科技创新中心的战略定位，以全面创新改革为主线，更加注重增强原始创新能力，更加注重科技创新与经济社会发展紧密结合，更加注重服务全国创新发展和加强国际开放合作，更加注重营造良好的创新创业生态环境，努力把北京建设成为全球科技创新的引领者、高端经济的增长极、创新创业的首选地、文化创新的先行区和生态建设的示范城。

我们的目标是：力争到2020年，全国科技创新中心的核心功能进一步强化，适应创新驱动发展的制度环境基本形成，自主创新能力显著增强，技术创新的市场导向机制更

加健全，协同创新体系基本形成，以互联网+为代表的新经济初具规模，高精尖产业格局初步建立，使北京真正成为全球创新网络的重要枢纽；力争到2030年，全国科技创新中心的核心功能更加优化，率先形成新经济格局，建成与国际接轨的创新创业服务环境，形成国际一流的宜居生态和包容并蓄的创新文化，京津冀区域创新一体化格局基本形成，引领支撑我国跻身世界创新型国家的前列。

第八章　砥砺奋进“十二五”首都科技创新发展五年回顾①

内容概要：本章对“十二五”时期北京科技创新发展进行了全面回顾，从北京成为国家自主创新重要源头、创新驱动发展的格局初步形成、引领国家科技体制改革新方向、形成开放创新和辐射带动区域发展新局面以及大众创业万众创新蓬勃发展五个维度，系统梳理和总结了北京在坚持和强化城市战略定位、加快建设全国科技创新中心中取得的重大成就。

“十二五”时期是北京科技改革发展进程中不平凡的五年，特别是党的十八大以来，科技在党和国家工作全局中的战略地位进一步提升。2013年9月30日，习近平总书记提出“五个着力”的明确要求，2014年2月，中央赋予北京作为全国科技创新中心的城市战略定位，为首都的发展指明了方向。北京科技工作将服务国家创新战略与支撑首都经济社会发展密切结合，扎实推进京津冀协同创新共同体建设，在适应和引领经济发展新常态中主动作为，实现了发展动力由要素和投资驱动向创新驱动发展的转变；工作格局由“北京科技”向“首都科技”的转变；工作重心由科研管理向创新服务转变。涌现出第三代核电技术、碳纳米管等一批“领跑”国际的重大科技成果，成为国家自主创新的重要源头；部分改革措施成为国家改革决策的重要基础，中关村系列先行先试政策在全国范围内推广；“蓝天绿地碧水”的创新生态系统生机盎然，创新创业活动空前活跃；北京地区综合科技进步水平位居全国首位。与2010年年底相比，2015年技术合同成交额、专利申请量、专利授权量、科技服务业增加值、中关村示范区总收入实现“五个翻番”，具有内生动力的“高精尖”产业发展格局初步形成，“十二五”时期北京科技发展规划确定的主要目标任务圆满完成，完美“收官”。

第一节　北京成为国家自主创新重要源头

按照“搭平台、聚人才、接任务、出成果”的要求，不断完善部市会商、院市合作、央地合作、军民融合等工作机制，协同推动首都科学发展。“十二五”期间，北京地区承

① 本章由北京市科学技术委员会政策法规与体制改革处完成，张庆文、李岩、李萍、董齐超、王健、李成龙参与其中。

接10个民口领域国家科技重大专项项目1 000余项。子午工程、凤凰工程等6个重大科技基础设施在京建设，国家蛋白质科学中心（北京基地）开始运行。北京地区累计获得国家科学技术奖项目占比超过30%，居全国首位。

科技资源融合发展不断深化。与中科院的院市合作取得新进展，北京综合研究中心、超级云计算中心加快建设，功能化离子液体电解液规模化制备、100千克涡轮发动机、光谱成像探测技术等50余个项目在京转化和产业化，22个科技成果转化、产业化项目入驻怀柔科教产业园。深化军民融合创新，开展军民融合国防知识产权转化应用试点，共建北京创新医疗产品临床评价应用基地、军民融合转化医学创新基地和蓝鲸军民融合创新园等，推动投弹式精确智能建筑消防装备、锂电池动力船舶等一批项目实现"民参军""军转民"。未来科技城吸引30家央企研发总部落户，引进科研人才5 839人、"千人计划"专家79人，产生了纳米薄膜太阳能电池、特高压换流阀、核电关键设计软件包（COSINE）等一批重大成果。北京地区高校获批牵头组建4个国家级协同创新中心和首批13个高精尖创新中心，市属高校加快建设15个市级协同创新中心。首都科技发展战略研究院凝聚首都智力资源搭建联合研究平台，加快建设特色智库。中关村科学城组织53家中央单位共建50个"高精尖"产业特色产业园项目，2010年以来，中关村科学城高校产业技术研究院与企业共建研发机构277个，引进或转化重大产业化项目268个，新创办企业298家。

产生一批国际高水平重大科技成果。量子通信和量子反常霍尔效应、化学诱导的多潜能干细胞（CiPS细胞）、高温铁基超导等一批重大基础研究成果，进一步提升了北京科技创新的国际影响力。世界首例及第二例避免单基因遗传病试管婴儿在京诞生，标志着我国胚胎植入前遗传诊断技术已处于世界领先水平。在世界上，首次解析了人源葡萄糖转运蛋白GLUT1的晶体结构，向攻克癌症、糖尿病等重大疾病迈出了重要一步；首次证明热休克蛋白90α为肿瘤标志物，自主研发的"Hsp 90α定量检测试剂盒"通过临床试验验证，并获准进入欧盟市场；首次发现乙型肝炎和丁型肝炎病毒的功能性受体——"钠离子-牛磺胆酸共转运多肽"，为乙肝及其相关疾病提供了有效的治疗靶点和新药开发途径；首次捕获真核细胞剪接体复合物的高分辨率空间三维结构。高效高频电源转换芯片、基于第三代半导体材料的LED器件、可见光通信、光定位等创新应用技术（成果）处于世界领先水平。产生了世界首款55纳米全系统高精度卫星定位芯片、首个水稻全基因组芯片、首次描绘西瓜全基因组序列图谱等成果。

人才、项目、基地一体化发展的平台建设成为创新发展的重要基石。首都科技条件平台、技术研发创新平台、科技成果转化平台、新型产业组织平台成为推进自主创新的基础条件。国家级科技创新基地超过300家，占全国的近三分之一，市级科技创新基地1 400余家。"首都科技条件平台"累计引导743个国家级、市级重点实验室（工程技术研究中心）、4.05万台（套）、价值209亿元的科研仪器设备，探索形成科技资源开放共享的"北京模式"。创新创业人才不断集聚。截至2015年年底，北京地区R&D活动人员35.5万人，累计入选"千人计划"1 337人，约占全国的25%，"万人计划"258人，占全国的30%；"海聚工程"759人，"北京学者"28人，"科技北京领军人才"150人，"北京市科技新星"2 040人。

第二节　创新驱动发展的格局初步形成

大力实施《北京技术创新行动计划（2014—2017年）》。发挥技术创新对“高精尖”经济结构的关键支撑作用，支撑破解“大城市病”的同时带动相关产业发展。着力推动科技与经济紧密结合，前瞻部署一批产业前沿技术研究，实施了一批“科技振兴产业工程”，发布“高精尖”产业发展实施方案及产品目录。积极培育“互联网+”新经济形态，促进新技术与新商业模式融合发展。2015年，金融业，科技服务业，信息传输、软件和信息服务业三大优势产业对全市经济增长的贡献率超过70%；全市国家级高新技术企业突破1.2万家，数量居全国首位；科技型企业累计超过36万家。全国科技进步统计监测显示，北京地区综合科技进步水平位居全国首位，科技进步贡献率超过60%。

前沿技术研究和重大技术突破成为产业发展“原动力”。启动“脑科学研究”专项，从“脑认知与脑医学”和“脑认知与类脑计算”进行布局。组建第三代半导体国家产业技术创新战略联盟，抢占第三代半导体发展国际制高点。新一代移动通信“5G”的前沿领域研究突破核心技术10余项。自主研制的可充电脑起搏器获得医疗器械产品注册证并进入市场销售，标志着我国脑起搏器技术已经步入“全球领跑者”行列。深腾7000高效能计算机、超强稀土永磁材料、数字电视地面广播传输系统等科技成果在关键技术或系统集成上取得重大突破和创新，产生了显著的经济效益和社会效益。研制出国际首个碳纳米管室温红外成像探测器、首台铁精矿“自动电磁精选机”、首款最大LED裸眼3D概念机。

北京成为我国战略性新兴产业的策源地。电子信息产业支柱地位进一步强化。与2010年相比，2015年信息传输、软件和信息技术服务业地区生产总值接近翻番。移动互联网和新一代移动通信产业处于世界领先水平，具有先发优势。基于4G技术的新型应用服务和产业，先后形成技术专利3 200余项，国际标准化提案2 500余项，催生了移动医疗、智能家居、互联网教育、互联网金融等新兴产业。以北斗为核心的空间信息应用逐步加快，在卫星应用领域，聚集了国内卫星应用产业链半数以上的关键环节的领军企业，上市公司占该领域的80%。

生物医药产业成为本市又一个千亿元级的产业集群。销售收入（不含商业）从2010年的560亿元增加到2015年1 300亿元左右，实现翻番，销售利润始终居全国首位，医保目录、基本药物招标、药品单独定价等政策对产业发展的拉动作用不断增强。“十二五”期间，取得新药临床批件超过300个，居全国首位；获得药品批准文号370余个；培育了年销售额10亿元品种8个，5亿～10亿元品种17个。推动建成“抗体药物规模化生产”等5条CMO（contract manufacture organization，即公司加工外包）平台和“生物信息学”等10个CRO（contract research organization，即研发合同外包）平台。形成北部海淀及昌平中关村生命科学园、南部亦庄及大兴生物医药基地“一南一北、功能互补”的产业空间布局，对全市产业贡献度达到80%。

高端装备制造产业在3D打印、智能机器人和轨道交通领域优势明显。3D打印初步构建了金属复杂构件制造、医疗器械与健康服务、创意设计与大众消费三大应用体系。

仿人机器人、工业机器人、统一操作平台、诊疗机器人等领域关键技术达国际先进水平。轨道交通产业创新中心初步形成，全市轨道交通相关企业2 000多家，主要集中在研发、设计、测试和系统集成等产业链高端环节。基于通信的列车控制系统（communication based train control system，CBTC）已占国内新建城市轨道交通线路信号系统市场的30%，位居首位。

纯电动汽车应用规模全国领先。推动形成了以整车为龙头，涵盖动力电池、电机等高端环节的产业链，建成昌平、大兴、房山"一园两基地"新能源汽车产业发展格局，整车设计产能达10万辆。实施"电动北京伙伴计划"，在清华大学、北京理工大学（简称北理工）率先开展电动汽车分时租赁，积极探索电动汽车使用的商业模式。出台纯电动专用车补贴、充电服务费标准、电动汽车不限行和纯电动客车补贴政策等，建成五环内"5千米半径"充电网络。累计推广纯电动汽车3.59万辆，规模居全国第一；公共专用、社会公用以及私人自用三个领域累计建成约2.1万根充电桩及5座换电场站。北京市成为全国公共领域纯电动汽车示范运营规模最大、品种最全、运营范围最广、充换电站技术最领先的试点城市。

纳米等先导与优势材料创新发展。开展纳米材料原始创新、第三代半导体材料和器件研制等工作。新型功能材料研发、先进结构材料产业、稀土材料、纳米材料等前沿领域达到国际领先水平。促进科技成果批量转化，怀柔纳米科技产业园获批成为国家纳米高新技术产业化基地，累计入园项目达41项，总投资达50亿元。

北京国家现代农业科技城形成了以信息服务、金融服务、种业创新为特点的一、二、三产业融合发展模式。打造了生物种业、奶业、生物燃气等11条品牌产业链。加快推进种业之都建设，通过国家审（鉴）定的新品种200余个，建成了包括6 000余项种业科技成果的托管平台，'京科968''农华101'等重大农作物新品种推广面积1亿亩以上。昌平园、顺义、通州、延庆等特色园区收益超过70亿元，通州国际种业科技园成为国家农业科技园区。建成全国农业科技数据源和服务源中心，与80余个国家农业科技园区联网，服务30多个省市。具有自主知识产权的德青源生物质能利用技术输出到美国。北京国家现代农业科技城成为全国"一城两区百园"农业科技创新体系建设龙头。

科技服务业高速发展实现增加值翻番。实现增加值从2010年的912.9亿元增长到2015年的1 820.6亿元。发布《北京市人民政府关于加快首都科技服务业发展的实施意见》，形成研发服务、工程技术服务、设计产业和科技中介服务等优势领域。北京成为联合国教科文组织创意城市网络"设计之都"，成功举办五届中国设计红星奖、联合国教科文组织创意城市北京峰会、"感知中国"设计北京展等系列活动，设计服务高端化发展显著。

"高精尖"产业创新集群特色突出。加强"六高四新"科技创新支撑，统筹推进中关村"一区十六园"建设发展，支持各区结合区域功能定位、资源禀赋和发展需求，形成特色产业创新集群。中关村软件园、中关村软件城、中关村石景山园、朝阳区电子城科技园、亦庄移动硅谷和星网工业园区等形成电子信息产业集群。中关村移动互联网产业集群被科技部认定为全国首批创新型产业集群试点。高端数控装备产业在顺义和房山形成集群。丰台、海淀、昌平集聚了轨道交通领域近70%的科研和产业资源，成为全国轨道交通产业规模最大的地区。昌平吸引能源产业企业近400家，年收入超过1 100亿元，成为该区第一支柱产业。延庆新能源产业基地初步形成光伏、风电、生物质能等多种新能源综合利用和产业聚集发展的良好态势。文化与科技融合领域，形成了以海淀、石景山和朝阳为核心的国家级科技与文化融合示范基地建设，西城区DRC工业设计创意产业基地形成4万平方米产业集聚区，在孵企业超过200家，年产值超过20亿元。六大高端产业功能区以全市7%的平原面积创造了全市45.2%的地区生产总值，已经成为首都经济向高端、高效、高辐射发展的重要力量。

科技惠及民生效果显著。排爆机器人、智能会议系统、30米内可识别人脸的高清探头等一批高新科技装备有力支撑保障APEC（Asia-Pacific Economic Cooperation，即亚洲太平洋经济合作组织）会议等重大活动成功举办。深入实施“首都蓝天行动”和清洁空气行动计划，京津冀三地联合开展联防联控，“阅兵蓝”成为新的生动实践。西城、门头沟、怀柔、石景山成为国家可持续发展实验区。工业及建筑节能、水处理和烟气脱硫脱硝等领域，国内市场占有率连续多年保持领先，污水资源化处理和水资源收集利用技术与世界同步。五年来，万元地区生产总值能耗、水耗和二氧化碳排放分别累计下降25%、24%和47%。开展餐厨垃圾处理、建筑垃圾处理、废弃物资源化利用等技术的应用，为全市生活垃圾无害化处理率达到99.6%做出了积极贡献。开展智能交通指挥控制系统和“公交城市”建设，列车制动能量吸收、不锈钢A型车辆等一批科技成果以及机电装备、自动化控制、减震降噪等先进技术在北京市轨道交通新建线路上集成应用。建成全国首个省级综合交通运输运行监测协调中心（Transportation Operations Coordination Center，TOCC），设计建设国内首条全国产化车辆、信号系统的无人驾驶线路——燕房城市轨道交通线。实施遥感小卫星即时服务系统与示范工程，推动建设应急救援科技创新园和产业园。建设国家母婴乳品健康工程技术研究中心，建立供京蔬菜安全生产示范基地，搭建食品安全检测技术、装备研发、监管信息化平台，初步构建起“从农田到餐桌”的食品安全科技支撑体系。利用物联网技术，完善燃气、热力、供水、排水和电力等“城市生命线”的信息实时监测。连续6年两期推进“首都十大疾病科技攻关与管理实施方案”，率先建成全国规模最大的重大疾病防治临床数据库和样本资源库，形成20项有国际影响力的创新成果，制定136项诊疗技术规范和标准，筛选170项科技成果共向5 000家（次）医疗机构推广。

第三节　引领国家科技体制机制改革新方向

全面落实国家系列重大改革部署。贯彻新时期全国科技创新大会精神，发布《关于深化科技体制改革加快首都创新体系建设的意见》，全面推进科技改革发展。落实国家《深化科技体制改革实施方案》，研究提出北京市落实国家科技体制改革部署的具体实施方案。贯彻落实国家《关于在部分区域系统推进全面创新改革试验的总体方案》，研究制订京津冀全面创新改革试验方案，构建1+3的区域全面创新改革试验格局。

积极推进"1+6"、"新四条"和"新新四条"等试点政策，连续三年相关试点政策推向全国或部分重点省市。

"大科技"的协同创新工作格局基本形成。30多个有关部门参与"科技北京"建设协调工作小组，19个中央和国家机关以及31个市相关部门、16个区参加中关村创新平台工作，在全市形成了中央和地方协同创新的组织模式和工作机制，初步奠定了"大科技"的工作基础。在深化科技体制机制改革、实施"北京技术创新行动计划"、推进全国科技创新中心建设中，通过任务分工、督查落实等机制，进一步强化市委市政府牵头，相关部门和各区分工协同的"大科技"工作格局。积极构建"1+N"科技创新政策体系，推动以科技创新为核心的全面创新。"1"，是市委市政府发布实施《关于进一步创新体制机制　加快全国科技创新中心建设的意见》。"N"，是在高等学校、科研机构、财政税收、金融、人才、知识产权、工商、国资国企改革等领域出台的配套政策，促进科技体制改革和经济社会领域改革协同推进。以科技创新为核心的全面创新政策体系以"广覆盖、全主体、多层次"为主要特征，初步实现了创新主体不同成长阶段、创新链不同环节的政策覆盖。建立全市重大科技成果转化和产业化项目统筹协调机制。"十二五"期间，全市累计安排统筹资金约550亿元，支持720个重大项目，带动社会投资近4 000亿元，实现了政府资金由各部门分散支持向集中集成支持转变；支持方式由无偿资助、贷款贴息为主向政府股权投资和引导社会投资共同推进的市场化机制转变。

中关村改革"试验田"成果丰硕。中关村人才特区加快建设，开辟中关村人才引进"绿色通道"，开展"研究员职称评审直通车"改革试点、科技金融机构和境内外上市公司财经专业领域职称评审改革等试点。积极推进"一证一照""三证合一"等商事制度改革，并在简化登记审批流程、下放外资企业登记权限等6方面获国家工商总局19条创新政策支持。积极推进研发费用加计扣除、职工教育经费税前扣除、技术人员股权奖励、有限合伙制创业投资企业法人合伙人企业所得税等税收试点政策。承担中国人民银行中关村示范区中心支行（国家外汇管理局中关村示范区中心支局）、外商投资企业外汇资本金结汇管理、企业境外并购外汇管理等国家层面改革试点。扎实推进降低存储生物制剂等公用型保税仓库建设试点落地。研究制定《深化改革　加快建设国家科技金融创新中心的意见》，建设统一监管下的全国性场外交易市场。在中关村建设全国中小企业股份转让系统（"新三板"市场），截至2015年年底，累计挂牌企业5 127家（其中北京地区新三板挂牌公司763家）；北京股权交易中心有限公司（"四板"市场）作为区域性股权交易市场正式运营，截至2015年年底，挂牌企业1 900余家，企业挂牌上市的"梯次发展"格局逐渐形成。

积极推进本市层面的体制机制创新。深化科技成果处置权、收益权和管理权改革，发布实施"京校十条""京科九条"并制定相关配套细则。14家中央及市属高校、科研机构参加北京市科技成果使用、处置和收益管理改革试点，近500家单位参加股权激励试点。北京高技术创业服务中心启动科研资产管理改革试点。改革财政科技经费支持方式，采取政府采购、税收优惠、股权激励、后补助、资本金注入、引导基金、贷款贴息、风险补偿等政策支持手段，提高财政科技投入绩效。修订北京市科技计划项目（课题）经费管理办法，增加科技经费使用的自主权和灵活性。实施科技创新券制度，支持、引导小微企业和创业团队使用首都科技资源开展研发创新活动。制定新技术新产品（服务）认定管理办法，发布实施新技术新产品政府采购和推广应用工作的意见，增加国有企业为采购主体，支持民营科技企业进入市政基础设施建设等领域。截至2015年，累计认定8 000余个新技术新产品（服务），政府采购金额超过500亿元。搭建新技术新产品（服务）首发平台，从市场端拉动企业技术创新，探索政府推动技术创新和产业发展的新模式、新理念、新机制，发布智能硬件、文化创意等领域26项新技术新产品（服务）。

第四节　形成开放创新和辐射带动区域发展新局面

京津冀协同创新共同体加快建设。坚持“促联合、促对接、促转化、促市场”，以首都科技引领京津冀协同发展。京津冀三地科技部门共同签署战略研究和基础研究、国际科技合作框架协议。研究编制中关村服务京津冀区域创新合作行动计划，明确打造特色产业带等7项工作任务。制订发布《北京市科学技术委员会关于建设京津冀协同创新共同体的工作方案（2015—2017年）》。支持“首都科技条件平台”和北京技术市场在天津、河北建立合作站、服务平台，仅2014年服务津冀企业收入近1亿元。2011~2015年，北京输出到津冀的技术合同额从66.5亿元增长到111.5亿元，增长67.7%。促进创新链、产业链和园区链高效衔接。共建中关村海淀园秦皇岛分园、京津中关村科技新城等。三地共同打造以“中关村数据研发—张家口和承德数据存储—天津数据装备制造”为主线的“京津冀大数据走廊”。北京（曹妃甸）现代产业发展试验区、中关村海淀园秦皇岛分园、京津中关村科技新城、亦庄·永清园、北京生物医药园、张北云计算基地等一批共建园扎实起步。中关村企业在天津、河北累计设立分支机构近2 000家。支持成立“京津冀钢铁行业节能减排产业技术创新联盟”，推动落地津冀节能减排示范工程6项，工程投资总额达到6.7亿元。

科技开放合作深入推进。与科技部联合建设国家技术转移聚集区和中国国际技术转移中心，北京成为国际技术转移的重要枢纽。连续五年成功举办“中国（北京）跨国技术转移大会”和中意创新论坛等系列活动，促成120余个项目签约金额560亿元。国际技术转移协作网络成员单位拓展至200家，与40多个国家的400多个国际技术转移机构建立长期合作关系。“北京市国际科技合作基地”达370家。实施“走出去”战略，据不完全统计，北京市企业已在全球布局580余个研发机构，境外上市企业超过100家。2位诺贝尔奖获得者在京设立联合研究院。在京外资总部企业累计268家，外资研发机构累计532家。

创新要素向周边地区和其他省、自治区、直辖市辐射溢出。科技人才、专家资源、技术市场、科技条件等创新要素开放共享程度进一步提高，首都科技对全国创新发展的服务作用持续增强。北京技术市场对外省市的辐射量大、面广、支撑度高，北京技术50%以上辐射到京外省市，覆盖全国全部地级以上城市，对京外省市创新驱动发展的支撑度超过40%。与14个省、自治区、直辖市建立了区域科技合作和对口支援机制。对内蒙古、西藏、新疆、青海的对口支援和帮扶协作进一步加强。在天津、内蒙古、宁夏、重庆、贵阳等地搭建"首都科技条件平台"合作站和技术市场窗口，共建"北京·贵阳"大数据应用展示中心。

第五节 大众创业万众创新蓬勃发展

以企业为主体、产学研相结合的技术创新体系进一步完善。建设一批以企业为主体、产学研用协同创新的新型社会组织，以市场为导向的互利共赢机制进一步深化。支持成立首都创新大联盟，汇聚80余家联盟，促进5 000余家企业、高校院所等创新主体跨界融合、协同创新。截至2015年，科技型中小企业技术创新资金累计支持4 000家科技型中小企业，支持资金总额12余亿元，带动社会资金投入140亿元，创新资金放大比例近1：12，资助企业中有60家成功上市。市属国有企业在经济增加值考核时将科技投入、人才培养引进纳入经营业绩考核体系。

构建社会资本为智力"打工"新格局。加快建设国家科技金融创新中心，成立北京市科技金融专业委员会。建立"科技信贷综合服务平台"，采取贷款风险补偿、贷款风险备偿等方式，引导银行业金融机构加大对科技型企业的信贷投入力度。全市20余家科技信贷机构或特色支行，推出"投贷一体化""未来之星"等100余个科技金融产品。推动成立首都科技发展集团公司，打造从"原始创新""知识产权"到成果应用的"前孵化"新型融资平台。设立"高精尖"产业发展基金、前孵化成果转化基金、战略性新兴产业引导基金、中小企业创投引导基金等各类基金26只，金额近70亿元，初步形成涵盖技术创新和成果转化全链条、多领域的基金格局。

创新创业服务力度不断加大。发布《北京市人民政府关于大力推进大众创业万众创新的实施意见》，打造全球原创思想的发源地和高科技创业者实现梦想的首选地。全市拥有科技孵化机构150余家，其中国家级机构50家，在孵企业超过10 000家，初步形成孵化器、大学科技园、创业投资机构、咨询培训机构、技术转移机构等有机联系的科技孵化体系。在全国率先授予65家机构"北京市众创空间"称号，支持成立北京众创空间联盟。中关村创业大街成为"北京市众创空间集聚区"，成为国内青年创业的新地标。实施"公众参与创新行动计划"，启动"北京创客科普季"，在全国率先引爆了大众创业、万众创新的导火线。积极推进商事制度改革，激发创新创业热情。"首届众创杯中国·北京创新创业大赛"吸引全市50余家众创空间、100余家孵化器、20余家大学科技园、30多家活跃的投资机构和银行等参加。

引领国家创新创业新潮流。创业社区兴起，为青年创业者提供办公、居住、学习、交流、娱乐等全方位服务。全市形成了"90后创业者""创业系""连续创业者""海外创业者"为代表的创业群体，已聚集超过全国1/3的互联网创业者。"天使投资+合伙人制+股权众筹"成为中国新一波创业热潮的主流模式，"创客经济"成为发展新亮点。举行2015年全国"大众创业万众创新"活动周，共展示北京地区参展项目51项，占全部参展项目的46%，签订合作协议117项，金额超过20亿元。全力打造“四众”新模式，汇聚发展新动能。启动全国首个服务创新创业的全要素网上“四众”平台——“网上会客厅”，融合了政策、技术、人才、金融、知识产权等208个服务机构的1 264项服务。全市创业投资机构数量、投资案例、投资金额等均居全国首位。拥有股权投资基金管理机构近1 000家，管理资本总量超过1万亿元，居全国首位。“首都创业导师志愿服务团”服务河北、贵阳、重庆等地区创业服务机构和创业群体发展，有效发挥了全国科技创新中心对于全国创新创业的辐射带动作用。

第九章　北京市“十三五”时期基础研究发展战略研究[①]

内容概要：基础研究是科技创新之源，对提高自主创新能力和打造先发优势有重要作用，是北京建设全国科技创新中心、打造国家自主创新源头的重要支撑。本章对北京建设全国科技创新中心所处的战略环境进行了分析，着重讨论了基础研究对北京建设全国科技创新中心的作用机制，提出北京应按照“领跑”主导、“高精尖”驱动、一流环境建设的总体思路，建设有重要国际影响力的科技创新中心。

第一节　北京建设全国科技创新中心的战略环境分析

“十三五”时期，新一轮世界科技革命和产业变革蓬勃兴起，我国进入经济发展新常态后加快从要素驱动发展向创新驱动发展转变，北京将坚持和强化全国政治中心、文化中心、国际交往中心和科技创新中心的核心功能。这些外部因素为北京建设全国科技创新中心提供了前所未有的发展机遇。

一、新一轮世界科技革命和产业变革为北京建设全国科技创新中心提供了战略机遇

当今基础科学前沿不断拓展，群体突破态势初显。脑科学、生命起源、基因科学等研究力度不断加大，生命科学与物理、化学、大数据等学科间交叉、融合、汇聚，涌现出一批以深入理解生命现象为中心的新兴交叉前沿方向和领域。信息技术发展迅猛，智能制造、云计算、大数据、虚拟现实、移动互联网、物联网等技术突破，正在对人类的生产生活方式产生革命性的影响。气候变化带来的生存压力和人们对环境质量的要求，推动清洁能源、可再生能源和节能减排等技术加快突破。人口老龄化和对健康生活的需

---

① 本章由中国科学院科技政策与管理科学研究所课题组和北京市自然科学基金委员会共同完成，段异兵研究员和王红主任为课题负责人，王革、黄宇平、刘苹苹、刘利和吴家喜参与课题研究。

求推动生物医药技术不断取得突破性进展。材料的精确设计和制造过程的智能化、柔性化，将使材料更加绿色化、个性化，为材料的清洁、高效、可循环利用开辟新途径。与此同时，科学研究的组织模式持续变革，网络新兴技术提供的功能强大的研发工具和前所未有的创新平台，使得创新活动可以跨越时空，呈现出多样化、开放化、网络化、集成化等重要特征。

二、中国实施创新驱动发展战略迫切需要北京成为创新动力源

目前，中国已经进入新的关键发展时期。今天的中国既要在较短时间内走完发达国家上百年走过的工业化道路，又要在新一轮世界科技革命和产业变革中迎头赶上；既要保持经济中高速增长，又要向中高端水平迈进，努力实现经济社会发展的高质量演进和系统性提升。面对这一现实需求，中国提出了全面实施创新驱动发展战略的总体要求。创新驱动发展战略要强化基础研究和原始创新能力，着力解决制约中国发展的重大科技问题，还要积极融入全球创新网络，增强应对全球性挑战的主导能力，拓展创新发展国际空间。

北京作为中国科技资源最丰富、科技创新的政策环境较完善的区域，在新形势下，有基础也有能力主动适应和引领新常态，在面向中国未来发展和应对全球重大挑战的若干领域，发挥更大的开拓、带动和促进作用。这是国家“十三五”发展的战略布局，也是北京发挥科技创新中心功能的自身需要。

三、北京加快构建“高精尖”经济结构必须依靠科技创新

“十三五”时期是首都经济社会发展和现代化建设进程中极为关键的五年。北京已经明确为全国政治中心、文化中心、国际交往中心和科技创新中心的城市战略定位。北京将按照国家的要求，坚持和强化首都核心功能，加快构建“高精尖”经济结构，有力促进首都经济社会持续健康发展。

北京有加快形成“高精尖”经济结构的良好基础，高端行业引领北京经济结构调整的作用非常突出。在高新技术与传统产业融合发展方面，北京取得了长足进展。以轨道交通为例，北京是全国地下铁路运营里程最多的城市，是全国高速铁路技术研发中心和运营管理总部，从轨道交通产业链上游的科技研发、产品设计、测试实验、工程勘察，到产业链中游的轨道施工、场站建设、车辆制造，再到产业链下游的科技服务、工程服务、运营调度、场站管理等，具备国际领先的科技研发能力。

第二节　科技创新中心的形成与评价

科技创新中心具有支撑功能、引领功能、集聚功能、辐射功能。20世纪80年代以后，提供知识和信息的现代服务经济迅速发展，知识密集型产业逐渐成为发达国家城市经济的主要产业形式，以知识、技术和服务创新为特色的城市创新网络和创新体系成为所在区域乃至国家经济和社会发展的重要保障。在创新日益成为影响发展全局的关键驱动力的背景下，建设科技创新中心成为推动城市经济增长和带动区域经济发展的必然选择。

一、建设科技创新中心要加强面向未来的主动建构

科技创新中心的形成过程，既有历史原因的路径依赖，也离不开面向未来的主动建构。分析科技创新中心的形成机制，对于探讨全国科技创新中心的建设思路和配套支持措施有重要意义。

科技创新中心是对城市的一种功能定位。与一般城市相比，作为科技创新中心的城市具有知识供给者和创新活动驱动者的特征，其形成动力源于不断形成的知识资源和作为知识载体的人才资源。科技创新中心拥有较高的科技和教育发展水平，汇聚中、高层次合理配置的众多创新人才，具有高强度投入研究与开发的能力，还建构了有利于科技创新和产品创新的制度环境。在科技创新中心的空间范围内，创新主体以知识为纽带进行频繁的互动，形成知识、人才、资本、核心能力和社会网络等高度融合的创新组织结构，共同构成创新活动普遍化、常态化、规模化的创新驱动发展形态。科技创新中心的知识性成果得到广泛共享和有效外溢，不断发挥作为创新先锋的影响力和作用力，在以知识为基础的区域经济和全球经济中扮演着重要角色。

二、“产出”和“影响力”是评价科技创新中心的重要指标

科技创新中心的评价要素主要包括创新基础完备程度、创新制度健全程度、创新观念普及程度、创新人才和资源吸引力、知识创新推动区域长期经济增长及可持续发展的成效等。欧盟创新记分牌方法对科技创新中心建设绩效评价有借鉴和参考价值。就基础研究而言，评价指标可以分“产出”和“影响力”两大类。“产出”是指研究的直接成果，包括论文、专利、毕业生等新知识载体，通常在一项基础研究完成时即可测度。“影响力”是指基础研究的产出作用于社会、经济所带来的实际影响，通常要经过一定的时间周期才能体现，尤其是间接效应需要相当长的时间周期才能体现出来。由于基础研究影响力有“间接性”和“时滞性”的特点，长期以来未能得出公认的基础研究绩效评价指标体系。

我们建议以下三个指标可以作为北京建设全国科技创新中心的“产出”指标。

（1）SCI论文总数保持世界城市排名第一。SCI论文总数表征基础研究产出的重要指标，也是衡量一个区域基础研究实力的重要指标。北京聚集了中国主要的基础研究资源，基础研究经费投入约占全国的25%，2009~2013年SCI论文总量分别为65 631篇、72 347篇、82 768篇、95 101篇、110 143篇，在全球城市中排名第一。北京市应继续保持这一态势。

（2）SCI论文篇均引用数达到世界平均水平，“表现不俗”论文数达50%。论文发表后被引用的情况可以反映论文的影响，是基础研究质量的宏观指标之一。其中，在每个学科领域内，按统计年度的论文被引用次数世界均值画一条线，高于均线的论文为“表现不俗”的论文。北京作为中国基础研究从数量扩张向质量跃升转型，从“跟踪”“并行”到“领跑”的发展跨越的重要力量，应率先在SCI论文篇均引用数方面取得较大进展。

（3）在《自然》（*Nature*）、《科学》（*Science*）两大期刊发表的年度论文数居全球城市前三位。英国《自然》杂志和美国《科学》杂志是目前国际上最具代表性、知名度和权威性的综合性学术期刊，代表了当前世界科学研究的最高水平。在这两大期刊上发表的论文数量，是衡量一个区域知识创新贡献力的重要指标，也是反映基础研究能力与学术创造力的重要标志。北京应进一步提升在这两大期刊上年度发表论文数的位次。

同时，我们建议将以下三个指标作为科技创新，尤其是科学创新对北京建设全国科技创新中心的“影响力”指标。

（1）科学创新对北京建设全国科技创新中心的引导力。其主要表现为专家在国际交流中的话语权力，科学意识形态和价值观的渗透力，科学规范、标准和机制的导向力，以及文化创意的引领能力。具体来说，应从公众对科技成果归属、基础研究导向等的态度，科技概念、科学指南和行业标准等审定工作的集中度，参与重大科学决策的专家及高引用率论文的集中度，以及科幻相关的知名小说、剧本、影视、动漫等创作的集中度等方面进行考察。

（2）科学创新对北京建设全国科技创新中心的增效力。其主要表现为科技文化影响力、科技制度保障力、科技公共服务能力、隐性知识管理能力以及工艺设计能力。建成全国科技创新中心，科研人员应具备热爱科学、理性、怀疑、批判、尊重知识的态度，科学政策、制度、规条、程序的制定应符合科学规律和道德伦理，政府部门应完善基础设施建设，科研机构要对管理经验和诀窍进行总结和传承，要建成一流的文化科技园区，提升科学创新的文化内涵。

（3）科学创新对北京建设全国科技创新中心的吸引力。其主要表现为公众对科学创造的热情、研发投资与合作的意愿、学术交流与合作的意愿以及人才在本土创新的满足感。具体来说，应促进公众理解科学，加强高校、科研机构和企业间的研发合作以及跨区域、跨单位的学术交流，增强科研人才对科研环境、发展空间、设施条件、薪酬、竞争制度感到满意并具有成就感、自豪感和使命感。

第三节　基础研究对北京建设全国科技创新中心的作用机制

基础研究是认识自然现象、揭示自然规律，获取新知识、新原理、新方法的研究活动，为应用研究和开发研究提供知识来源。基础研究对于北京提高自主创新能力和打造先发优势有重要作用，是北京建设全国科技创新中心、打造国家自主创新源头的重要支撑。

一、基础研究促进全国科技创新中心加速形成

从事基础研究的高校、科研机构和部分产业技术研究部门聚集在科技创新中心，可以直接推动区域创新体系向网络化、高端化、原创性演化，促进科技创新中心的加速形成。基础研究对科技创新中心的促进作用主要体现在三个方面：一是基础研究为区域创新提供知识基础。知识集聚具有空间密集性和时间与过程同步性的特点，20世纪后半叶的突破性创新都集中出现在以研究和开发为目标的企业和大学所集聚的地区。这种集聚现象能够降低交易成本、产生规模经济、推动知识供给与市场需求的紧密联系，从而产生较高的外部经济效益。二是在基础研究过程中培养创新人才，为区域发展提供优质人力资本。基础研究中培养出大量的科学和技术人才，他们有对新知识的敏感性和解决实际问题的科学思维能力。这些以研究生为主体的人力资源毕业进入产业部门后，为产业部门的创新活动带来新动力。三是基础研究提升了科技创新绩效。大学和科研机构是基础研究的主要承担者，它们向产业界进行知识转移，为产业发展做出隐性和显性的贡献。此外，城市是率先实现由要素、投资驱动向创新驱动的区域所在，科学文明与城市文明交相辉映，人类历史上有重要影响力的城市无一例外在科技创新方面都做出过重要贡献，拥有过推动科学进步的众多突破性成就和著名科学家。

总体上看，基础研究、科技创新中心和城市功能定位之间存在着链式作用机制。基础研究是科技创新中心的重要组成部分，科技创新中心是国际大都市的重要标志，也是国际大都市可持续发展的根本动力。加强基础研究是转变城市发展方式的现实需要，也是赢得经济社会长远发展主动权、形成城市长期竞争优势的战略抉择。

专栏9-1　基础研究奠定伦敦全球科技创新中心地位

伦敦曾经是欧洲乃至世界的工业、文化和知识中心，引领过18、19世纪的全球科技创新，至今仍在物理、天文学、数学、生物学和医学等领域保持传统优势。第二次世界大战战后半个多世纪来的英国基础研究在世界范围来看，地位有所下降，但重视自然科学纯理论研究的传统和世界一流的学术交流与科学研究环境，仍使得伦敦继续成为全球领先的科学中心。集成电路、光导纤维、青霉素、CT扫描仪、核磁共振仪等深刻影响人

类进步事业的重大发明，都和伦敦基础研究密切相关，凸显出伦敦作为科学发现的源泉地，为全球技术创新做出的重大贡献。

伦敦积极改善科技成果转化慢、转化率低的不足，风险投资非常活跃，创新能力较强的中小企业研发出许多创新产品并实现商业化，使得伦敦创新产品、创业企业比例很高，形成了国际化的知识密集型产业集群。伦敦是国际金融和商业服务中心，是世界一流银行、会计师事务所、律师事务所、咨询公司和专业人才的聚集地。大量的跨国公司、国际组织和金融机构总部设在这里，为伦敦在全球层面配置创新资源、汇聚全球知识和资本提供了得天独厚汇聚的条件。伦敦还集中了英国三分之一的教育科研机构，是吸引国际留学生最多的世界城市，每年伦敦高校毕业学生占据英国毕业学生总数的40%。这些青年人才为开展基础研究提供了优质人力资源，也为伦敦源源不断培养国际化人才。

二、基础研究激发北京城市发展的活力

近年来，随着全球竞争日益加剧，创新格局正在发生历史性的变化，科技创新力量逐渐从发达国家向发展中国家扩散。发展中国家凭借快速扩张的大市场和低生产成本的优势，积极参与全球生产网络和全球价值链的整合。新兴经济体创新能力持续增长，在某些领域已经具备参与全球竞争的能力，世界科技创新中心历史性地呈现东移趋势，北京、上海、新加坡、首尔、班加罗尔等新兴的区域初具全球科技创新中心雏形。

基础研究在促进北京城市发展方面发挥着重要的作用，不仅提升了北京作为国际大都市的科技地位，而且引领与支撑着首都地区高新技术产业集群的发展，激发了北京城市发展的活力。首都地区的高校、科研院所和产业研发机构聚集了众多高层次科研人员，学科领域分布多样化，研究成果水平高。从全球角度来看，北京是产出SCI论文数量最多的区域，发表在世界著名科学期刊［*Nature*、*Science*、*Proceedings of the National Academy of Science*（《国家科学院院刊》）］论文总量持续增长，已与巴黎、伦敦和东京相当。首都地区拥有一批重大基础设施和科研装置，在数学、物理、化学、医学、生物、天文、地理、材料、信息、电子等大部分学科领域，都拥有世界先进水平的基础研究装置。

高技术产业集群与基础研究优势领域的相互推动，显著提升了首都地区的创新水平和经济发展能力。在基础研究的支撑与引领下，北京市已经形成以电子信息、生物医药、能源环保、新材料、先进制造、航空航天等领域为代表，以研发和服务为主要形态的高新技术产业集群，拥有一批国际知名企业。同时，北京地区基础研究集群降低产业集群中企业主体获取技术创新所需各种知识的成本，大大加快了创新速率，反过来又促进北京产业驱动型基础研究水平的进一步提高。北京高技术产业集群发展需求促进基础研究、基础研究进展带动产业集群升级的协同效应已经不断显现。

专栏9-2　基础研究助力波士顿城市发展

历史上，波士顿曾经是一个重要的航运港口和制造业中心，现在发展为全球著名的高等教育和科学研究的中心，也是金融保险和生物医药产业的经济与创新中心。这源于波士顿实施了创新驱动城市发展的战略，并制定了城市发展的两大原则：一是提高现有创新发展基础要素的利用率，促进城市变革；二是结合人口和经济因素，建立新的城市创新支撑体系，并通过城市规划、城市复兴、科学定位、优势利用等积极行动计划促进城市的科学创新中心地位提升。

波士顿一直是斩获美国国立卫生研究院（National Institutes of Health，NIH）资助项目的领头羊，在美国生命科学基础研究中占有重要地位。为促进生物医药产业的发展，波士顿推进了许多生命科学方面的前瞻研究，取得了多项突破。波士顿医院和大学建立了密切的关系，形成了生命科学基础研究与临床研究的密切互动联系，吸引了全世界顶尖生命科学人才，推动了波士顿生物医药产业的快速发展，促使波士顿发展成为美国生命科学研究和生物医药产业的重镇。

此外，在引领重大科学研究发现中，波士顿一直处在科学研究的前沿。在世界著名科学期刊论文数量上，波士顿也处于领先地位。这些重大科学发现和高水平研究成果大大提升了波士顿作为科学中心的地位。

第四节　繁荣首都基础研究的总体思路

随着国家研发投入的增加和研究能力的提升，北京作为我国基础研究重镇，将缩小与国际先进水平的整体差距，逐步实现基础研究从“跟跑”到“整体并行”和“局部领跑”的历史性跨越，尤其要在“局部领跑”取得重大进展。为实现这一战略目标，应按照“领跑”主导、“高精尖”驱动、一流环境建设的总体思路，进一步繁荣首都基础研究。

一、在事关中国全局和长远发展的战略必争领域实现“领跑”发展

“领跑”主导，是指在“原始创新”方面努力实现“局部领跑”。《国家自然科学基金“十三五”发展规划》、《国家“十三五”基础研究规划》、中国科学院《“率先行动”计划暨全面深化改革纲要》等，都明确了瞄准国际前沿、建设重大创新平台和创新团队，努力实现关键领域取得实质性成果的“领跑”目标。北京地区要做好与国家计划的衔接，首要战略定位要从“领跑”需求出发，凝聚和造就具有国际竞争力的优秀人才，在北京建设有重要国际影响力的世界级研究中心，产出具有国际影响力的重大成果。在事关我国全局和长远发展的战略必争领域成为领跑者，在可能发生新科技革命的新兴交叉前沿

方向上成为开拓者，是北京基础研究的重要使命。

按照“领跑”主导的发展思路，以《国家自然科学“十三五”规划》《国家“十三五”基础研究规划》《中国科学院“率先”行动计划》等明确的战略领域，与中科院、在京著名高校紧密配合，在北京地区探索建立世界一流科学中心，瞄准若干重要科学前沿方向和战略必争领域，结合地方经济社会发展需求，先于国家率先部署启动一批基础研究重点项目，加强研究力量和创新资源的集成，支持有潜力改变对当前科学基本问题的认识或带动前沿技术突破的基础研究，支持新概念、新构想、新方法、新工具的创造。

二、以“高精尖”驱动首都基础研究与产业结构升级协同发展

“高精尖”驱动，是指以原始创新为源头发展“高精尖”产业，以“高精尖”产业需求牵引首都基础研究，推动首都基础研究与产业结构升级的协同发展。要充分发挥原始创新驱动的基础研究和产业需求牵引的基础研究在科技创新中心中的支撑作用。在大数据产业、脑科学产业、高速铁路产业、干细胞产业、纳米器件产业等领域，北京雄厚的基础研究资源可以发挥与世界同步技术创新和同步产业创新的驱动作用。而产业需求牵引的基础研究可以为企业创新发展提供强大动力。在北京有巨大需求且有一定优势的轨道交通（含高铁和地铁）产业、科学仪器产业、智能建筑产业、健康医疗产业、环境治理产业等领域，高水平基础研究形成的知识和人才是北京重要的战略性资源，也是北京发展这些产业的特有优势和核心竞争力。

“十三五”期间，实施基础研究支撑首都“高精尖”产业发展计划，要突出需求驱动的基础研究顶层设计，围绕北京电子信息、生物医药、能源环保、新材料、先进制造、航空航天等产业升级发展的需求，精心部署基础研究项目。发挥政府科技计划管理职能，面向国家和地方经济建设、社会可持续和科技发展的战略需求，针对共性技术和重大需求遴选基础研究项目，带动提升产业发展和企业创新能力的跃升。建立以企业为中心、高等院校和科研院所广泛参与的前沿技术协同创新集群，提高基础研究成果有效转化为优势技术的能力，推进北京高精尖产业发展。

三、建设一流环境提升基础研究资源与人才汇聚能力

一流环境建设，是指建设国际一流的先进研究设施，拥有一批适合多学科集聚发展的研究平台，优化创新生态环境，提升对基础研究资源和人才的汇聚能力。高层次人才注重生活品质，对区域内经济、社会、文化、制度和环境的协调发展都提出了更高的要求。一流的文化、制度、宜居环境和全球领先的研究环境，是集聚智力资源和全球资本的必要前提，北京在这些方面肩负重任。

建立高端人才引进与培养计划，重点引进世界顶级实验在北京建立分部，推动全球

高端基础研究人才和智力资源向北京流动。制订基于国际评估的高端人才引进计划，提高北京地区的国际学术影响力。加快建设国际一流基础研究基地，凝聚一批世界优秀科研人才，开展世界顶尖水平的研究工作，建设一批设施精良、运行高效、国际化管理的科技基础设施。集全市、京津冀、全国、全球之力，打造大科学装置之都，为北京集聚全球优秀科学家、在京开展高水平基础研究并取得世界一流成果提供平台。

第十章　北京在国家“领跑、并跑、跟跑”三跑格局中技术预测研究①

内容概要：为更深入理解北京作为全国科技创新中心的战略新定位，结合北京基础找准北京科技创新的着力点和突破点，有必要对北京科技发展现状进行梳理和分析，为更好地建设全国科技创新中心提供支撑。本章从技术发展格局、整体技术水平、发展阶段以及技术发展趋势等方面对北京11个重点领域及取得的关键技术等进行了评价研究，结果显示北京在全国“三跑”格局中占有重要地位，基本形成了从“跟跑”向“领跑、并跑、跟跑”三跑并存转变的格局。

为了更好地认识和理解北京作为全国科技创新中心的战略新定位，切实担当好“科技创新引领者、高端经济增长极、创新创业首选地、文化创新先行区、生态建设示范城”五大责任，北京市有必要把握世界科技创新和产业变革大势，站在世界科技创新的前沿，结合北京科技基础找准北京科技创新的着力点和突破点，将北京打造成科技创新的“领头羊”和全球高端创新要素聚集地。为此，北京市科委结合科技部2013年以来开展的技术预测研究阶段成果，从技术发展格局、整体技术水平、发展阶段以及技术发展趋势等方面对北京科技发展现状进行深入分析，初步摸清了北京地区的技术水平，为北京选择重点、打造“高精尖”产业结构提供支撑。

第一节　技术预测研究的思路和方法

一、总体思路

当前，新科技革命和产业变革正在加速推进，以创新为核心的国际竞争日趋激烈。如何认清本国技术发展水平，合理、有效地选择本国科技发展战略和确定重点的发展领域成为当今世界各国政府面临的重要问题。技术评价通过对代表一国技术水平的主

① 本章由中国科学技术发展战略研究院科技预测与评价研究所课题组和北京市科委共同完成。中国科学技术发展战略研究院科技预测与评价研究所所长王革研究员为课题负责人。

要领域进行研判，分析与技术领先国家的技术差距，诊断自身技术水平和政策实施效果，可以为确定未来科技创新的重点领域与方向，制定科技战略与规划等提供重要参考。许多国内外机构、专家对我国科技发展水平、技术创新能力、竞争力等进行了不同维度的评价，但对我国技术发展到底处于什么样的水平，大家莫衷一是，缺乏精确量化的判断。

通过深入研究，本章研究认为评价一个国家的技术水平，需要从不同角度、不同层次对国家技术发展趋势、整体技术水平、发展阶段以及技术原始创新能力进行综合判断，才能更加客观、准确把握国家技术发展水平现状。因此，本次技术评价从技术发展趋势、整体技术水平以及发展阶段等方面对我国技术水平进行总体评价。

首先，对我国与技术领先国家之间的技术差距是拉大还是缩小进行评价，判断我国科技进步的趋势。

其次，对我国整体技术水平状况与技术领先国家相比所处位置进行评价，明确我国有多少技术领跑于国际，多少技术仍处于跟跑阶段。

最后，对我国核心技术掌握情况和发展阶段等竞争态势进行分析，明确我国基础研究成果或者源技术掌握情况和转化能力，明晰我国与技术领先国家同一技术在创新发展阶段上的差异。

二、研究方法

根据上述研究思路，本次技术评价主要采取主观客观相结合、定性定量相结合、宏观微观相结合的研究方法。

主观客观相结合就是把专家调查和客观数据分析相结合。本次调查专家是一线的科学家及企业研发管理专家，他们具有丰富的科研工作实践经历。通过问卷调查可以在一定程度上避免偏见、减少调查误差。同时，借助客观数据分析检验专家的判断，最大限度地增加问卷调查结果的科学性。客观数据的来源主要包含科技统计年鉴、国内外专利数据库以及其他国家的技术调查报告等。

定性定量相结合是指在调查数据和客观数据定量分析基础上，对科技水平做出定性判断，使定性判断具有坚实的基础。通过大规模的专家调查和文献调研，运用统计分析、相关分析及回归分析等数理分析方法，对我国总体技术水平和发展阶段、领域技术水平和发展阶段、核心技术的掌握情况及其技术差距等要素做出定量分析。在此基础上，通过综合分析，形成我国总体技术水平和发展阶段、领域技术水平和发展阶段、核心技术的掌握情况及其技术差距等要素做出定性判断。

宏观微观相结合是指本次研究从关键技术评价上升到领域评价，再从领域评价上升到总体评价，形成从“关键技术—子领域—领域—总体”的系统评价。所以，微观是宏观的基础，即关键技术选择的准确与否将影响本次总体评价的效果。

基于上述思路和方法，本次技术评价按照“领域—子领域—关键技术”的逻辑对11

个领域进行了系统梳理，形成了80多个子领域和若干关键技术。所遴选出的关键技术主要包括领域基础技术和应用关键技术两类，是各领域具有广泛带动性、应用前景广阔或是行业/领域卡脖子的技术，能够代表本领域整体技术状况，为科学、系统地开展评价奠定了坚实的基础。

三、调 查 概 况

本次参与调查的领域包括信息、生物、新材料、先进制造、地球观测与导航、能源、环境、农业、海洋、交通、公共安全11个领域、80多个子领域、1 689项关键技术。

由于本次技术评价主要针对当前我国技术发展现状开展调查，所以遴选的专家主要以一线研发和管理专家为主，主要来自国家863计划、国家科技支撑计划、国家重大专项项目承担专家，“千人计划”、高新技术企业研发和管理专家等。共有3 258名专家参加了调查，回收有效问卷6 300多份。通过问卷的分析，在参与调查的1 689项关键技术中，1 346项形成了共识性判断，其中属于北京地区的关键技术446项。

第二节　北京“三跑”格局现状

一、北京已成为全国领先技术的主要供给地区

在已判断的1 346项技术中，北京有219项技术已经达到了国际领先水平，占16.3%；有404项技术与国际先进水平相差不大，处于并跑状态，占30.0%；另外723项技术与国际先进水平存在一定差距，仍处于跟跑阶段，占53.7%。基本形成了从“跟跑”到“领跑、并跑、跟跑”三跑并存转变的格局。其中，北京在全国“三跑”格局中占有重要地位。通过对技术所属地分析，在被调查的1 346项技术中，有446项技术落在北京，其领跑、并跑和跟跑技术分别为122项、145项和179项，在国家“三跑”技术占比分别达到55.7%、35.8%和24.8%（表10-1），领跑技术占比最高。从技术发展水平来看，北京已成为全国领先技术的主要供给地区。

表10-1　北京地区技术“三跑”格局及占比

项目	领跑	并跑	跟跑	总数
北京“三跑”技术格局/项	122	145	179	446
全国“三跑”技术格局/项	219	405	723	1 346
占比/%	55.7	35.9	24.8	33.1

通过对在京446项技术分析，领跑技术占27.4%，并跑技术占32.5%，跟跑技术占40.1%。与全国“三跑”格局相比，北京领跑和并跑技术要高于全国比例，尤其是领跑技术高出全国11.1百分点，如图10-1所示。

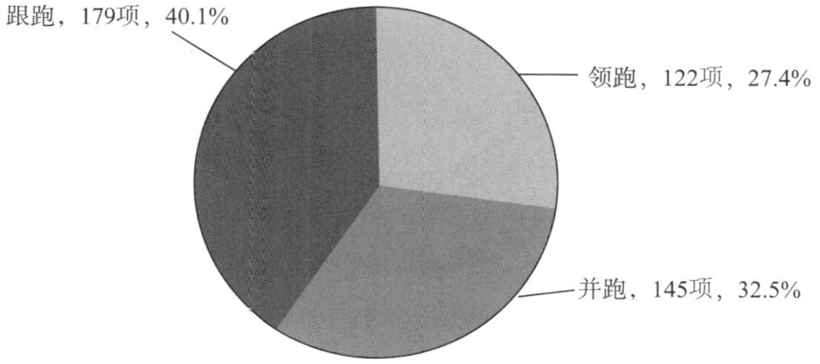

图10-1　北京地区“三跑”技术格局

二、北京领跑技术数量处于全国领先地位

在我国领跑的219项技术中，有122项技术分布在北京的大学、研究机构和企业（图10-2），占我国领域技术的比例高达55.7%（图10-3）。其中，能源、地球观测与导航领域北京领跑技术的比例较高，超过本领域的70%；其次是生物和环境领域，超过本领域的60%；再次是信息、新材料、先进制造、交通、公共安全5个领域，不低于50%；最后是农业和海洋领域，农业领域有40%的领跑技术分布在北京，而海洋最少，仅占11.1%。

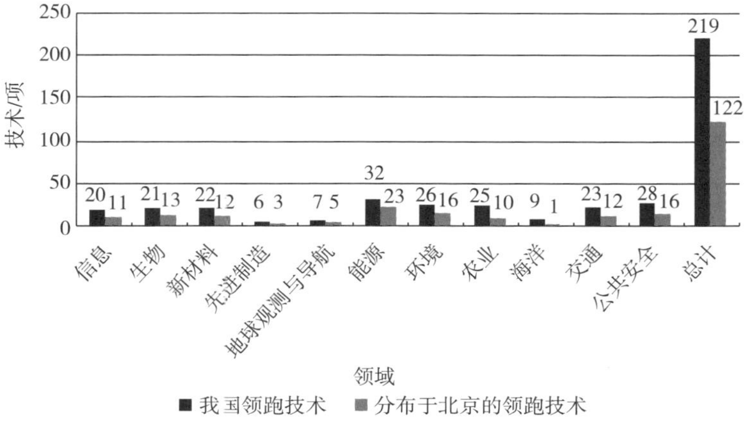

图10-2　我国领跑技术中北京各领域分布

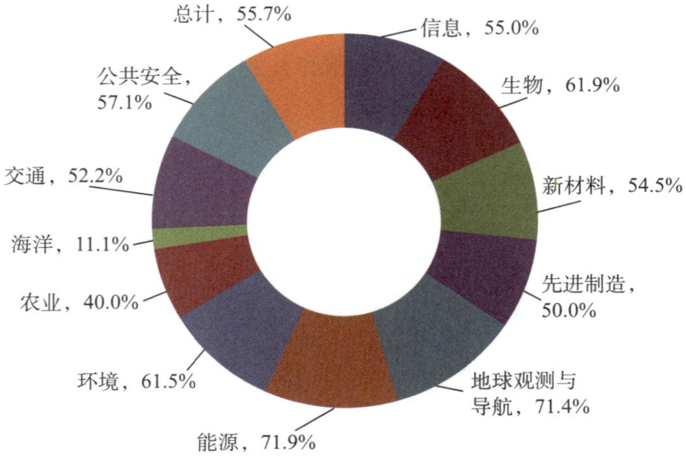

图10-3　北京在我国领跑技术中各领域占比

三、北京并跑技术领域优势明显

在我国并跑的405项技术中，有145项技术分布在北京的大学、研究机构和企业（图10-4），占我国领域技术的比例高达35.8%（图10-5）。其中，公共安全领域比例最高，有52.5%的并跑技术分布在北京；其次是生物、能源、环境、交通4个领域，不低于40%；再者是信息、新材料、先进制造3个领域，分别有34.1%、29.2%、23.3%的并跑技术分布在北京；地球观测与导航、农业、海洋3个领域相对较少，仅有10%以上的并跑技术分布在北京。

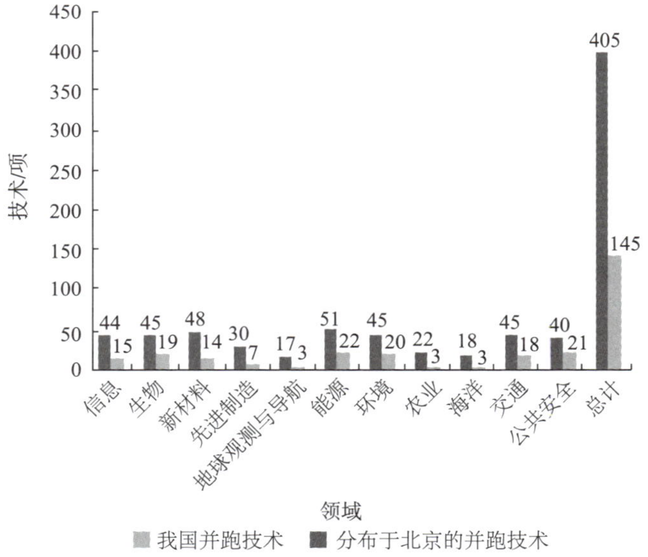

图10-4　我国并跑技术中北京各领域分布

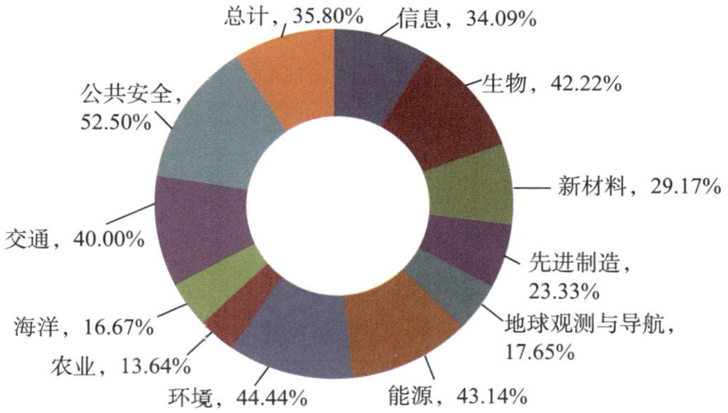

图10-5 我国领跑技术中北京各领域占比

第三节 北京重点领域的优势领跑技术分析

在信息领域，北京的优势技术集中在"网络与通信"和"信息与安全"子领域。例如，清华大学的"IPv6网络管控技术""真实IP源地址认证技术""IPv4/IPv6网络共存和过渡技术"，北理工、中国通用技术研究院的"纵深式信息保密的防范技术"，中科院计算技术研究所的"舆情发现与分析技术"，中电集团的"网络与系统可信性安全保障技术"，中科院软件研究所的"服务计算与面向服务的体系结构技术"，国家互联网应急中心的"网络有害信息管控技术"等都处于世界领先水平。

在生物领域，北京的优势技术集中在"工业生物技术"、"生物医药技术"和"再生医学"子领域。例如，中科院过程工程研究所的"漆酶的大规模发酵生产关键技术"，中科院植物研究所的"新型生物质资源培育技术"，中科院应用物理研究所的"DNA生物传感技术"，清华大学的"结构生物学、生物化学技术"，北京大学的"细胞重编程/转分化技术""IPS技术"，中国医学科学院的"肿瘤细胞来源的囊泡治疗肿瘤技术"等都处于世界领先水平。

在新材料领域，北京的优势技术集中在"石油与化工材料"、"建筑材料"和"纳米材料与技术"子领域。例如，北京龙智达科技发展有限公司和清华大学的"电石乙炔法聚氯乙烯无汞催化剂技术"，中国建筑材料科学研究总院的"重大工程用水泥基新材料技术"；中科院、北京化工大学、清华大学和北京大学的"纳米材料宏量制备与组装技术"等都处于世界领先水平。

在先进制造领域，北京的优势技术集中在"重大装备制造与工艺"和"制造服务"子领域。例如，北京航空航天大学（简称北航）的"数字化近净成形技术""云制造技术"，北京神舟航天软件技术有限公司的"制造服务云平台技术"处于世界领先水平。

在地球观测与导航领域，北京的优势技术集中在"遥感技术"和"空间探测技术"子领域。例如，国家地理信息中心的"时空数据语义关联模型与自适应组织技术"，中国测绘科学研究院的"智慧城市空间信息服务综合平台关键技术"等都处于世界领先水平。

在能源领域，北京的优势技术集中在“洁净煤技术”、“智能电网”和“节能”子领域。例如，中国新奥集团、中国神华集团的“煤气化技术”，中国石油化工集团公司的“煤制化学品技术”，中国煤炭科学研究总院的“低阶煤提质及转化利用技术”，中科院工程热物理研究所“循环流化床发电技术”，清华大学的“燃煤污染物一体化控制技术”，国家电网公司的“区域调度与控制”技术，中国电力科学研究院的“大功率交换的电力系统安全运行技术”等都处于世界领先水平。

在环境领域，北京的优势技术集中在“生态修复”、“水污染控制”、“土壤污染控制”和“环保产业”子领域。例如，中国林业科学研究院的“低效人工林改造与重建技术”，北京林业大学的“水土流失区生态恢复与水土流失控制技术”，中科院生态环境研究中心的“重大工程区生态保护和修复技术”，中科院工程热物理研究所的“生活垃圾循环流态化焚烧和余热利用技术和大型装备”等都处于世界领先水平。

在农业领域，北京的优势技术集中在“动植物育种”、“先进装备制造”和“农业生物制剂”子领域。例如，中国农业大学的“动物体细胞克隆技术”“盐渍化土壤快速脱盐与控盐技术”，中国农业科学研究院的“瘠薄农田肥力提升与快速培肥技术”，中国种子集团的“作物功能基因组学技术”等都处于世界领先水平。

在海洋领域，北京的优势技术集中在“海洋生物资源开发技术”子领域。例如，北京大学的“海洋生物天然产物发掘与评价技术”处于世界领先水平。

在交通领域，北京的优势技术集中在“道路交通”、“水路交通”和“轨道交通”子领域。例如，中国铁道科学研究院的“既有线提速技术”“高速铁路路基与轨道沉降监测与修复技术”，北京交通大学的“列车全寿命周期设计技术”，北方交通大学的“网络化铁路灾害监测、监控、预警与应急处置技术”，中交北京水运规划设计研究院的“大型港口运营管理智能化技术”等都处于世界领先水平。

在公共安全领域，北京的优势技术集中在“应急平台技术”、“食品安全和检测检疫”和“生产安全”子领域。例如，北京辰安科技股份有限公司的“风险隐患识别及风险源监测技术”，清华大学的“应急网络、通讯及容灾备份技术”，中国安全生产科学研究院的“矿山动力灾害预测与防治关键技术”，中国煤炭科工集团的“煤矿瓦斯灾害监测预警及其防治技术”，北京煤炭科学研究院的“煤矿顶板与冲击地压灾害防治技术”等都处于世界领先水平。

第四节　北京各项技术的发展阶段分析

从北京446项技术的发展阶段看，处于实验室、中试、产业化的分别占22%、36%、42%，与全国实验室（36.3%）、中试（36.7%）、产业化（27.0%）的阶段分布相比，北京处于实验室阶段的比例比全国低14百分点，产业化阶段的比例要比全国高出15百分点。但是，这些技术在领先国家处于实验室、中试、产业化三阶段的比例却分别为6%、21%、73%。从调查结果看，北京446项技术处于实验室和中试阶段要明显高于技术领先国家，而产业化阶段比例要落后领先国家31百分点（表10-2）。总体上，北京446项技术的发展阶段滞后于领先国家，很多在北京处于实验室和中试阶段的技术在国外已进入产业应用。

表10-2　北京446项技术发展阶段及国际比较（单位：%）

项目	实验室	中试	产业化
北京446项技术发展阶段	22	36	42
国际领先水平发展阶段	6	21	73

从各领域来看，如表10-3所示，在446项技术中，信息、能源、生物和农业4个领域的发展阶段与国际领先水平相差不大，而新材料、先进制造、地球观测与导航、公共安全等领域与国际领先水平差距较大，我们大部分处于实验室和中试阶段，而国际领先水平大部分处于产业化阶段。

表10-3　北京优势产业在不同发展阶段与国际比较（单位：%）

项目	实验室		中试		产业化	
	北京所处阶段	国际所处阶段	北京所处阶段	国际所处阶段	北京所处阶段	国际所处阶段
信息	32	16	4	16	64	68
生物	70	57	15	10	15	33
新材料	16	2	50	16	34	82
先进制造	33	—	38	23	29	77
地球观测与导航	50	9	40	27	10	64
能源	6	4	30	13	64	83
环境	10	2	51	26	39	72
农业	20	12	20	23	60	65
海洋	50	16	17	17	33	67
交通	19	2	34	16	47	82
公共安全	39	10	47	30	14	60

从总体上看，北京446项技术与世界先进水平的平均差距为8.5年，稍小于我国9.4年的技术差距。其中大多数技术与世界先进水平的差距为5~15年。自2006年以来，北京在信息、生物、新材料等11大领域80个子领域的整体技术水平与国际领先水平之间的差距在缩小；在调查的446项技术中，96%的技术与国际领先水平的差距在缩小，高于国家89.5%的差距缩小比例，另外还有3%的技术难以判断。这说明自《国家中长期科学和技术发展规划纲要（2006—2020年）》实施以来，北京的技术进步要略快于全国。

第十一章 引领中国制造——《〈中国制造2025〉北京行动纲要》的战略布局①

内容概要：《〈中国制造2025〉北京行动纲要》的发布，为北京在《中国制造2025》中的行动定下基调，构建"高精尖"经济结构，实现"在北京制造"到"由北京制造"的转型，将成为推动北京制造业发展的新动力。本章从北京落实《中国制造2025》面临的新形势入手，提出了推动产业向"高精尖"方向战略调整的思路，在深入解读"在北京制造"和"由北京创造"的区别和实施培育高精尖产业的"三四五八"行动计划的基础上，研究提出了北京贯彻《中国制造2025》的行动路径。

第一节 北京落实《中国制造2025》面临的新形势

一、面临新一轮产业变革的形势

全球产业演变历经三次重大工业革命，制造业始终是实现技术创新的基本动力。当前产业发展已经到了后工业化时期，制造业仍然是全球经济持续创新发展的基础载体。特别是前沿科学不断延伸，学科和领域交叉融合加速，信息技术、生物技术、新材料技术、新能源技术广泛渗透，带动几乎所有领域发生以绿色、智能、泛在为特征的群体性技术革命。在新技术革命的驱动下，产业价值链深度分解，工业化和信息化深度融合，制造与服务相互渗透，新兴产业不断涌现，正在重塑着全球制造体系，全球制造业进入新一轮的创新发展周期。新一轮科技革命和产业变革的演进，客观上要求北京重新审视和定位自身在全球产业价值链中的位置，做出新的战略选择。

① 本章由北京市经济和信息化委员会完成，仝海威、吴东升等参与研究。

二、面临京津冀协同发展的形势

随着《京津冀协同发展规划纲要》的出台，有序疏解北京非首都功能、加快经济结构的高精尖升级成为北京市较长一段时间的行动纲领，也成为北京优化产业发展资源配置、提升产业发展质量和效益的重要契机。紧扣疏解北京非首都功能要求，深度调整优化三次产业内部结构，通过主动瘦身，加快一般制造业的存量调整，优化产业布局，加快放弃大而全的产业体系，加快一般性制造业的关停淘汰、疏解转移和改造升级，推动传统制造企业改造升级，着眼京津冀推动产业合作和协同创新，是新时期城市发展赋予北京工业发展的重要使命。

三、面临建设科技创新中心的形势

"全国科技创新中心"是北京新的城市战略定位，也是北京作为首都的一项核心功能。实施创新驱动发展战略是落实首都城市战略定位、推动京津冀协同发展的战略选择和根本动力。如何建设科技创新中心，核心是要探索形成创新驱动发展的道路、模式。建设科技创新中心，不只是科学、技术层面的创新，更重要的是产业层面的创新。制造业是产业创新的重要阵地，产业技术创新是实现经济增长的重要力量，加快实施创新驱动发展战略，必须要把制造业的创新发展摆在更加突出的位置，使首都科技资源优势通过创新加快向现实生产力转化、向发展优势转化，提升产业自主创新能力。

四、面临推动城市协调发展的形势

全面治理大城市病要求制造业向绿色低碳循环转型，"摊大饼"式的空间扩张、"大而全"的产业体系、"各自为政"的区域发展模式，不仅加大了当前首都人口、资源、环境的巨大压力，而且也影响了首都核心功能的发挥、城市竞争力的提升、城市运行和管理效率的提高。首都经济发展、城市功能与城市人口、资源、环境的矛盾越来越突出。破解首都发展长期积累的深层次矛盾和问题，加快解决北京"大城市病"，一方面需要补齐生态环境建设和城市环境治理两个短板；另一方面要从造成城市资源环境负荷过重的所有关联因素出发，产业方面需要统筹考虑总量、结构、布局，重构首都产业体系。

第二节　推动产业向“高精尖”方向战略调整的思路

一、加快由全面发展向重点突破转变，构筑创新驱动的产业发展格局

坚持有所为、有所不为，改变“大而全”的产业发展思路，主动瘦身健体，采取在若干关键领域优先发展、重点突破的方式，取得一批全球原创的科技和经济结合的创新成果，在关键点、制高点形成局部带动全局的领先优势，促进产业结构和产业内环节由中低端向高端的双重升级。

二、加快从生产制造向产品创造转变，构筑服务引领的新型产业组织

优化企业经营链条，改变传统的以生产功能为核心、以产能规模扩张为目标的增长路径，压减低附加值业务环节、低水平功能配套，着力培育产品设计、产权经营、品牌运营、资源集成等服务化业态，推动生产制造类企业向知识产权创造型、技术创新型、集成服务型企业转型。

三、加快从链式集聚向生态集群转变，构筑协同高效的资源配置体系

以提高投入产出水平为导向，改变全产业链、全供应链的产业集聚模式，优化区域资源配置机制，构建以企业为枢纽的产业创新链，围绕高端产业领域建设产业生态，促进央源、地源、外源和民源等多主体的协同创新，形成重点产业和辐射产业联动共生的生态耦合型产业集群。

四、加快从内部扩张向区域协同转变，构筑开放合作的空间支撑体系

围绕京津冀建设协同创新共同体的发展大局，发挥好北京作为产业创新辐射源的作

用，树立“由北京创造”不等于“在北京创造”的发展理念，通过产业技术交易、扩大资本运营，优先在京津冀统筹布局生产研发和制造基地，探索构建开放、共享、协作的跨区域创新协作网络，推动京津冀成为全国跨区域产业协作的典范。

第三节　北京贯彻《中国制造2025》的行动路径

深入落实国家建设制造强国战略部署和北京经济结构战略调整的内在需求，着眼于北京未来5~10年的产业发展需要，实施培育高精尖产业的“三四五八”行动计划，推动“在北京制造”向“由北京创造”转型，努力促进制造业创新发展，加快实体产业升级，使北京真正成为京津冀协同发展的增长引擎、引领中国制造由大变强的先行区域和制造业创新发展的战略高地。

一、“在北京制造”和“由北京创造”的区别

“由北京创造”是“在北京制造”的升级版，是符合“高精尖”要求的产业战略选择。“在北京制造”，是指生产基地主要布局在北京，总资产以固定资产为主且趋于重资产化，以成熟技术为主引进技术比重较高，产业链条长，形成复杂生产分工体系，产学研合作相对松散，以满足显性市场、现实需求为导向。“由北京创造”，是指生产基地在外埠或委托生产，总资产中无形资产比重高，轻资产推动大经营，以融合性技术和原创性技术为主，产业链短，聚焦关键环节和高端环节，产学研形成创新链，紧密耦合，以开辟引领新的需求为导向。二者对比具体如表11-1所示。

表11-1　“在北京制造”与“由北京创造”对比

项目	在北京制造	由北京创造
制造环节	制造环节主要布局在北京	制造环节在外埠或委托生产
资产	大规模制造、重资产化	品牌、知识产权等无形资产占比高
收入	以产品销售收入为主	制造服务收入比重提高
依赖技术	引进技术比重较高	以原始创新和集成创新为主
产业链条	产业链条全、附加值低	聚焦产业链的关键环节和价值链的高端环节
创新模式	企业内部创新	开放创新、协同创新
竞争模式	与周边城市产业同构性强、竞争激烈	新市场需求、新商业模式、新组织方式
核心环节	追求1-*N*的规模拓展	追求0-1的原创引领

二、“三四五八”行动计划内容

实施“三四五八”行动计划，具体内容包括：

“三”是指三转调整。通过“关停淘汰一批、转移疏解一批、改造升级一批”，进行分类引导，推动存量产业“转领域、转空间、转动力”，再造产业发展新势能。

“四”是指四维创新。把技术创新、组织创新、管理创新、标准创制和商业模式创新贯穿于企业发展的全过程，强化以新技术、新工艺、新模式、新业态为主要内容的“四位一体”全面创新。

“五”是指发展五类“高精尖”产品。选择适于北京研发、市场潜力大的优势领域，重点发展代表产业制高点的创新前沿产品，突破国内产业短板满足国家战略需求的关键产品，代表制造业服务化的集成服务产品，推动产业轻资产化的设计创意产品，保障基础民生需求做强北京“老字号”品牌的名优民生产品，构建“高、新、轻、智、特”产品体系，培育新的增长点。

“八”是指实施八个新产业生态专项。围绕《中国制造2025》十大重点方向，立足首都的功能定位和产业基础，选取关系制造业未来发展主导权的八个重点领域，按照“实施一个专项、打造一个生态，主导一个产业”的要求，构建新型产业生态系统，推动产业开放式对接、跨领域融合、高端化发展。

三、“三四五八”的内涵

（一）“三转调整”的关停、转移、升级解决了存量产业、企业的存留、取舍调整问题

加快结构调整的核心内容是转动力。人口、资源、环境是北京产业发展的硬约束，尤其是当前北京工业发展已经触及生态、资源、环境的天花板，未来发展面临空间、水资源、排放等多方面指标的制约，亟须推动发展动力的转换，由过去依靠基础资源要素、简单劳动投入、产能规模扩张的粗放式发展模式向依靠智力投入、依靠创新驱动的集约型发展模式转变。对于现有的符合首都功能定位的产业，可以通过技术改造、产业融合等方式加快产业提升。制定重点产业技术改造投资指南和重点项目导向计划，围绕优势行业、高端产品、关键环节，组织企业进行机器换人、能效提升、清洁生产、节水治污、循环利用等专项技术改造，改变资源利用方式，提高资源配置效率。对现有产业集聚区，可以按照新型工业化示范基地建设要求进行改造提升，引导全市各类开发区和产业基地按照国家级新型工业化产业示范基地标准进行提升，提高土地集约利用效率和绿色发展水平，强化产品设计、产权经营、品牌运营、资源集成等功能配套，使市、区两级开发区达到新型工业化示范基地的建设要求，构建园区创新生

态系统，促进企业共生发展。

加快结构调整的基础支撑是转空间。产业的落地需要空间的支撑，未来北京新增产业的落地不是要带来工业用地的增加，而是要按照疏解非首都核心功能的要求，结合《京津冀协同发展规划纲要》内容，通过转型升级、产业对接合作、共建合作示范园区等一系列手段，腾笼换鸟提供发展空间。未来存量企业的有序转移主要体现在两个角度，一是由工业园区外分散布局转向工业园区内集中布局，2014年，北京市级及以上工业开发区实现总产值10 841.7亿元，占全市工业总产值的58.8%，开发区以较少的用地贡献了大部分的工业产出，产出效益相对较高。针对这种情况，未来要积极引导推动全市可继续保留的高端制造业转移到产业开发区中，整合工业用地，以中关村示范区“一区十六园”和国家级、市级产业开发区为主体，统筹打造产业创新发展新格局。在提高土地的使用效率、环境保护水平的同时，也确保为企业提供更加优质的服务。二是对于在京不具有比较优势的一般制造业和部分高端制造业制造环节，应结合《京津冀协同发展规划纲要》的相关内容，积极与津冀进行产业合作对接，有序推进北京不具备比较优势的制造企业转移到津冀地区布局，通过与津冀合作共建一批产业转移示范园区的方式，落实产业发展空间，腾出空间资源承载高精尖产业落地。在具体的载体建设上，北京市未来将以北京（曹妃甸）现代产业发展试验区等合作园区为重点，落实产业项目，使其成为京津冀产业协同创新发展率先突破的示范区。

加快结构调整的重要任务是转领域。可持续发展、绿色发展是世界未来制造业发展的趋势，国务院印发的《中国制造2025》也将“绿色制造工程”作为重点实施的五大工程之一，部署全面推行绿色制造，努力构建高效、清洁、低碳、循环的绿色制造体系。“十二五”以来，北京市大力推进工业领域“三高”企业退出、压减燃煤等相关工作，取得显著成效，首钢、北新建材等一批高耗能企业整体搬迁转移，一批高耗能、高污染行业逐步调整退出。在经济发展新常态下，伴随土地、水等资源约束日益趋紧，北京应继续通过制定淘汰退出目录、完善淘汰退出机制、强化淘汰退出手段等系统化措施，淘汰一批不符合北京产业发展定位、资源占用大产出少的落后产能，对镇村产业聚集区采取综合手段进行治理，淘汰退出小、散、乱的企业。同时针对城市中心区产业疏解的实际需求，要引导市属国企在疏解非首都功能中发挥示范带头作用，盘活市属国有工业企业低效用地，将腾退的空间转换配置高精尖产业领域的新兴企业和重点项目。同时紧抓制造业服务化的发展趋势，着力推动二、三产业融合，积极培育面向制造业的信息技术服务，大力发展消耗低、聚人少的生产性服务业，构建高精尖产业新体系。

（二）“四维创新”盘活存量、做精增量

新技术是推动制造业发展的灵魂。当前，机器人技术、人工智能、3D打印和新型材料等新技术正在引发一场新的工业革命，它将改变制造商品的方式，并改变全球制造业的格局。麦肯锡认为移动互联网、工作自动化、物联网、云计算技术、先进机器人、自

动汽车、下一代基因组、储能技术、3D打印技术、先进材料、先进的油气勘探开采、可再生能源12个颠覆性的技术将成为影响将来经济社会发展的核心技术。技术创新的重点方向如表11-2所示。

表11-2　技术创新的重点方向

创新方向	重点领域	主要内容	重点方向	目标
新技术	新一代信息技术	通过新一代信息技术的开发和应用，实现信息与物理的融合，以智能产品带动产品附加值提升，延伸产品价值	汽车、消费电子、装备、医疗器械等行业的产品进行技术改造	完成主导产品向高端化、服务化、智能化的升级
	先进材料技术	通过广泛应用纳米等新型材料，赋予产品新的属性和价值，提升产品的性能和质量	对储能装置、医疗设备、关键零部件等产品技术改造	实现主导产品的环境友好、高质高端升级
	生命科学	通过基因诊疗技术、快速疾病诊断等先进技术的应用，满足精准医疗的需求，提升产品代级	对生物制药、医疗设备等产品技术改造	实现主导产品的升级换代

新工艺是推动制造业发展的突破口。制造业工艺创新多指一个新的或显著改进了的生产工艺在商品化的生产中得到应用，或对新的或重大改进的生产方式的采用，并会引起设备、生产组织变化等系列变化。先进的生产工艺是制造业产品高质量、高标准、高竞争力的基础保证，利用新技术改造传统设备和生产工艺是提高制造业国际竞争力的根本途径。信息技术与传统制造技术相结合，带动了企业设计、生产、经营管理的自动化和数字化，促进了制造业资源在全球范围内的流动和优化配置，工艺创新也趋于向智能化工艺改造、绿色工艺再制造和增材式制造工艺创新发展。智能化工艺主是以加快新一代信息技术与制造业深度融合为主线，推广面向产品全生命周期的信息感知、优化决策、执行控制的制造体系。绿色工艺主要是通过研发和推广应用节能环保工艺和装备，构建高效、清洁、低碳和循环的绿色制造体系。增材制造工艺主要是推广成熟的增材制造工艺，扩大增材制造的应用范围，从而增强产品的竞争力。工艺创新的重点方向如表11-3所示。

表11-3　工艺创新的重点方向

创新方向	具体领域	主要内容	行动重点	升级目标
新工艺	智能制造	以加快新一代信息技术与制造业深度融合为主线，推广面向产品全生命周期的信息感知、优化决策、执行控制的制造体系	以电子信息、汽车、装备、制药、新材料等行业为重点，改造传统生产线，建设智能示范工厂	基本实现数字化生产，部分领先企业实现智能制造
新工艺	绿色制造	通过研发和推广应用节能环保工艺和装备，构建高效、清洁、低碳和循环的绿色制造体系	以石化、汽车、电子信息、食品饮料等行业为重点，实施生态化设计和技术改造	实现全市制造业的绿色节能达标和全面清洁生产
	增材制造	推广成熟的增材制造工艺，扩大增材制造的应用范围，增强产品的竞争力	创意产品、关键装备部件、医疗器械等领域全面应用增材制造	成为增材制造技术应用和研制中心

在加大新工艺开发推广中，重点关注三个方面：一是联合建设一批关键共性基础工艺研究机构，加强工艺创新的研发队伍建设。二是面向传统制造业绿色化、智能化的升级改造需求，开展工艺技术转移和对外辐射服务。三是强化设计对创新的支撑作用，整合工业、文化、科技等领域优势设计资源，打造“北京设计”品牌。

新模式是推动制造业发展的载体。随着云计算、互联网等技术的快速发展，敏捷制造、网络化制造和面向服务的制造、云制造、分布式制造等一系列先进的制造模式应运而生。在制造业模式多变化的大背景下，北京更应该关注如何利用好新的制造模式优化配置相关的资源，打破原先垂直分布的产业链及价值链，实现资源的重新高效组合，以带动和促进整个区域乃至整个国家制造业发展模式的转变和升级。从生产技术资源配置方式、生产组织资源配置方式和生产空间资源配置方式三个维度来看，应该重点突出“互联网+”协同制造模式、生产外包模式和分布式制造模式。模式创新的重点方向如表11-4所示。

表11-4　模式创新的重点方向

创新方向	具体领域	主要内容	行动重点	升级目标
新模式	“互联网+”协同制造	以建设集产品设计、产品管理和供应链于一体的云平台为中心，推广网络化协同制造和服务型制造	在智能硬件、汽车、医疗器械等产业，建设一批网络协同制造公共服务平台，推动母子工厂建设	形成一批云制造示范，形成基于消费导向的逆向组织模式
	生产外包	推动企业转型产品设计和品牌销售，强化供应链管理，生产制造环节全部委托代工企业生产	在电子信息、自动化装备、都市工业等领域，推动企业优化业务布局和组织转型	基本完成劳动密集型、依靠人工的组装生产线外迁转移
	分布式制造	推动以3D打印和大数据为基础的制造模式革新，建设众包平台，推广分布式网络制造系统	在智能硬件、都市工业等领域，组织建设社区化工坊、微工厂，建立新型生产消费关系	形成一批分布式制造示范典型示范

新业态激发制造业再造重生。随着互联网在制造业各领域深入渗透，以互联网为基础的新业态密集涌现，如在移动通信、卫星定位等技术发展之后，汽车服务带动出导航、车载信息、车联网等新增值服务；移动互联网领域随着移动终端的普及推出位置服务应用；社会经济领域海量数据挖掘分析形成大数据应用服务，互联网企业介入银行核心业务形成互联网金融等。在利用新业态优化产业组织的进程中，鼓励企业通过制造企业“裂变”专业优势、延伸产业链条、开展跨界合作等方式，构筑服务型制造经营体系。当前的主要着力点，一是可以通过推动互联网与制造业的深度融合来培育和壮大新业态。二是应该大力发展生产性服务业，积极培育面向制造业的信息技术服务。三是重点向市级和重点区县的工业开发区导入一系列新业态。业态创新的重点方向如表11-5所示。

表11-5 业态创新的重点方向

创新方向	具体领域	主要内容	重点方向	升级目标
新业态	服务化制造	大力发展研发、设计等生产性服务业，拓展产品收入模型，形成以增值服务为主营收入的经营模式	在汽车、环保装备、工程装备等领域推广服务化模式	主导企业的服务业收入比重超过50%
	平台化经营	以硬件产品为核心，搭建服务平台，形成产业生态圈，建立服务运营能力	推广互联网平台、电子商务平台、移动终端产品、智能硬件产品等多种模式	形成10个左右全国领先的平台生态圈
	个性化定制	利用互联网和大数据能力，对设计研发、生产制造和供应链管理等关键环节进行柔性化改造，发展可批量化的定制生产，满足高附加值的个性化需求	在服装、工艺美术、家居、电子消费品等领域，推广个性化定制	形成一批定制服务的示范企业

（三）“五类高精尖产品”引导高精尖产业发展

产品创造是避免产业“空心化”的重要支撑。产业空心化是指经济资源和经营要素的流动与社会生产能力发展的不适应，而造成的物质生产与非物质生产比例严重失衡。随着科学技术的进步与全球经济发展，产业空心化已经不再是发达国家特有的问题，不断衰退的实体经济，以及加剧膨胀的虚拟经济导致部分发展中国家也陷入了“产业空心化”的泥沼。究其原因，一方面是制造业成本优势在不断丧失，另一方面是企业相对薄弱的创新能力，拿不出有竞争力的原创产品，无法真正参与国际高端制造的市场竞争。提升企业竞争力的核心是产品创造，只有不断加强新技术的研发和产品创新，才能在发达国家高端制造回流与中低收入国家争夺中低端制造转移的“双向挤压”下突破重围，实现制造业的转型升级和创新发展。

产品创造是推动产业转型升级的关键环节。产业转型升级是应对经济下行压力，适应经济发展新常态的必然选择，其核心在于增强产品创造能力。一方面，增强产品创造能力，能够遏制低端制造企业在同一技术水准的投资过度，迫使过多“同质性”竞争集中的企业改变经济增长对生产要素低成本比较优势的过度依赖，构造由比较优势向竞争优势转换的新动力，走技术创新、集约经营的转型升级之路。另一方面，以产品创造为突破口，可以较早建立与新产品生产相适应的企业核心能力，尤其在产业关键领域和前沿领域掌握具有自主知识产权的核心技术，形成更高层次上的比较竞争优势，引导产业持续向更高层次的形态发展。

重点发展五类高精尖产品。引导市场重点发展创新前沿、关键核心、集成服务、设计创意、名优民生五类北京具有创新优势、产业基础和需求热点的高精尖产品。创新前沿产品聚焦新一代信息技术、智能制造、生命科学、精准医疗、清洁能源等创新前沿领域，关注国际科技创新的前沿技术领域，率先布局、加快突破，发展国际领先的创新性产品。关键产品发展重点是聚焦产业链的薄弱环节和制约国家经济社会发展中的关键问题，突破一批制约我国产业发展的“短板”技术和产品；落实工业强基工程，重点发展核心基础零部件和关键基础材料。集成服务产品发展重点是面向智慧城市、航空航天、轨道交通、医疗健康等成套性强、带动力大、影响面广的国际国内市场，利用存量设施建立一批从事技术集成、熟化和工程化的中试基地，大力发展以终端和整机产品系统设计和集成服务为核心的产品。设计创意产品发展重点是顺应市场需求和现代生活方式，将文化资源优势和工业遗产资源有机结合，融入传统文化和现代时尚元素，突出传统文化内涵与现代信息技术、材料技术等相结合，强调以多种手段提升设计和创意服务等综合能力。名优民生产品发展重点是根据保障首都运行、服务民生的要求，主要围绕城市应急、社会公共品、环境治理服务以及居民服务等领域，适度发展北京市空白、市场切实需要、符合首都资源环境要求的产品，提升改造和发展一批名牌、优质的民生产品。

（四）“八个专项”引导多个市场主体开展协同创新行动

遴选具有比较优势的细分领域作为主攻方向。围绕《中国制造2025》、战略性新兴产业发展规划等确定的重点方向，立足首都的功能定位和产业基础，聚焦到可以形成产业主导权的具体产业上。新一代信息技术产业是推动产业变革的主要领域，北京有基础条件重点发展集成电路、自主可控信息系统、云计算与大数据、新一代移动互联网四个细分领域。在节能与新能源汽车、高档数控机床与机器人、航空航天装备、生物医药与高性能医疗器械等领域，突出北京在新能源智能汽车、智能制造系统和服务、新一代健康服务、通用航空与卫星应用等细分领域的创新优势，安排产业专项。

围绕主攻方向推动细分领域突破发展。新能源智能汽车，重点攻克电池、电机核心技术，加强电控系统开发，到“十三五”期末，支撑全国新能源汽车产业升级。集成电路，核心是集中资源对移动通信芯片、CPU芯片、存储器芯片、电力电子工控/驱动芯片、传感器芯片五大类主要产品进行重点突破，加快提升制造和设计能力、攻克14纳米工艺。智能制造系统和服务，重点是发展传感器、智能仪控系统等核心装置和高档数控机床、机器人、3D打印设备、仿真模拟等高端智能装备，提升智能制造系统的集成服务能力。自主可控信息系统，主要是考虑国家信息安全需要和行业发展需求，加快发展自主可控信息系统和安全云服务，形成软硬件一体化的自主产品体系。云计算与大数据，重点是实施“祥云工程”升级版，建设战略性公有云平台，保持产业领先优势，同时加快人工智能等大数据应用技术开发，打通云计算、大数据协同创新应用的壁垒。新一代移动互联网，核心是打造自主移动互联网平台，推动关键元器件实现进口替代，实现操作系统与国产芯片的协同。新一代健康服务，核心是发展基于基因工程的重大疾病预防、诊断等产品，加快推动新型药物、生物医学工程及基因检测技术等前沿创新成果的产业化，开发推广基于“互联网+”的健康服务体系。通用航空与卫星应用，主要以冬奥会需求为契机，在无人机、小型商务机、特种机等方面加快突破，攻克直升机所使用的发动机；发展以北斗为代表的卫星地面设备和卫星应用服务。

把握产业演进趋势建设产业生态系统。通过实施专项，驱动高端制造和高端服务跨领域、开放式、融合化创新，重塑产业链、创新链、服务链、组织链和区域链，构建新型产业生态系统。具体模式有：打造圈层式合作生态，以软件赋能专项重大应用的智能和动能，形成大应用带动大产业、大产业带动大创新、大创新驱动更高层级应用的良性循环发展。构建龙头企业带动中小企业发展的产业组织生态，推动在重大专项实施中行业龙头企业和软件平台型企业互动协作、牵手对接，形成大企业对接大企业、大企业牵引小企业发展的新型组织生态。建设产业创新集群生态，以专项实施集聚创新要素资源，形成优势载体辐射更大区域，更大区域带动更大应用的延伸发展新空间，如推进闲置工业厂房转型发展创客空间，加快推进开发区向产城融合的新园区升级发展等。

创新发展篇

第十二章 《北京技术创新行动计划（2014—2017年）》助推首都经济社会创新发展[①]

内容概要：《北京技术创新行动计划（2014—2017年）》是北京市深入实施创新驱动发展战略的重要举措。该行动计划紧紧围绕国家重大战略需求和首都城市战略定位，聚焦解决首都技术创新薄弱环节，以实施两类共12个重大专项为重要抓手，为推动首都城市可持续发展和服务民生重大需求提供科技支撑。计划实施两年来，在强化技术供给的基础上，通过实施首都蓝天行动、生态环境建设与环保产业发展、城市精细化管理与应急保障、食品质量安全保障、重大疾病科技攻关与管理等专项，有力地支撑了“大城市病”治理，提高了城市精细化管理，实现了科技民生。在强化技术引领的基础上，推动产业转型升级、高端发展，支撑构建“高精尖”经济结构。该行动计划取得的阶段性进展，为推动首都经济社会创新发展提供了重要的科技支撑。

自2014年4月北京市政府印发《北京技术创新行动计划（2014—2017年）》以来，在行动计划领导小组的统筹协调下，市科委会同市相关部门、各区政府，落实责任分工，扎实推进实施两类共12个重大专项。行动计划取得了阶段性进展。

第一节 强化技术供给，有效支撑“大城市病”治理和民生重大需求

一、首都蓝天行动专项

（1）开展大气污染防治。支持建设空气质量预报业务平台，实现了空气质量预报业务的信息化和自动化。组建环北京区域雾霾预警系统，提供雾霾天气预报预警信息。组织开展大气环境$PM_{2.5}$污染现状及成因研究，确定了北京市$PM_{2.5}$的主要污染源。组织开发锅炉烟气排放源$PM_{2.5}$监测等监测设备并实现产业化应用，部分设备将替代国外进口。推广应用重点污染物排放控制技术和产品，实现烟气脱硝效率大于90%，在亦庄建

① 本章由北京市科学技术委员会相关处室参与共同完成。

成了年产1 500立方米的低温脱硝催化剂生产线。开发碳吸附油气回收系统，油气回收效率达95%~98%，实现加油站、储油库等场所的挥发油气高效率回收，以及工业喷涂废气VOCs（volatile organic compounds，即挥发性有机化合物）脱除效率95%以上。静态清灰袋式除尘技术实现产业化，并在全国38项电厂烟气除尘工程上成功应用，达到了15毫克每标准立方米的超低排放。建成首个餐饮油烟在线监测与管理系统，对石景山区、西城区餐饮企业实现在线监测管理。与津冀联动承担国家科技支撑项目“京津冀大气污染联防联控支撑技术研发与应用”。征集200余项成熟技术和产品，并向社会发布。评选23项首都蓝天示范工程，以后补贴方式进行支持，示范工程总投资达8.4亿元。推动成立“京津冀钢铁行业节能减排产业技术创新联盟”，整合产学研用创新主体80余家，正在推动迁安钢铁行业整体改造。

（2）推进能源清洁高效利用。推广应用农村燃煤替代技术，建成车载小型集成式撬装CNG（compressed natural gas，即压缩天然气）减压供气站，实现了远郊区农村燃气集中供应。实施“首都生物燃气产业科技示范工程”，建设了生物燃气智能控制和生物质物料调配两大平台，实现了对北京市沼气工程生产数据的实时采集、监控、预警，以及生物质原料的高效收集、供应、调度“云服务”。

（3）推广应用新能源和清洁能源汽车。截至2015年年底，北京市纯电动汽车共有154款车型取得工业和信息化部（简称工信部）新能源汽车产品公告，基本实现车型全覆盖，可支撑公交、出租、环卫、物流、租赁及私人等多领域示范；累计推广纯电动汽车3.59万辆，推广规模全国第一。以整车为龙头，推进大兴采育新能源汽车科技产业园、昌平新能源汽车设计制造产业基地、房山长安新能源汽车产业基地建设，初步建成国内重要的电动汽车产业聚集地，整车设计产能达到10万辆。制订实施《北京电动汽车推广应用行动计划（2014—2017年）》，形成私人购买新能源汽车完整政策体系。

二、生态环境建设与环保产业发展专项

（1）推进水资源保护与利用。保障南调水顺利进京，建设18处自动监测网点，形成“进京”“进城”“进厂”三道防线，建设生态敏感指标体系，实时监控主要水质指标动态变化。推动水处理产业发展，在北京等8个省（自治区、直辖市）的12座污水处理项目中推广应用水处理技术，总处理能力达到45万吨/日。研制再生水重金属、非常规有机污染物去除装置，每天可为北京市生产38万吨高品质再生水。开发集成浮动岛生态净水厂，实现利用再生水的河湖水质达到地表Ⅳ类水标准，每年可生产约1 000万立方米优质再生水。

（2）推动固废资源化利用。建设垃圾处理技术创新服务平台，已在50个生活垃圾处理工程中应用，垃圾分选效率达91%，垃圾填埋气整体利用率达75%。国内首个垃圾焚烧炉渣干法分选示范工程落户北京市鲁家山循环经济（静脉产业）基地，可实现炉渣

中铁的选出率 > 90%，有色金属选出率 > 80%。建设废旧商品智慧回收服务管理平台，服务覆盖100万人口以上，预计减少回收企业人工成本60%、物流成本40%。

（3）提升生态功能。在密云水库开展水源保护林改造工程，建设5 000亩的改造区，形成多林种、多树种、多层次、多功能的稳定群落结构。成立污染场地修复科技创新联盟，从企业培育、技术创新、标准提升等方面培育污染场地产业发展。

三、城市精细化管理与应急保障专项

（1）提升城市运行效率。支持研制基于车联网技术的公交车载智能终端，搭建公共交通动态出行信息服务系统，开发终端软件“北京实时公交”并向社会免费发布，已在高德地图应用。覆盖550条示范线路，实现精准的公交车辆到站距离和到站时间查询，为下一步实现北京市公交系统车载定位系统全覆盖、北京城区公交线路手机电子站牌全覆盖奠定了基础。支持建成公租自行车信息服务和诱导系统，实现北京市范围700多个自行车网点、2万多个锁车器设备的动态信息服务。开发自适应多功能交通信号控制机，可对多源交通数据进行实时采集和智能分析，已在大连南部滨海大道东端桥隧建设工程交通监控工程进行推广应用50台，并获得2015年中国智能交通协会科学技术一等奖。

（2）支撑保障城市管理重点领域运行安全。支持城市轨道交通运行安全相关的技术开发、系统集成与示范应用，并引导铁路成熟技术向城轨领域转移。持续支持形成的CBTC，可将发车间隔缩短到90秒，已在北京地铁亦庄线、昌平线、14号线、7号线，重庆地铁3号线，大连线等线路使用，交控科技已取得国内市场新招标线路的30%份额。基于CBTC的基础，掌握全自动驾驶关键技术，首先应用于北京地铁燕房线，后续多条地铁线也将采用自主化全自动驾驶。组织国内主要CBTC信号系统厂商，开发可用于跨线运行的CBTC信号系统，成果已中标重庆轨道交通5号线、10号线和环线的互联互通项目。支持在京央企研制自主化地铁高效钢轨铣磨车，性能达到国际先进水平，并以国外产品50%的价格中标北京地铁14号线。开发城轨车辆走行部车载故障在线实时诊断系统，实现了对车辆走行部轮对、轴承、齿轮和转向架等关键机械部件的有效监测、诊断、预警和报警，对影响行车安全严重故障的诊断准确率高于95%，已在北京、上海、广州、深圳共计33条城市轨道交通线路应用。

（3）应急救援产业布局逐步清晰。丰台应急产业基地入选首批国家应急产业示范基地。推动成立应急救援产业技术创新战略联盟，并入选科技部国家试点联盟。联盟覆盖了政、产、学、研、军相关单位，并先后承担科技部、工信部、民政部等8项产业研究、编制标准、目录制定等任务，逐渐成为国家应急部门的有效支撑力量。瞄准城市火灾、危险化学品防控和处置、安全监测预警等不同应急需求，研发形成一批新产品、新技术，显著提升应急救援能力。

四、食品质量安全保障专项

（1）支撑保障农产品源头安全。推动食用农产品标准化基地创建及升级改造，建立京津冀“菜篮子”基地350万亩。开发新型高效安全投入品新产品55余种，其中22种实现产业化，推动亩均化肥施用量降低30%，实现生物农药用量达到25%。开展农资安全投入品套餐服务与示范，累计推广应用面积11.2万亩，辐射面积21万亩，保障北京市农资供应主渠道100%安全、可靠、低成本供应。

（2）加强食品加工环节安全控制。支持成立中粮营养健康研究院和“国家母婴乳品健康工程技术研究中心”等一批企业研发机构，打造企业创新引擎。开发全麦粉、中温和发酵肉制品、婴儿乳粉等优质营养健康产品12种，形成相关技术规程、标准、专利等43项以上，推动实现80%以上的规模农产品加工企业通过ISO（International Organization for Standardization，即国际标准化组织）、HACCP（hazard analysis critical control point，即危害分析和关键控制点）体系认证。

（3）强化农产品物流安全保障。支持食品冷链物流关键技术研发与示范，提高了农产品在流通环节质量监管水平；支持安全蔬菜社区直供物流配送模式创新，为200个规模以上社区提供安全蔬菜配送服务，实现蔬菜零售价格平均降低10%~15%。重点在新发地、顺鑫石门批发市场、规模社区等集成应用配套技术，强化了批发市场食品质量检测监控能力；建立分割猪肉、乳制品食品安全追溯信息管理平台，初步实现北京市肉制品、乳制品等食品的安全可追溯。

（4）提高食品质量安全检测效率。搭建检测装备研发与协同应用平台、食品安全检测与防控技术研发平台和食品安全智慧监管信息化平台三大平台，有效提高食品安全检测监测科技支撑能力和监管效率。建立食品中危害物质筛查谱库，涵盖农药残留、非法添加物、环境污染物、生物毒素、重金属等近3 000种危害物质，实现对多类食品中风险危害物质的快速筛查鉴别。开发具有自主知识产权的无损快速检测设备、多指标分析检测设备等15种仪器设备，显著提升了北京市食品安全应急筛查和食品安全监管的科技支撑水平，初步实现首都食品安全检测与监测全覆盖。

五、重大疾病科技攻关与管理专项

（1）搭建十大疾病领域科技支撑体系，建成了由149家各级医疗机构组成的研究示范网络。遵循国际标准，在全国率先启动建设“十大疾病临床数据库和样本库”，现已收集病例8万余例，采集标本12万余份，入库样本62万余份（包括全血、组织、菌株、细胞、DNA等多种样本），可为疾病诊疗新技术和新方法研究、新药研发与评价提供大量、高质量的原始性创新资源、基础资源和技术支撑。形成20余项国际有影响力的创新性成果，研发300余项新技术、新方法，共制定136项诊疗技术规范和标准，其中55项上升为国家行业标准、指南和规范；筛选170项科技成果共向5 000家（次）医疗机构推广，其中基层医疗机构占推广机构数量的50%以上，培训医师15 000人次。10项研究成果转化成政策或为制定政策提供了理论依据。此外，十大疾病11家牵头单位中有6家成为国家临床医学研究中心。

（2）突破临床技术难题，促进创新成果惠民益民。病毒性肝炎领域，制定了我国慢性乙肝患者纤维化的诊断界值，纳入《中国慢乙肝防治指南解读（2010年更新版）》，为今后临床诊断乙肝纤维化提供了充足的科学依据。艾滋病领域，建立了我国首个大规模的MSM（men who have sex with men，即男男同性恋）高危人群动态随访队列及世界最大最全面的HIV（human immunodeficiency virus，即人类免疫缺陷病毒）急性期感染者队列，研发了用于HIV感染的核酸集合检测方法，使检测成本从每份1 000元降低至20元。心血管疾病领域，搭建北京市急性心梗信息监测平台，制订适合我国国情的《重症冠心病外科治疗策略》共识方案。脑血管疾病领域，制定"缺血性脑卒中诊断和诊疗质量控制规范"并成为国家卫生和计划生育委员会推荐性行业标准。全世界首次证明"双重抗血小板治疗"优化治疗方案将非致残性脑血管病早期卒中复发风险减少32%，且不增加出血风险，突破了国际脑血管疾病循症医学指南观点，研究成果被美国心脏病协会/美国卒中协会（American Heart Association/American College of Cardiology，AHA/ASA）2014年版《缺血性脑血管病二级预防指南》引用。恶性肿瘤领域，首次采用全新作用机制的化疗药物治疗T细胞淋巴瘤，创立了T细胞淋巴瘤新的化疗方案，被国际上最权威的肿瘤学治疗指南——美国国家综合癌症网络肿瘤学临床实践指南2014年版采用。

围绕结构生物学、生物芯片、干细胞与组织工程等生命科学领域十大前沿技术方向，以"高端人才+战略前沿方向"的组织模式布局一批基础性应用研究。支持600项首都临床特色创新性研究，研究领域基本涵盖了严重威胁市民健康的常见病和多发病，一批新技术、新方法达到国际先进水平，并为首都临床研究人才梯队的建设培养了大批高素质的骨干人才和潜质优良的后备队伍。

第二节 强化技术引领，为经济结构"高精尖"转型提供新动能

一、新一代移动通信技术突破及产业发展专项

（1）开展芯片、终端与系统设备研发与产业化。在核心芯片研发与应用方面，基于自主基带处理器IP核，成功研制4G小型基站基带芯片并提供完整软硬件解决方案。基于自主CPU内核研制出国内首款超低功耗移动处理器芯片；在智能终端研发和产业化方面，构建了从芯片、模块、方案、智能硬件、APP到云服务的完善的生态系统，成功推出了国内第一款智能手表和第一款智能眼镜解决方案。在新型显示关键器件研发方面，

研发完成4.8英寸柔性AMOLED样机，产品性能达到国际水平。在移动通信、云计算与大数据系统设备研发及产业化方面，完成支持空天地一体化通信的超级基站设备原型机研制。

（2）拓展移动通信与互联网应用服务。开发面向中小银行的大数据营销分析平台，已应用在国家开发银行、重庆银行等十多家银行。基于大数据技术开发车险反欺诈平台，已实现在中国平安等多家保险公司的示范应用。面向中型传统企业的电子商务大数据服务平台，帮助商家实现基于数据驱动的精细化运营。开展以北斗导航为主的空天信息应用服务，研制了全球首款55纳米北斗/GPS导航型低功耗芯片和55纳米全系统高精度卫星定位芯片，并基于芯片推出了一系列模块、板卡、接收机、IP核等多款产品。目前，产品已经在全国地基增强网、北京市驾考系统以及长安、江淮、东风启辰等多款车载前装市场批量应用。

（3）提前布局脑认知与类脑计算，设立“脑科学研究”专项，发布《北京市科学技术委员会“脑科学研究”专项实施方案》（京科发〔2015〕416 号），并提前在大脑解析仿真平台、认知功能模拟平台、机器学习处理器、类脑处理器等几个重要方面开展项目布局。

二、数字化制造技术创新及产业培育专项

（1）推动3D打印发展。一是金属复杂构件已突破关键核心技术。研究成果初步实现工程化应用，激光增材制造成套工业装备共计制造10余种规格、100余件大型关键钛合金构件，交付重点型号工程应用。多种型号装备关键构件制造周期由3~6月缩短到3~20天。二是国内首个3D打印人工髋关节产品获得国家食品药品监督管理总局（简称国家食药总局）注册批准，将在临床中推广使用。运用细胞3D打印技术，在世界上首次构建出Hela细胞（一种子宫颈癌细胞）的体外3D肿瘤模型，对肿瘤学研究、癌症个性化治疗和抗癌药物研发等会产生重要促进作用。三是自主研制国内首个彩色3D打印机，与同类进口设备相比，可节省成本50%以上。

（2）前瞻布局智能机器人。一是具有自主知识产权智能助残肢体实现产业化；面向老年人群的智能床椅一体化服务机器人在四季青镇养老院试用；北理工等单位研发成功具有国际领先水平的仿人机器人和医用诊疗机器人。二是突破高速重载柔性控制、模块化设计等搬运机器人的核心技术，开发出拥有自主核心技术的高速重载搬运机器人和智能工厂物流自动化成套设备解决方案，已成功应用于食品、饲料、电子制造等行业。三是积极引导北京制造业转型升级，如推进从原来单纯的研制机器人整机、以卖整机的形式转向形成EPA（Ethernet for plant automation，即以太网工厂自动化）的整线集成服务模式，提高企业盈利能力以及在产业链中的控制力，推动北京制造业向服务业转型。

（3）推动数控机床国产化。一是支持高档数控机床整机研制、高档数控系统以及关键功能部件研发、行业共性技术研究等。二是采用国产关键功能部件，研制出高效双

龙门专用装备，并已成功应用，获原铁道部好评。研制0.5微米级主轴类零件精密磨削设备，获行业公认的权威奖项，并首次应用于集成电路领域。

三、生物医药产业跨越发展专项

推动实现创新成果从前沿技术探索、关键技术攻关、样品样机研发、临床试验验证、产品注册投产、生产技术升级各个阶段的全链条衔接和覆盖。与解放军总后勤部卫生部《共同推进医学科技创新战略合作协议》，组织北京生物医药企业与军队医疗机构共同建立“北京市创新医疗产品临床评价应用基地”，推动军民两用技术成果军地双向对接转化，首批筛选出6类示范应用新产品，推动国产高端创新医疗器械进一步扩大临床应用。引导20余家金融机构为247家北京生物医药企业累计发放贷款200亿元。整合北京市50余家临床药理基地，搭建临床CRO平台，引导激励优先承接北京创新品种临床研究。累计服务北京企业临床合同1 887项，服务金额2.9亿元，年均增长10%和15%，促进了产业与临床合作。

2015年，北京生物医药产业实现销售收入（不含商业）近1 300亿元，是“十一五”末产业规模的三倍，“十二五”期间年均增速16%，销售利润率始终全国第一；医药工业增加值上升至北京第二位。“十二五”期间，北京取得一类新药和创新生物制品的临床批件22个，获得药品和医疗器械生产批件300余个，年销售额10亿元大品种8个，5亿~10亿元品种17个。南部医药高端制造基地和北部研发创新中心对北京市医药产业的贡献度达到80%，产业集聚优势明显、特色突出。

四、轨道交通产业发展专项

（1）轨道交通科技创新体系全面建设发展。一是国家级产业创新基地形成。丰台区获得科技部国家轨道交通高新技术产业化基地、国家创新型产业集群试点称号。二是工程中心、重点实验室布局更加完善。布局轨道交通市级工程中心、重点实验室27个，实现装备制造、通信信号、工程施工、安全运营等主要领域全覆盖。三是央地合作新模式推动产业转型升级和协同发展。市科委与中国中车商谈合作共建，在京建设中车创新平台，探索创新市财政科技经费管理机制和模式，联合出资支持轨道交通前沿、共性技术研究。与中国铁建、房山区联合推动，建设面向国内和国外铁路养护机械装备、工程施工装备系统集成、展示、销售、服务和合作的国际化平台，项目投资14亿元。

（2）形成一批技术引领和产业带动作用强的创新成果。面向北京市、外省市、国外市场需求的技术研发、产品研制、系统集成、工程示范、推广应用和服务模式创新，支持高速铁路列控系统、铁路机车车载安全防护系统、大功率和谐机车整车动态检测系统等一批产业化、工程化应用的创新项目。创新成果涵盖铁路、城轨技术领域，覆盖央企、市企、民企、高校院所。

（3）央企在北京市轨道交通产业带动作用增强。一是科技型央企技术优势转化为产业优势。发挥中国铁道科学研究院综合科研和技术顶层设计机构的作用，支持的铁路机车车载安全防护系统研制，在永丰基地形成核心部件生产及产品总装检测能力。发挥中国铁路通信信号集团公司（简称中国通号集团）在铁路通信信号技术方面的领跑优势，及时支持其研制市场需求量更大的列控产品。二是央企制造业提质增效。支持南车二七厂研制80吨铁路货车，保持铁路货运重载化领先优势。支持北车二七厂发挥内燃机车技术优势，研发关联技术产品——大型矿用运输车，拓展产品面。支持南口机械公司结合企业技术改造，研制大排量螺杆压缩机，已成为企业支柱产品。支持房山桥梁厂引进生产线，研发时速350千米的高铁岔枕规模化精度控制技术，提高产品质量和等级，同时减少粉尘排放、噪声污染。三是工程施工和技术服务优势扩大。发挥中国铁建、中国中铁具有工程总承包资质，勘察、设计、监理、咨询综合实力强，融资、商务、运行能力全面的优势，支持其攻克超浅埋大断面暗挖、盾构施工、桥梁测力支座等技术，使特殊工程技术成套化，形成新工法。发挥中国铁道科学研究院（简称铁科院）牵头的铁路新线联调联试系统技术和综合服务能力、电气化集团和中国通号集团的四电系统集成能力、国家铁路质检和产品认证机构的检测能力、铁路客运售票系统运维能力，共同支撑了北京轨道交通工程技术和检测试验技术成为国内甚至是世界品牌。

（4）民营企业快速成长。支持民营企业在铁路检测、监测、维修等细分领域开展新技术、新方法、新设备研发。通过对唐智科技、康拓红外、世纪东方、主导时代、铁道所、佳讯飞鸿、鼎汉科技等民营企业主营产品核心技术的不断提升，保持了其在细分领域的引领作用，成为行业标准制定的技术主导者。

（5）城轨建设和运营水平不断提高。瞄准城轨发展的新趋势，支持全自动驾驶系统、储能节能、轨枕减震、钢轨打磨等新技术新产品研发，推动燕房线实现国产化及全自动驾驶；瞄准城轨建设运营共性问题，布局了地铁通信系统仿真、车站消防应急疏散指挥、大客流监测预警等提高运营安全性技术系统研发；瞄准北京地面空间狭窄和地下空间复杂等地铁施工要求，研究精确控制地面沉降的地下工程掘进技术，支持完善富水地层冻结施工技术；瞄准多制式轨道交通发展趋势，超前启动跨座式单轨、现代有轨电车等制式城轨关键技术、自主化产品及工程应用研究；瞄准京津冀、珠三角、长三角等区域城际轨道交通即将迎来大发展的时机，提前布局通信信号标准、产品、系统集成三个层次技术研发，助力企业抢占市场先机。

五、面向未来的能源结构技术创新与辐射带动专项

能源开发与利用关键技术和核心装备攻关取得重大进展。支持油气领域勘探和开发上游产业环节技术攻关，研制出高精度测井、无线随钻系统技术和设备服务于国内外800多口油气井，打破了外国公司海外市场高端油气技术服务垄断。增强核电领域

技术服务能力，联合中核工业集团共同支持开展反应堆安全壳关键技术研究，突破“走出去”知识产权制约，支撑我国首个自主化三代核电技术出口巴基斯坦核电站项目。形成自主化核电站安全壳检测技术，打破国外垄断，获国家技术发明二等奖。围绕火电领域节能和减排关键技术发力，支持行业龙头企业牵头开展产学研合作，将燃煤电厂烟气协同超净治理技术、脱硫脱硝脱汞一体化技术等应用于京津冀地区燃煤电厂。以国家特高压输变电、智能电网等重大工程建设为契机，突破制约产业发展的核心技术和装备制造的瓶颈，研制±800千伏高压换流阀，应用于我国西电东输特高压重大工程。

结合机制创新加快推动未来科技城研发机构阶段性成果转化。高效旋风分离器原理性突破的技术成果在实际电厂进行工程化验证，有效降低燃煤电厂煤耗和污染物排放。市区联动打造能源科技产业基地，共同提升能源科技企业创新能力，提高北部研发带核心区能源科技产业集聚程度。

六、先导与优势材料创新发展专项

（1）重点布局纳米、第三代半导体材料等板块，取得一批原创性技术成果。支持清华大学范守善院士团队研发的超顺排碳纳米管材料，已应用于手机触摸屏，并在全球率先实现了碳纳米管材料的工程化应用；支持北京大学彭练矛教授研制出12纳米碳纳米管集成电路，有望开启集成电路芯片制造新纪元；“顶尖千人计划”之一、纳米能源与系统研究所首席科学家王中林院士发明的纳米发电机将对未来能源供给产生重大影响；纳米绿色制版印刷技术逐步走向商品化，引领印刷领域变革；金属富勒醇复合材料规模化制备取得突破，项目产业化实体公司落户怀柔纳米产业园；基于第三代半导体材料的LED器件光效超过160流明/瓦，处于国际先进水平；可见光通信、光定位等创新应用技术处于国际领先水平，开启智慧照明、超越照明新时代；率先在国内实现了碳化硅6英寸晶圆及碳化硅二极管的规模化生产、相关产品已投入市场；研制出氮化镓射频功率放大器，为5G移动通信做好技术储备。

（2）围绕产业链布局创新链，探索形成科技成果批量转化模式。承接院市合作，推进中科院科技成果在京转化，探索政府引导资金、社会资金和科研成果三者的有机融合。针对企业需求，以应用为牵引，对接北京市纳米科技成果。发挥企业系统工艺集成优化能力，结合企业重点业务布局，全面承接纳米科技成果产业化，提升企业创新能力和科技成果转化能力。畅通基础研究、应用研究、成果转化和产业化创新链，建设专业孵化器，对接纳米科技产业园，实现基础研究、小试、中试、产业化全链条无缝对接。

（3）建立市区、区域联动机制，推动产业集聚发展。市科委与怀柔区政府联合共建北京纳米科技产业园，出台《怀柔区鼓励扶持纳米科技领域领军人才和高级技术人才实施办法》和《怀柔区促进区域经济转型发展专项资金支持政策》。目前，已吸引46项纳米科技成果转化项目落户，总投资超过114亿元，初步形成了纳米印刷、纳米能源、碳纳米材料、纳米膜材料等板块快速集聚的发展格局。市科委与顺义区政府联合共建北京第三代半导体材料及应用联合创新基地，汇聚全球创新创业人才，以专业化、市场化、国际化的运营方式打造第三代半导体的开放式创新创业生态系统。推动纳米绿色制版等创新平台在津冀两地布局，促进产业化项目区域落地。依托京津冀三地产业技术创新联盟共建“京津冀”第三代半导体联合创新基地。

七、现代服务业创新发展专项

（1）促进科技服务业发展。发布《关于加快首都科技服务业发展的实施意见》（京政发〔2015〕25号），实施技术支撑、创业支持、优势引领、业态培育、市场拓展五项工程。2015年北京市科技服务业实现增加值1 820.6亿元，增速达14.1%。北京技术合同成交额达到3 452.6亿元，总量占全国的35.1%。累计认定北京市重点实验室、工程技术研究中心677家。首都科技条件平台累计促进首都地区743个国家级、北京市级重点实验室、工程中心的价值209亿元的4.05万台（套）仪器设备向社会开放共享。出台《首都科技创新券实施管理办法（试行）》（京财科文〔2014〕2515号），对小微企业和创业团队向高校、科研机构购买科研活动进行补贴，政策覆盖各类科研机构的重点实验室400家。深入推进国家技术转移集聚区建设，集聚区已汇集大型科技研发类企业100多家，天使投资、创业投资、信用担保等金融机构约250家，技术转移链条上下游科技服务机构约1 800家。

（2）促进科技文化融合。全面推进“设计之都”建设，累计认定北京市设计创新中心161家。中国设计红星奖成为全球首个年参评产品数量超过6 000件的设计专业奖项，参评企业覆盖韩国、美国、英国等20多个国家与地区。支持海淀区、朝阳区、石景山区建设科技文化融合服务平台，带动石景山区国家级文化和科技融合示范基地文创企业实现收入约300亿元。工程技术服务初步形成了钢铁冶金、电力工程、石化工程、建筑市政工程、电子工程、节能工程六大优势服务领域，收入过亿元的工程技术企业超过200家，在京津冀、长江经济带、一带一路等国家战略区域，开展了大量示范工程。

（3）推进科技金融创新。推动成立全国第一个科技成果转化服务“前孵化”运营平台——北京首都科技发展集团有限公司，打造从“原始创新”“知识产权”到成果应用的“前孵化”新型融资平台，帮助更多国内外具有重大价值的科技成果渡过转化“死亡谷”。出台《北京市关于推动科技金融创新支持科研机构科技成果转化和产业化的实施办法》（京金融〔2015〕80号），为金融机构扩大对科技型小微企业的融资支持提供依据。在全国率先设立北京银行中关村分行、北银消费金融公司等一批服务中小微企业的商业银行专营机构。建立“科技信贷综合服务平台”，采取贷款风险补偿等方式，引导银行业金融机构加大对科技型企业的信贷投入力度。

第十三章　北京市推动“大众创业　万众创新”的思考与实践①

内容概要：“大众创业　万众创新”是推动我国经济提质增效升级的“双引擎”之一，也是北京建设全国科技创新中心的重要支撑。本章梳理了国家及北京市关于“大众创业　万众创新”的相关政策，概括了众创空间的发展背景与历程，通过调研分析北京市创新创业的发展特点，总结了北京市在推进“大众创业　万众创新”过程中的主要工作及所取得的成绩，并结合当前存在的问题，提出推进“大众创业　万众创新”的下一步工作建议。通过促进众创空间专业化发展，为“大众创业　万众创新”提供低成本、全方位、专业化服务，释放全社会创新创业的更大活力，促进科技成果加快向现实生产力转化，增强实体经济发展新动能。

当前，中国经济发展进入新常态，经济下行压力增大，“稳增长、促改革、调结构、惠民生”任务艰巨，急需更好地发挥科技创新对释放新需求、创造新供给、培育发展新动力的作用。众创空间作为推动“大众创业　万众创新”的重要平台和载体，呈现出良好的发展态势，已经成为创新创业者的汇集地和“双创”活动的主战场。

第一节　聚焦“双创”，打造中国经济转型和增长新引擎的提出背景

“大众创业　万众创新”是中国发展历程中的一场深刻变革，是中国经济包括发展方式、发展动力、发展路径在内的全面调整。党中央、国务院高度重视“大众创业　万众创新”工作，习近平总书记、李克强总理多次对科技创新带动大众创新创业做出重要论述。自2015年以来，国务院出台了一系列政策措施，召开了多次会议专门推进“双创”工作，力度之大、范围之广、影响之深前所未有。国家层面成立了推动“双创”的部际协调机制，各地方、各部门进一步加强了对创新创业的支持力度。“大众创业　万众创新”已经成为我国一项重要战略，成为我国经济社会发展的新理念、新形态。

① 本章由北京市科学技术委员会高新技术产业化处和北京市创业孵育协会共同完成。刘晖委员和王金勇处长牵头研究，元文芳、张东玲、刘志广、闫芳参与研究。

2015年1月28日，李克强总理主持召开国务院常务会议，研究确定支持发展众创空间推进大众创新创业的政策措施，中央文件第一次提到众创空间。2月，科技部发文，指出以构建众创空间为载体，有效整合资源，集成落实政策，打造新常态下经济发展新引擎。3月5日，全国“两会”的政府工作报告中，李克强总理再次提到“大众创业　万众创新”，并将其提升到中国经济转型和保增长的“双引擎”之一的高度，显示出政府对创新创业的重视，以及创新创业对中国经济的重要意义。

2015年3月11日，国务院办公厅印发众创空间纲领性文件——《关于发展众创空间推进大众创新创业的指导意见》，国家层面首次部署发展“众创空间”，支持大众创新创业。该意见对众创空间进行了明确定义，即顺应网络时代创新创业特点和需求，通过市场化机制、专业化服务和资本化途径构建的低成本、便利化、全要素、开放式的新型创业服务平台的统称。该意见提出到2020年，要形成一批有效满足大众创新创业需求、具有较强专业化服务能力，同时又具备低成本、便利化、开放式等特点的众创空间等新型创业服务平台；培育一批天使投资人和创业投资机构，使投融资渠道更加畅通；孵化培育一大批创新型小微企业，并从中成长出能够引领未来经济发展的骨干企业，形成新的产业业态和经济增长点；创业群体高度活跃，以创业促进就业，提供更多高质量就业岗位；创新创业政策体系更加健全，服务体系更加完善，全社会创新创业文化氛围更加浓厚。

2015年3月23日，为贯彻落实国务院精神，北京市科委组织召开了北京市众创空间建设推进会。会议强调，发展众创空间，推进“大众创业　万众创新”是适应经济新常态、促进经济转型升级和培育新的经济增长点的战略举措，总体思路是：着眼变革，奠基未来，政府引导，市场为主，多元社会力量参与，整合已有创业资源和政策，研究出台新的创业支持举措，破除妨碍创业的各种障碍，建设自由宽松的创业环境，支持多样化的创业主体。鼓励大企业参与建设创业生态系统，大力发展社会化的创业服务和运营机构，鼓励建设示范性创业基地，在线平台和实体平台结合，人才创业与大众创业并举。

2015年5月7日，李克强总理到北京中关村创业大街进行专题调研。这不仅让聚集在创业大街上的“众创空间”们欢欣鼓舞，也使得中国无数从事与创业相关的人群倍感振奋。北京作为全国科技创新中心，正在加快建设高标准、高水平的众创空间，全力推进“大众创业　万众创新”。

2015年10月21日，北京市政府办公厅出台了《北京市人民政府关于大力推进大众创业万众创新的实施意见》。该实施意见围绕创新创业服务体系、发展形态、空间布局及保障机制，明确四大重点任务，提出了推动“大众创业　万众创新”的具体意见和主要举措：聚焦强化人才服务、金融服务、公共平台服务及知识产权服务四方面服务，积极构建多元化、多层次、多渠道的创新创业服务新体系；从推进众创空间集约发展、推进“高精尖”领域创新创业、推进科技文化融合创新、推进提升国际化发展水平四个方面入手，着力培育创新创业发展形态；从打造高端创新创业核心区、打造南北创新创业发展带、打造郊区创新创业特色园区、打造京津冀协同创新创业体系四个方面出发，全面优化创新创业空间布局；以完善公平竞争市场机制、完善政府创新服务机制、完善科技成果转化机制、完善财税政策扶持机制四个方面的机制为抓手，不断完善创新创业保障机制。

2016年2月18日，国务院办公厅印发《关于加快众创空间发展服务实体经济转型升级的指导意见》，提出促进众创空间专业化发展，为实施创新驱动发展战略、推进“大众创业 万众创新”提供低成本、全方位、专业化服务，释放全社会创新创业的更大活力，促进科技成果加快向现实生产力转化，增强实体经济发展新动能。重点强调要发挥科技创新在创业浪潮中的引领作用，鼓励支持龙头骨干企业、科研院所、高校等利用优势资源和科研条件，在电子信息、生物技术、高端装备制造、新能源、新材料、节能环保等技术领域创办高水平、专业化的众创空间，大力培育科技型初创企业，促进创新创业与实体经济有效结合。2月22日，科技部召开了全国视频会议，对相关工作进行了部署。

2016年2月29日，为落实国务院精神，北京市科委组织召开了北京市加快发展众创空间服务实体经济转型升级工作推进会。会议指出，近期国家陆续出台的《关于加快众创空间发展服务实体经济转型升级的指导意见》《实施〈中华人民共和国促进科技成果转化法〉若干规定》以及新修订的《高新技术企业认定管理办法》和《财政部、国家税务总局、科技部关于完善研究开发费用税前加计扣除政策的通知》，对吸引优质科技资源参与创新创业、推动科技型创新创业的发展以及当前的稳增长和调结构具有重大意义。北京市作为全国科技创新中心，要进一步落实好国家及北京市推进“大众创业 万众创新”的实施意见，努力营造“双创”良好生态环境。从强化科技支撑引领、增加技术创新有效供给，发挥市场主导作用、以社会力量为主体完善创新创业生态，聚集部门合力、提供更加精准服务，加快各区协同、强化区域布局与服务等多方面促进“大众创业 万众创新”良好发展。

2016年4月20日，李克强总理主持召开国务院常务会议，决定建设一批“大众创业 万众创新”示范基地，推动双创向更大范围、更高层次、更深程度发展。李克强明确强调，建设双创示范基地不仅需要高校、科研院所、企业的合力参与，还需要发挥网络平台企业的力量。会议决定，首批选择部分省市的一个区域，同时选择若干高校和科研院所、已有成效的生产企业、网络平台企业等建设双创示范基地。双创示范基地要重点围绕简政放权、营造公平竞争环境、成果收益分配和科研经费使用制度、人才流动、协同创新和开放共享、发展分享经济等开展试点。李克强进一步强调，双创示范基地还要在推进商事制度改革、“证照分离”等方面先行先试，在知识产权保护等方面也要出台“硬措施”。

一年多来，党中央、国务院通过加大简政放权力度，放宽政策、放开市场、放活主体，有效地激励了千千万万的创业者，“大众创业 万众创新”呈现出良好的发展态势。通过不断完善体制机制、健全普惠性政策措施，加强统筹协调，努力构建有利于“大众创业 万众创新”蓬勃发展的政策环境、制度环境和公共服务体系。一系列政策措施，对应对经济下行压力、为经济发展注入新活力、形成经济社会发展的新动能起到了重要推动作用。众创空间作为推动“大众创业 万众创新”的重要平台和载体，已经成为创新创业者的汇集地和“双创”活动的主战场。

第二节　实践：首都“双创”工作的新面貌和新特点

一、北京市众创空间发展概况

北京市依托国家自主创新示范区、科技企业孵化器、高校和科研院所等丰富的科技创新创业资源，成为我国众创空间发展最快的城市。

从2009年以来，北京涌现出创新工场、车库咖啡、创客空间、天使汇、亚杰商会、联想之星、创业家等新型孵化机构。这些新型孵化机构各具特色，产生了新模式、新机制、新服务、新文化，通过为早期创业者提供资金、商业、技术、市场、人力、法律、培训等各类服务，帮助早期阶段的创业公司顺利启动和快速成长。这一类新型孵化机构集聚融合各种创新创业要素，营造了良好的创新创业氛围，成为我国科技服务业的一支重要新兴力量。

2013年3月，北京市率先提出打造“一城三街”（即中关村软件城，中关村创业大街、中关村知识产权与标准化一条街和中关村科技金融一条街），海淀区委区政府全面推动海淀图书城向创业服务业态升级，推动中关村创业大街建设。2014年6月，中关村创业大街正式运营，成为全国首个以创业为主题的特色街区。截至2015年年底，中关村创业大街共入驻创业服务机构、投资机构40家，孵化创业团队共计1 791家，其中约600个团队在街区孵化；举办各类活动超过1 500场，累计参与人数约15万人次。创业会客厅已累计有超过60余家企业和政务部门入驻，初步形成为创业企业提供早期办公、投融资对接、商业模式构建、团队融合、媒体资讯、创业培训等全方位服务的创业生态体系。

2015年3月23日，北京市科委对首批11家机构授予“北京市众创空间”，同时授予中关村创业大街“北京市众创空间集聚区”的称号。这11家创业服务机构分别为北京创客空间、创客总部、东方嘉诚、科技寺、融创空间、极地国际创新中心、京西创业公社、DRC创億梦工厂、北大创业孵化营、乐邦乐成、清华x-lab。5月4日，北京市科委再次对14家创业服务机构授予“北京市众创空间”的称号，分别是36氪、亚杰汇、Binggo咖啡、3W咖啡、北京大学创业训练营、IC咖啡、创业家、车库咖啡、天使汇、飞马旅、联想之星、硬创邦、虫洞之家、因果树。

2015年5月7日，在北京市科委的倡议和支持下，由联想之星、极地国际创新中心、3W咖啡、科技寺、东方嘉诚等54家众创空间、投融资机构、高科技企业等联合发起成立北京众创空间联盟，这标志着北京市众创空间建设工作迈上新的台阶。联盟的成立旨在通过搭建资源共享平台，推动创新创业服务资源开放共享与衔接，横向打通众创空间的优质服务资源，纵向打通创新创业的全链条，调动全社会创新创业要素的力量，降低创业者的创业成本和门槛，帮助有新思想、有激情、有梦想的普通人在这个大舞台上实现梦想，同时通过行业自律发展提升北京市众创空间整体发展水平。

2015年9月16日，经北京市众创空间联盟组织推荐，北京市科委与北京众创空间联盟共同授予北京瀚海亚美迪创业投资有限公司等40家机构“北京市众创空间”称号。至此，“北京市众创空间”的数量达到65家。

北京市创新创业空前活跃。2015年，北京市新创办科技型企业突破4万家；股权投资管理机构超过1 000家，管理资本总量超过1.14万亿元，居全国首位；创业投资案例2 143起，占全国案例总数的近1/3；技术合同成交额3 452.6亿元，同比增长10.1%，占全国技术合同总成交额的35.1%。全市共有众创空间近200家，各类孵化器、大学科技园等服务机构150余家，服务企业和团队超过2万家；在由36氪、中国经济研究院、中国科学院大学等多家单位共同发布的中国创新创业指数中，北京“双创”综合指数位居全国第一。

二、北京市“大众创业　万众创新”发展特点

为深入了解北京市众创空间及创业企业和团队发展情况，更大范围、更高层次、更深程度推进“大众创业　万众创新”，2015年7~10月，北京市科委委托北京市众创空间联盟和专业研究机构，对北京市众创空间和创业企业及团队发展情况进行了调研，通过抽样调查方法和发放电子问卷方式，共调研众创空间67家、众创空间内创业企业和团队332家。调研显示，北京市创新创业发展特点如下。

（1）“双创”政策得到社会极大响应。受“双创”政策鼓舞，北京市各类创新主体积极投身众创空间建设，全市众创空间蓬勃发展。67家被调研众创空间中，2014年之后成立的众创空间有38家，超过往年成立总和（29家）；2014年之后成立的创业企业和团队较往年数量总和翻番，呈现井喷态势。创新创业已经成为越来越多普通人为实现梦想而选择的一种生活方式。企业创始人创业动机中，实现自我价值（76.6%）、追求梦想（74.2%）和把握市场机遇（54.4%）成为最主要的三个动机。

（2）社会力量成为“双创”主力军。众创空间创办主体为民营机构的占85.7%，创始人中，来自投资、高技术产业和房地产行业的分别占31.7%、31.7%和25.4%，呈现高度市场化特征。众创空间成为市场配置创新创业资源和政府政策对接的枢纽，其围绕创业者需求，提供创业导师（90.5%）、创业培训（79.4%）、投融资（76.2%）、法务（73.0%）、财务（71.4%）等市场化服务；此外科技型中小企业技术创新资金、“四证联办”、集中办公注册等政府政策也通过众创空间得以有效对接。

（3）创始人趋向于高素质人才和中青年。被调研创业企业的创始人中，企业高管（38.4%）、企业技术人员（22.2%）、海归人员（11.1%）、成功创业者（9.3%）、学生（8.4%）占绝大多数，这些高素质创业者多具有企业管理、技术研发等经验，创业越发趋向理性。从年龄结构看，创始人以21~40岁中青年为主（占比84.6%），其中31~40岁年龄段比例最高，达到49.8%；从工作和创业经验看，具有5年及以上工作经验的比例达57%，83%的人有过一次以上的创业经验；从教育背景看，创始人以本科（55%）、硕士（29.7%）学历为主，理工科（40.2%）创业者居多。

（4）对拉动北京高素质人才就业及带动周边发展作用明显。被调研的创业者中，44.7%为北京户籍，他们通过创办新的企业，带动了北京市相关群体的就业，实现了创

业对就业的拉动；京津冀三地创业者成为北京市“双创”群体的主要力量，占比达54.6%，而以京津冀为核心的环渤海地区（京津冀、山东、辽宁、山西）累计占比达67%，更吸引了来自江苏、广东等全国16个省市的创业者，同时，北京66.7%的众创空间在外地建立了分支机构，服务于当地的创新创业发展，形成了北京“双创”发展与京津冀乃至全国紧密互动的发展格局。

（5）集聚发展特征显著。北京市形成了若干高度匹配创新创业要素资源禀赋的众创空间集聚区。例如，围绕中科院各研究机构以及清华、北大等部属高校的中关村西区和中关村大街集聚区；围绕软件和信息产业以及信息产业相关高素质就业人群的上地-回龙观-北清路集聚区；围绕文化创意产业的东城雍和园及西城德胜园集聚区；围绕电子城和文化创意产业的朝阳区大望京集聚区；围绕产业转型升级腾退土地的石景山集聚区；围绕龙头企业总部基地的丰台集聚区。目前，全市除个别远郊区外，均有众创空间分布，海淀区、朝阳区众创空间分布最为集中，占比41.75%。

（6）成为新经济增长点培育的摇篮。北京市众创空间以创始人或合伙人自有资金投入为主，占比84.1%，同时65.1%的众创空间自设投资资金，51.6%的总经理拥有投资背景；多数创始人具有在大型企业（74.6%）从业经历，能够带动相关资源投入众创空间建设。创办者对未来充满信心，84.2%的众创空间预期经营年限在5年以上。“双创”活动紧密围绕新经济发展前沿，75%的被调研创业企业和团队集中于互联网、移动互联网和智能硬件领域，生活性服务业成为热点，通过互联网及移动互联网等新兴技术在生活消费领域的应用，有望催生一批新的经济增长点。

第三节　政策：首都“双创”工作的新思路

北京市积极完善创新创业政策体系，激发主体热情，营造创新创业生态，以科技创新全面带动“大众创业　万众创新”发展。

（1）发挥市场力量，坚持“三自”（自主探索、自我管理、自律发展）原则，引导社会主体服务创新创业。着力引导社会资本盘活存量建设众创空间。在全国率先授予65家机构“北京市众创空间”称号，支持成立全国首个众创空间联盟“北京众创空间联盟”，成员已达85家，联盟围绕创业价值链构建全链条创业服务生态，已服务创业团队和初创企业超过2 000家。

（2）简政放权，加快政府职能转变，为创新创业提供便捷优质服务。依托北京众创空间联盟开展北京市众创空间认定等工作。创新科技型中小企业技术创新资金立项筛选机制，通过众创空间、投资机构筛选和推荐优秀企业，2015年度申报企业数量超过2 500家，较上年翻番，得到了众多小微企业的关注和参与。实施首都科技创新券，由众创空间、孵化器等确定发放对象，已有901家小微企业和64个创业团队的1 033个项目使用创新券近6 000万元。建设中关村创新创业服务“网上会客厅”，融合了政策、技术、人才、金融、知识产权等208个社会主体的1 264项服务，是国内首个全要素创新创业融合云服务平台，成为政府服务小微企业职能的延伸。

（3）创新体制机制，激发创新源头活力，形成高校院所与“双创”互动的良性运行体系。发布实施北京市《关于进一步创新体制机制　加快全国科技创新中心建设的意见》《关于大力推进大众创业万众创新的实施意见》，发布实施“京科九条”“京校十条”，深化科技成果使用、处置和收益管理改革，鼓励科研人员在岗创业。推动成立北京协同创新研究院，规划了18个产业协司创新中心，推动知识、技术、产品与产业的深度融合。

（4）加强市区联动，促进区域业态升级，形成市区创新工作合力。各区积极结合功能定位，推动创新创业与培育新经济增长点有机结合。例如，石景山区以全新的开放式共享理念改造首钢腾退土地，形成以创业公社为代表的“孵化+投行+投资”运行模式；海淀区围绕中关村西区产业升级，形成了以中国国际技术转移中心、中关村创业大街等为代表的多个创业孵化聚集区；西城区围绕官批功能疏解、国企老厂区改造，建设文化设计创意产业聚集区；东城区通过改造闲置厂房、办公空间等，形成具有胡同文化特色的文化创意产业集聚区；朝阳区的751、798园区以及大望京地区，以科技文化融合为特点的创业服务正在形成集聚态势；昌平区利用农村集体建设用地，在回龙观等创新人群聚集的区域建设创新创业社区，吸引腾讯在此建设占地5万平方米、可容纳500个创业团队的众创空间；等等。目前，北京市14个区有众创空间分布。

（5）营造氛围，提升社会认可，强化北京市“双创”品牌对全国的服务输出。例如，发起成立首个服务全国的创业导师队伍——“首都创业导师志愿服务团”，汇集全市优秀导师资源，服务全国“双创”发展，目前已与河北、贵阳、云南、黑龙江等省市对接；组织举办“首届众创杯中国·北京创新创业大赛”，搭建创新创业要素对接平台，大赛吸引北京市50余家众创空间、100余家孵化器、20余家大学科技园、30多家活跃的金融机构参与，参赛项目超过4 000项；广泛开展宣传，提升社会认可度，培育“众创、众包、众扶、众筹”的社会文化。

第四节　思考：开拓首都“双创”工作新局面

北京市“大众创业　万众创新”发展迅速，但仍存在不足：创业领域比较集中，75%的“双创”活动集中在互联网、移动互联网、智能硬件等领域；知识产权拥有量低，仅18.9%的创业企业拥有发明专利、53.8%的创业企业没有知识产权；创业生态尚有不足，产业链上下游共享合作格局有待加强；专业化服务欠缺，专业条件平台、供应链平台、市场拓展平台等亟须完善；政府关于创新创业的政策措施还需要进一步统筹协调、精准发力。针对以上“大众创业　万众创新”发展中的主要问题，按照国家及北京市推进“大众创业　万众创新”的意见精神，提出以下建议。

（1）坚持创新驱动，强化科技支撑引领，更好地服务实体经济转型升级。应瞄准首都建设的需求，以科技创新为引领和支撑，发挥首都科技资源优势，为首都经济增添新增长点。一方面，积极培育新兴业态，围绕“互联网+”行动计划、大数据发展行动等方面培育新技术、新服务、新模式和新业态，培育经济发展新动能。另一方面，聚焦智能制造、生物医药、新材料与新能源、现代服务业等领域，重点发展科技含量高、拥有自主知识产权、解决行业关键问题的创业企业，形成创新发展战略高地。

（2）充分发挥市场的主导作用，以社会力量为主体，完善创新创业生态体系。一方面，支持众创空间专业化发展，鼓励和支持有条件的各类社会主体特别是龙头骨干企业，盘活闲置资源，在研发、设计、测试、技术转移、中试生产、产品推广等环节搭建市场化服务平台，向创业者提供专业化服务，降低创新创业成本，建立多层次金融服务体系，加强创新链与产业链、资金链的对接。另一方面，围绕细分产业领域打造一批具有区域和行业特色的众创空间，针对产业需求和行业共性技术难点，通过产业联盟、龙头骨干企业等优化配置技术、装备、资本、市场等创新资源，构建中小微企业、高校院所等多方协同、产业链上下游资源开放共享、优势互补的创新生态。

（3）聚集政府各部门合力，为“双创”提供更加精准的服务，促进各项政策落细落小落地。要进一步加强各部门的协同联动，在科技政策系统完备的基础上做好精准施策。一方面要优化政府政策服务等资源，进一步简化办事环节和手续，优化公共服务流程，推进服务方式创新，让创业更顺畅；加强对科技成果转化政策的落实，进一步调动科技人员参与创新创业的积极性。另一方面要进一步推进各类创新资源开放共享，促进高校、院所仪器设备等研发服务资源、京区优质医院临床实验资源、国有企业等资源开放共享，充分依托社会组织进行资源对接，让创业企业看得见、够得着、用得上。

（4）加快北京市各区协同发展，强化区域布局与服务，形成区域各具特色的“双创”体系。一方面要引导各区合理布局众创空间，结合非首都功能疏解和产业结构调整，在科技资源、企业和人才等创新要素集中区域，建设各具特色的“双创”基地和集聚区。加强市区优质服务资源的对接与流动，引导市区优质服务机构、投资机构和众创空间等主动对接各区创业企业、团队，提供创新创业服务。另一方面引导各区加强创新创业服务落地，在创新创业聚集区设立专门政策服务窗口，让区域内创业企业、团队便利获取各项政策、资源、信息等服务。

第十四章　北京市新能源汽车产业发展战略研究[①]

内容概要：发展推广新能源汽车是北京市可持续发展的必然选择。本章梳理了北京市新能源汽车示范推广应用的相关政策，从整体及各具体领域示范运营、新能源汽车基础设施建设以及新能源汽车产业等方面分析了北京市新能源汽车示范推广应用进展，并结合存在的问题，对北京市新能源汽车的下一步规划和推广应用提出建议：通过拓宽公共领域新能源汽车的示范运营、多管齐下培育新能源汽车私人领域应用市场、拓展新能源汽车基础设施统一建设运营、建设合理的新能源汽车产业体系等措施，有效推进北京市新能源汽车的发展应用。

全球日益严峻的环境问题与资源短缺挑战，促使世界各国和地区不断调整能源与产业结构，发展及推广新能源汽车成为各国的共识。2014年，全球新能源汽车销量超过30万辆，较2013年增长51%。近年来，北京市的大气环境与空气质量状况加速恶化，实现汽车行业的节能减排、发展推广新能源汽车成为北京市可持续发展的必然选择。

第一节　北京市新能源汽车推广应用的激励政策

就全球范围而言，当前新能源汽车的推广应用尚处于初级阶段，相应的激励政策在新能源汽车的推广中尤为重要。在国家新能源汽车推广政策所设定的有利背景下，北京市通过探索制定适合自身特点的新能源汽车推广应用激励政策，促进新能源汽车的推广应用。

一、国家新能源汽车示范应用推广政策提供有利契机

2009年1月，财政部与科技部共同发布《关于开展节能与新能源汽车示范推广试点工作的通知》和《节能与新能源汽车示范推广财政补助资金管理暂行办法》，在25个城市开展节能与新能源汽车示范推广试点工作。确定了新能源汽车推荐目录管理办法，提出

① 本章由北京市新能源汽车发展促进中心课题组完成，牛近明主任为课题负责人。陈贵如、韦瑾、张晓、张丽莉、梁晨、申彤等参与了研究工作。

直接针对用户的新能源汽车补贴额度和方法。鼓励试点城市在公交、出租、公务、环卫和邮政等公共服务领域推广使用新能源汽车。

2013年9月，财政部、科技部、工信部和国家发展和改革委员会（简称国家发改委）联合发布《关于继续开展新能源汽车推广应用工作的通知》，提出2013~2015年依托城市尤其是特大城市推广应用新能源汽车，对消费者购买新能源汽车依据续驶里程给予补贴，对示范城市充电设施建设给予财政奖励。2014年年底，四部委针对2016~2020年新能源汽车推广应用财政补贴发布了征求意见稿，明确中央财政将继续实施补贴政策，加大支持力度。

2014年，习总书记提出"发展新兴能源汽车是中国从汽车大国到汽车强国的必由之路"。7月，国务院发布《关于加快新能源汽车推广应用的指导意见》，对充电设施建设、商业模式创新、公共领域应用、政策体系完善、破除地方保护、技术创新和产品质量监管等方面提出推动措施。随后出台系列配套政策，如《政府机关及公共机构购买新能源汽车实施方案》《关于电动汽车用电价格政策有关问题的通知》等。国家层面系列优惠政策的实施，为新能源汽车在北京市的示范应用推广创造了有利契机。

二、北京市率先出台较为完整的新能源汽车推广应用政策体系

自2009年起，北京市以新能源汽车联席会议制度为支撑，研究制定鼓励新能源汽车示范的产业及推广政策。2013年9月印发《北京市2013—2017年清洁空气行动计划》，明确空气质量改善目标，提出积极推广新能源和清洁能源汽车，到2017年年底应用规模力争达到20万辆。2014年6月印发《北京市电动汽车推广应用行动计划（2014—2017年）》，确定了九个方面的重点任务及责任分工，形成北京市推进新能源汽车的政策保障。

针对新能源汽车推广应用各个环节制定具体政策措施。在购车环节，制定了《北京市示范应用新能源小客车管理办法》等六项政策措施，涵盖电动小客车指标单独配置、对纯电动小客车生产企业及产品准入实施备案制管理等内容；对用于邮政、物流、环卫等领域的纯电动车给予市级补贴；对纯电动客车给予市级补贴，实现财政补贴对纯电动车型的全覆盖。在用车环节，明确自2015年6月1日至2017年4月9日纯电动小客车不限行，研究免费停车、减免过路费等政策。在基础设施建设环节，建设自用充电设施安装平台，实现建设全过程透明化；发布《北京市居住公共服务设施配置指标实施意见》，明确新建居住类建筑电动车车位应占配建机动车车位的18%；制定实施电动车充电服务收费政策，鼓励社会资本参与充电桩建设运营。2015年4月，北京市发展和改革委员会印发《关于本市电动汽车充电服务收费有关问题的通知》，明确充电服务费按充电电量收取，每千瓦时收费上限标准为当日本市92号汽油每升最高零售价的15%。

2014年1月，发布《北京市示范应用新能源小客车管理办法》，对单位及个人购买和使用示范应用新能源小客车做出了相关规定：指标采用单独配置，按照国家标准提供1：1市

级财政补助，自用充电设施采用“一车一桩”和“桩随车走”，要求新能源汽车销售商、充电基础设施建设商、物业公司等部门配合消费者的自用充电设施建设等。随后，北京市陆续发布新能源小客车市级财政补贴实施细则、生产企业及产品审核备案管理细则、自用充电设施建设管理细则、物业管理区域新能源小客车自用充电设施安装细则等，基本形成相对完整的新能源小客车示范应用政策体系。

专栏14-1 《北京市示范应用新能源小客车财政补助资金管理细则》(修订)

2016年4月6日，北京市财政局会同市科委、北京市经济和信息化委员会（简称市经信委）联合发布《北京市示范应用新能源小客车财政补助资金管理细则》(修订)，规定具体补贴标准（表14-1）和补贴方式。消费者按销售价格扣减补助后支付，汽车生产企业按扣减补助后的价格销售新能源小客车。补贴总额设置上限，汽车生产企业享受中央和北京市财政补助总额最高不超过车辆销售价格的60%。

表14-1 2015~2017年北京市示范应用新能源小客车财政补贴标准

车辆类型	续驶里程（R）/（工况法、千米）	补助标准/（万元/辆）		
		2015年	2016年	2017年
纯电动小客车	$80 \leq R < 100$	3.15	3.15	—
	$100 \leq R < 150$	3.15	2.5	2
	$150 \leq R < 250$	4.5	4.5	3.6
	$R \geq 250$	5.4	5.5	4.4
燃料电池小客车		18	20	20

第二节 北京市新能源汽车示范推广应用取得的初步进展

在推广激励政策的引导下，北京市两次成为国家新能源汽车试点城市，有序推进新能源汽车的示范推广应用工作，取得了良好的进展。

一、新能源汽车示范运营平稳增长，多领域各具特色

北京市在公交、出租、环卫、物流、租赁、公务、驾校教练车等多个领域开展新能源汽车示范运行，持续推进技术创新、商业模式创新和政策创新，发挥协同创新的叠加效应，形成政府推动和市场拉动的合力，积极营造新电动汽车的消费氛围，呈现桩车两旺、应用推广和产业竞争力协同发展的良性局面，统筹推进北京市电动汽车发展跨入成

长期。2015年全年新增纯电动汽车2.32万辆，累计达到3.57万辆，纯电动汽车推广规模居全国第一。

电动公交车是北京市发展最早的电动汽车，2008年奥运会期间就有一部分电动公交车在奥运村及周边试点运行，取得了很好的效果。随着技术的逐步成熟，电动公交车也探索新的充电模式和不同车型，结合线路情况发展了双源无轨电车以及不同长度和充电模式的纯电动公交车，在郊区等线路上还推广LNG混合动力汽车，逐步替换现有燃油车辆。目前，北京市累计推广电动公交车1 870辆。

电动环卫车经过两年试点运营，自2011年起开始较大规模普及应用，目前2 163辆电动环卫车已投运到各个环卫中心上路运营，占北京市电动汽车总量的16%，覆盖垃圾收集、餐厨、压缩、洒水等全系列多种车型。车辆采用“车电分离、电池租赁”模式，裸车由市财政统一采购，动力电池由市电力公司统一采购并租赁给各区环卫用户，各区环卫用户承担车辆运行费用。

电动出租车是北京市电动汽车发展的主要方向之一，通过近五年摸索，从最初2011年延庆县的50辆增加到目前共9个区的2 700辆，基本实现了郊区全覆盖，同时运营模式也不断调整改进，从单纯以投运为目的逐步转变为以持续发展和优化模式为目的的规模化运营。各区根据各自的使用需求及车辆技术状况与售后服务等因素招标采购不同车型，各整车企业对车型也不断进行改进。同时，启动市区电动出租车示范工作，截至目前，累计运营600辆。

自2009年起，少量私人和单位开始购买电动汽车。2012年，私人领域共销售392辆纯电动汽车，2013年提高到484辆。2014年可被称为电动汽车私人推广元年，包括北京在内的很多地方都掀起电动汽车私人购车的第一拨小高潮，2014年全年推广电动小客车3 582辆。2015年呈爆发式增长，全年新增电动小客车15 605辆，累计达到1.97万辆。

2013年，北京市开始推行电动汽车分时租赁模式。目前已有易卡、神州、恒誉等超过30家租赁公司投放了5 700余辆纯电动汽车用于分时租赁和传统租赁。此外，北京市还探索新能源汽车在物流、教练车、公务车等方面的应用，逐步扩大相关领域的示范推广运营。

二、新能源汽车基础设施建设取得积极进展

（1）充电基础设施建设发展较快。截至2015年年底，北京市累计建成约2.1万个充电桩和5座换电场站。其中，公交、环卫、出租等公共专用充电桩3 700个，私人自用充电桩12 084个，在4S店、P+R停车场、首都机场等充电点建成5 132个社会公用充电桩，初步在中心城区形成5 000米半径的充电服务网络，实现通过互联网（易充网）提供充电桩位置和状态查询、充电预约等服务。

（2）多主体共同参与充电桩建设。私人用户、汽车企业、物业公司、电网企业等相关主体间良性合作，在小区集中区域内划出固定车位设置充电设施，为业主提供

电动小客车充补电服务。国网北京市电力公司、普天、北京石化等央企和部分民营企业参与了公共基础设施建设。2015年年初，北京市首个民营资本投资建设的公用充电站——华贸中心充电站正式面向社会公众开放，共设近200个充电桩，配有一座太阳能光伏发电站。

（3）积极探索充电模式创新。研制一体化复合型路灯充电桩，利用路灯变压器的负荷余量为充电桩供电，并结合路侧停车解决占地难题。在昌平区南邵镇启动了首期示范工程，9个复合型路灯充电桩已投入使用。推动光伏储能充电站示范，降低充电对电网冲击，移峰填谷，解决部分电力增容问题，在全市6个示范地点建设光伏储能充电站。探索泊车与充电一体化建设，将立体停车库与充电设施有效结合，目前已开展海淀、朝阳、东城等8个示范地段的立体充电车库建设。此外，还开展了电动汽车非接触充电样机研制和移动充电车研制等。

三、科技创新助推新能源汽车产业发展同步推进

（1）以整车为龙头推进形成产业集聚。目前，北京市涉及新能源汽车领域的规模以上企业主要在新能源汽车整车制造、新能源汽车储能装置制造、新能源汽车零部件配件制造和供能装置制造四个方面；以整车技术进步为牵引，形成大兴采育新能源汽车科技产业园、昌平新能源汽车设计制造产业基地、房山长安新能源汽车产业基地的“一园两基地”产业布局，整车设计产能达到7万辆。

（2）产业链协同创新局面初步形成。北京市推动形成“以北汽等整车企业为龙头、政产学研用协同创新，电池、电机、电控三大电和电制动、电转向、电空调三小电协调发展”的创新格局；持续推动整车研制，2015年新增20余款车型进入工信部推荐目录；组织高校企业联合攻关，完成燃料电池客车研制，计划于2016年陆续投入公交示范运营。

（3）攻克核心技术难关，提升关键零部件竞争力。北京市与国外先进技术团队合作，快速提升电池产业竞争力，目前动力电池年产能可达8.1亿瓦时；攻克高能量密度镍钴锰酸锂（NCM622）多元材料的研制、中试生产线建设及产业化应用，首条量产生产线已正式投产，量产产品通过韩国SK公司测试认证，年产能可达1 200吨；建设协同创新网络，提升智能控制等核心技术的产业化能力。

图14-1分别为北京市新能源汽车整车制造和零部件配件制造领域2013~2015年各季度的工业总产值。总体而言，整车制造业的发展比较平稳，而零部件配件制造业增长则较为快速。

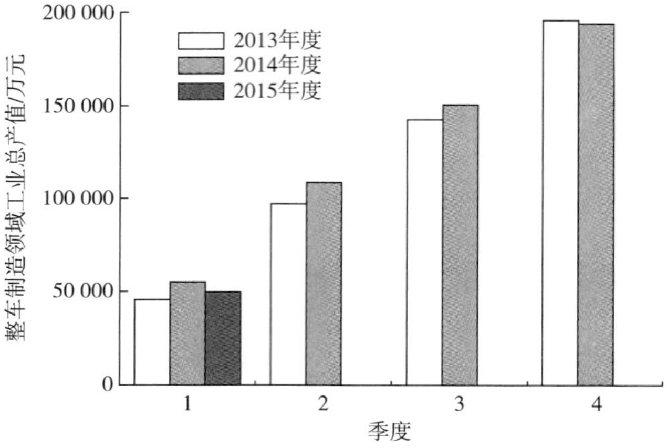

（a）整车制造领域工业总产值

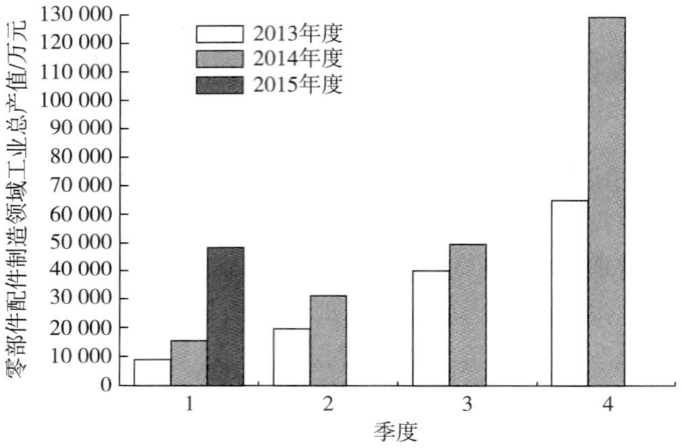

（b）零部件配件制造领域工业总产值

图14-1　整车制造领域和零部件配件制造领域工业总产值

第三节　北京市新能源汽车应用发展中的问题与挑战

北京市新能源汽车的推广应用在取得较快发展的同时，也在公共领域推广应用、私人领域培育、基础设施建设以及新能源汽车产业体系构建等方面面临一些主要问题，技术不成熟、基础设施有待完善、消费购买成本高等方面的限制因素若不能得以妥善解决，势必制约北京市新能源汽车的推广应用与良性发展。

一、公共领域推广应用需加强统筹协调

（1）双源无轨电动公交车推广应用缺乏有效的统筹协调。一是缺乏协调机制，基

础设施建设工作推进困难。根据对北京市公交集团的调研，双源无轨电车于2015年年初已被列入北京市的重点投资，但一直到2015年下半年，线路基础设施建设进展仍旧缓慢。其主要原因是建设审批涉及相关区的国土、园林、交管、路政等多个部门，审批手续复杂，未能形成有效的协调机制。二是各部门重复建设造成浪费。双源无轨电车需要架线架杆，利用现有的路灯杆是一个很好的选择，但由于具体操作、费用分摊等问题阻碍了相关部门的沟通与合作，基础设施重复建设不仅增加了公交企业成本，而且为后续的运营保障带来了困难。

（2）“份儿钱”太高制约了电动出租车的发展。目前，北京市电动出租车采用“固定承包金+浮动承包金”的管理模式，运营者一般每月缴纳的承包金超过6 000元，相比享受一定燃油补贴的汽油出租车而言，电动出租车运营成本已无优势可言，甚至出现了油低电高的价格倒挂，不利于电动出租车的应用推广。

二、新能源汽车私人消费市场仍待培育

目前，新能源汽车私人消费仍主要依赖于补贴，而补贴政策退坡是大势所趋，较高的购买成本将制约新能源汽车的推广应用。2015年4月，财政部、科技部、工信部、国家发改委联合发布的《2016—2020年新能源汽车推广应用财政支持政策》明确指出，2017~2020年除燃料电池汽车外其他新能源汽车车型补助标准适当退坡，其中，2017~2018年补助标准在2016年的基础上下降20%，2019~2020年补助标准在2016年的基础上下降40%。据第一电动网调查，国内60%的消费者对电动汽车的心理价位在10万元以下，而目前能在北京上牌的纯电动车车型中，仅有五款车在享受政府补贴后总价在10万元以内，占比不足三分之一，远不能满足消费者的心理预期，制约了私人领域电动车的推广应用。

分时租赁规模化推广不足。分时租赁是租车行业新兴的一种租车模式，是指以小时或天计算提供汽车的随取即用租赁服务，一辆分时租赁汽车效率相当于6~12辆私家车。纯电动小客车进入个人租赁市场，是北京市首先试水的电动小客车运营方法之一，但是到目前为止，电动汽车分时租赁模式在北京面临推广难问题。究其原因，一是纯电动租赁车辆指标配置方案不明确，指标分配方案的推迟使得部分企业不得不推迟购车计划。二是纯电动租赁指标配置未满足运营企业规模化发展需求，2014年北京市配置租赁用纯电动小客车指标5 100个，实现上牌4 300余辆，指标上牌率远高于个人及单位示范应用新能源小客车指标。三是充电设施、运营网点、结算方式等未实现互联互通，同一租赁企业不同营业网点、不同运营企业之间“异地还车”仍存在较大困难。

三、基础设施建设需进一步优化加速

一是充电设施建设存在标准不统一问题。虽然2012年国家就已制定充电设施相关标

准，对硬件接口和通信协议等进行了规范。但现实中不同车型、不同充电桩甚至不同批次产品之间都会出现不一致的情况，导致车桩之间交叉调试时间长、难度高，甚至不能充电。二是充电设施建设企业管理问题。现阶段参与充电设施建设的企业较多，暂未对相关企业进行备案制管理，充电设施质量、建设运营情况及后期维修保障等服务水平参差不齐，出现“有桩不敢充”的情况。三是用电报装问题。据充电设施建设企业反映，自电力公司受理用电报装到投入运营，最快需两个月左右。在提交用电报装资料时必须提供土地产权方证明，由于北京市土地性质较为复杂，部分充电站点无相关资料，因而影响用电报装。四是关于充电电价及结算方式问题。国家发改委通知中要求集中式充电容量315千伏安以上可执行大工业电价，但北京市土地资源紧张，能够集中建设并达到规定容量以上的场所较少，往往按工商业电价计费。同时由于建设运营方较多，充电设施结算方式自成一体，未实现互联互通，消费者体验较差。

四、新能源汽车技术和产业体系布局有待优化

2013年，新能源汽车作为北京市七大战略性新兴产业之一，就工业总产值和增加值而言均只占了1%，同时新能源汽车在整个车市中所占份额也不足1%。占比较低说明该产业目前的整体规模较小，产业运行成本较高，企业获利有限，仍处在产业发展的培育期，需要通过自身的发展壮大市场和产业，形成规模经济效应，从而分摊来自各方的成本和费用；同时在一定程度上整合上下游资源，降低整体运作成本。

新能源汽车技术成熟度不足，关键技术的缺失使得在整车集成、轻量化、电池、电机、电控等领域都存在问题，续航里程、充电时间、自重、价格等制约新能源汽车产业发展的技术问题有待解决。动力电池安全问题突出，一些地方出现的电动汽车火灾，使得安全性成为人们关注的第一重要问题，这对电动汽车发展是一个巨大的挑战。

第四节　对 策 建 议

通过拓宽公共领域新能源汽车示范运营、培育新能源汽车私人领域应用、拓展新能源汽车基础设施统一建设运营以及合理的新能源汽车产业建设等方面的规划与措施，有效推进北京市新能源汽车的发展应用。

一、拓宽公共领域新能源汽车的示范运营

（1）改善新能源电动公交车车型结构。将推广应用与交通体系和能源结构深化改

革相结合，通过运营线路的优化调整，有效协调车辆、供电、营运之间的关系。着重推广应用双源无轨电车和纯电动汽车，建立有效的协调机制，解决双源无轨电动公交车所面临的线路基础设施建设困难问题。有步骤地制订整体投运计划和安排，应实现2016~2019年北京市新增及更换的公交车中新能源公交车比重分别达到50%、60%、70%和80%，到2020年，在具备充电条件的情况下，力争电动公交车总量不低于1万辆。

（2）两点双线推进电动出租车运营。从城区、郊区“两个点”出发，结合目前的推广成果和存在的问题，扩增运营规模，特别支持发展城区电动出租车，逐步实现新增出租车全部为电动车的目标。“双线”一是指运营机制建立与管理模式优化，二是指充电场站的布局规划和建设。通过倾斜政策鼓励选择电动出租车运营，如在机场、火车站开辟快速通道，减少电动出租车的等候时间；在有条件的充电场站为电动出租车预留车位等；参照汽油出租车燃油补贴方式，在示范运营期间对电动出租车进行适当充电补贴。

（3）盘活存量，优化电动环卫车运营。推进已采购电动环卫车投入运营，将电动环卫车辆运行情况与各区环境治理考核相结合，调动用车积极性。根据示范情况进行相应推广，重点发展小型电动环卫车。其中，2吨加强型因带电量更大、车辆续驶里程较理想，在前期示范中得到较好评价，建议重点推广。推进已建成基础设施满负荷运营，围绕已建成充电桩群安排电动环卫车辆驻车场所及作业路线，使其得到最大化使用。

（4）拓宽电动汽车应用领域。推动公务用车电动化，制定政策措施鼓励党政机关和公共机构、企事业单位使用新能源汽车。北京市率先在国内推行电动教练车的示范运行，下一步需探索促进驾校车辆使用成本降低的适宜政策，鼓励电动教练车规模性推广。在邮政快递、电子商务末端物流等领域推广应用电动物流车，并利用通行证管理政策鼓励物流公司利用电动物流车淘汰置换传统物流车。

二、多管齐下培育新能源汽车私人领域应用市场

针对私人领域新能源汽车的需求特点，从购车、用车的各个环节为消费者创造便利、完善、性价比合理的消费环境，扩大新能源汽车在私人领域的推广应用。

（1）合理调整准入与激励，完善购车环节政策。开放新能源汽车市场准入，吸引优秀电动汽车企业以及高质电动汽车产品进入，为消费者提供更多选择。推动插电式混合动力汽车的应用，形成明确统一、可执行性强的推广政策。明确小客车指标按照来源属性管理，普通小客车指标可购买新能源小客车，购买后仍可换回普通小客车指标。出台老旧机动车淘汰更新鼓励政策，鼓励更新为新能源汽车。探讨车辆购置税优惠政策。建立适当的财政补贴退坡机制，通过逐步退坡刺激车企不断提升技术与工艺，提高新能源汽车性价比。

（2）加强用车规范，提升用车环节便利化程度。借鉴其他地区或城市经验，重点研究纯电动车不限行、差异化停车费、减免过路费等用车优惠政策。加强新能源汽车使用的后期监督管理，实行产品召回制度。通过合理优惠的电价定价，降低用车成本，如

对经营性集中式充换电设施用电实行价格优惠，执行大工业电价；居民住宅小区等充电设施用电执行居民电价，电动汽车充换电设施用电执行峰谷分时电价政策。鼓励开展对经营管理、车辆驾驶、维修保养、运营调度、应急管理等从业人员的专业技术培训，更好地为消费者提供服务。

（3）鼓励分时租赁商业模式发展。制订明确的纯电动汽车租赁指标年度配置计划，加大指标配置比例，加快布局电动汽车分时租赁网络，推动形成车、桩、网点之间的互联互通，使其成为城市多层次公共交通体系的有益组成部分。探索电动汽车分时租赁的有效商业模式，如可允许租赁企业进行车身和场站广告业务、洗车服务及充电服务等延伸业务，实现可持续发展。

三、着力推进新能源汽车基础设施统一建设与运营体系

（1）充电设施建设中标准的统一非常重要。虽然2012年国家就已制定充电设施相关标准，对硬件接口和通信协议等进行了规范。但现实中不同车型、不同充电桩甚至不同批次产品之间都会出现不一致的情况，导致车桩之间交叉调试时间长、难度高，甚至不能充电。需加大公共领域充电基础设施的统筹协调力度，推动充电设施互联互通，实现充电设施规模化、网络化，探索便捷统一的充电结算方式。对充电设施建设企业进行备案制管理，保证充电设施质量、建设运营情况及后期维修保障等服务水平。

（2）完善公用充电设施服务网络建设。采用“自用慢充为主，公用快速补电”模式，结合城市建设发展和配电网规划，在中心城区打造服务半径平均为5 000米的充电圈，逐步建成公共充电设施网络服务体系。公交领域建设大型充换电站；针对出租车按照合理的车桩比建设交流快速充电桩，同时在出租企业建设慢充桩；在社会公共停车场、交通枢纽停车场、大型商超停车场、高速公路服务区、电动汽车专业销售店、具备条件的加油站等区域建设快速充电桩；调动社会力量参与基础设施建设的积极性，推动形成基础设施建设、运营、管理的市场化机制；研究推进建设京津冀一体化充电服务网络。鼓励新型充电桩试点建设，如路灯充电桩、太阳能充电桩、大型立体停车充电楼等。

（3）推进单位及个人自用充电桩建设。明确既有居住区内用户、物业、充电设施建设单位等各方的权利和义务，并要求协调配合推进充电设施建设，鼓励物业小区与有资质的充电设施运营服务商共同建设快充桩。明确新建及改建建筑按照不低于一定比例的停车位配建充电设施，并将此作为规划审批条件。鼓励车企与保险公司合作，为充电桩购买保险。出台政策鼓励符合条件的单位留出一定比例配建充电设施，并面向社会开放。

四、推进新能源汽车产业体系化建设

新能源汽车产业的发展需要一个整体的体系化建设，构建符合今后长期发展要求的

产业模式和方向。整车制造企业应进一步加大在关键技术、前沿科技、高附加值精加工生产等方面的研发和投入力度。掌握新能源汽车产业链条中的关键技术，拥有技术开发和产品上市的主动权。积极部署下一代产品技术的研发，注重持续创新能力，加强关键技术和核心技术的前瞻性研究。对于通用型零部件可以加大外包力度和份额，对于电动汽车自身特有的三大电、三小电等设备，应重点关注并加强研究，凝练相关研究关键点。

注重新能源汽车与电力、储能、后期使用等相关领域和行业相匹配，从产业链上下游整体推进产业的整体发展。通过产学研联合研究，持续加大科技创新及产业化力度，重点提升动力电池、驱动电机、整车电控等关键核心技术水平，支持新型动力电池开发，完善动力电池回收重点研究。探索打造多元性体系，形成插电增程、混合动力、纯电池驱动、燃料电池以及在线充电双源等不同储能驱动方式、不同充电模式的多种车型交叉混合领域。

第十五章　北京大数据技术创新与应用研究①

内容概要：大数据技术创新与应用研究对提升政府治理能力、推动传统产业转型升级、实现巨大的经济效益具有重要的支撑作用。本章首先梳理了大数据的内涵与生态系统，分析了北京大数据发展的基础和面临的挑战，研究提出了北京大数据发展的主要任务，以及在政务、电信、金融、交通、零售、制造业、环保和医疗等领域方面的重点应用，并在建立和完善组织机制、加大政策资金扶持力度、提高产业技术创新能力、强化专业人才队伍建设、推动信息资源共享体系建设及提升信息安全保障能力等方面提出了对策建议。

信息技术的广泛深入应用，引发了数据量的爆发式增长，使人类进入大规模生产、分享和利用数据的大数据时代。对大数据进行深入分析和科学利用，能够总结经验、发现规律、预测趋势，拓展人类认识世界和改造世界的能力，提升政府治理能力，推动传统产业转型升级，实现巨大的经济效益，提高安全保障能力。加快推动大数据技术创新与应用已成为一国或地区打造核心竞争力的战略制高点。

第一节　大数据的内涵与生态系统

目前，大数据尚无统一的定义。一些政府、企业、高校和科研机构分别从不同的角度，阐述了对大数据的理解，详见表15-1。

表15-1　大数据的不同概念

机构	角度/出发点	内容
Apache	网络搜索、数据量	是指为更新网络搜索索引需要同时进行批量处理或分析的大量数据集
维基百科	数据库、处理能力	是那些无法在一定时间内使用常规数据库管理工具对其内容进行抓取、管理和处理的数据集
Gartner	处理能力	超出了常用硬件环境和软件工具在可接受的时间内为其用户收集、管理和处理数据的能力
麦肯锡	常规处理能力、数据量	大小超出了典型数据库软件工具收集、存储、管理和分析能力的数据集

① 本章由中国电子信息产业发展研究院和中国信息通信研究院课题组共同完成，安晖所长为课题负责人。周大铭、陈光、安琳、吕海霞、蒲松涛等参与课题研究。

续表

机构	角度/出发点	内容
亚马逊	处理能力	大数据是任何超过了一台计算机处理能力的数据量
美国白宫的“大数据开发计划”	数据挖掘	大数据开发也可指“从庞大而复杂的数字数据中发掘知识及现象后的本质”
野村综合研究所	大数据特征和数据价值	广义的大数据“是一个综合性概念，它包括具备3V特征而难以进行管理的数据，对这些数据进行存储、处理、分析的技术，以及能够通过分析这些数据获得实用意义和观点的人才和组织”
美国白宫	数据源类型、处理能力	大数据集是“庞大的、多样化的、复杂的、纵深的和/或分布式的，它由各类仪器设备、传感器、网上交易、电子邮件、视频、点击流，以及现在与未来所有可以利用的其他数字化信号源产生”。大数据反映了那种不断增长的捕捉、聚合与处理数据的技术能力，而这个数据集在数量、速率与种类上持续扩大

大数据的特征包括体量大、类型多、速度快和价值不定。大数据的重要作用主要体现在三个方面，即推动信息产业创新发展、促进宏观和微观经济增长、提高社会管理能力。大数据对部分经济领域的影响见表15-2。麦肯锡研究表明，在医疗、零售和制造业，大数据每年可以使劳动生产率提高0.5~1百分点。数据使用率提升10%对各行业人均产出的平均提升幅度见图15-1。

表15-2 大数据对部分经济领域的影响

相关经济领域	主要影响
美国医疗服务业	每年价值3 000亿美元；大约0.7%的年生产率增长
欧洲公共部门管理	每年价值2 500亿欧元；大约0.5%的年生产率增长
全球个人位置数据	服务提供商收入1 000亿美元或以上；最终用户价值达7 000亿美元
美国零售业	可能的净利润增长水平为60%或以上；0.5%~1.0%的年生产率增长
制造业	产品开发、组装成本降低达50%；运营资本降低达7%

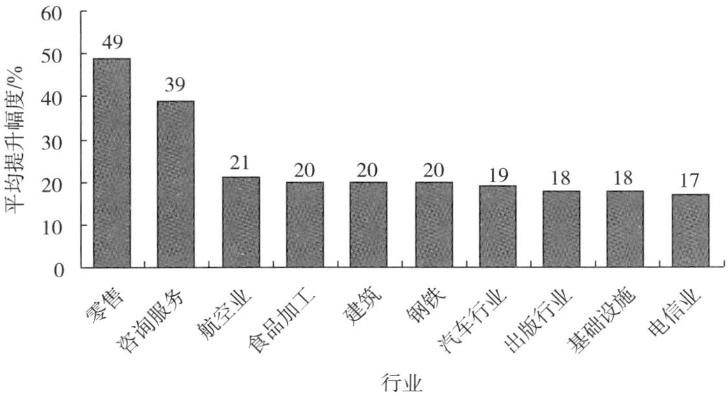

图15-1 数据使用率提升10%对各行业人均产出的平均提升幅度

大数据生态系统有狭义、广义之分。从狭义来看，大数据生态系统涵盖数据的采集、传输、分享、存储、分析挖掘，到最终的呈现与应用整个生命周期，包括各环节中涉及的软硬件基础设施。从广义来看，大数据生态系统还包括技术开发环境、各环节相互作用机制和外围发展环境（政策环境、市场环境）等。围绕“数据”核心，大数据生态系统的重点应聚焦在数据从产生到应用的整个过程，以及这个过程的基础架构和技术环境。大数据关键技术的发展趋势是技术趋向多样化、数据分析将成为大数据技术核心、实时性的数据处理将得到广泛应用、基于云的数据分析平台将更加完善、开源软件成为推动大数据技术发展的新动力。

第二节　北京市大数据发展的基础和挑战

一、北京市大数据发展的基础条件

（一）产业链条初步健全，集聚效应开始显现

北京市在数据获取、数据存储、数据分析、数据应用、数据安全等产业环节涌现出一批领先企业和创业企业，包括华为、曙光、神州数码、百度、新浪、京东、亿赞普、博彦科技、和利时、软通动力等。这些企业高度重视大数据业务发展，通过技术研发不断地推出大数据相关产品，实现了从硬件到软件，从产品到服务的产业链覆盖，上下游企业间协同效应初步显现。

（二）技术处于国内领先，竞争能力明显提升

北京汇聚了华为、神州数码、亿赞普、奇虎360等掌握领先技术的一批国内信息技术企业和百度、新浪、京东等互联网龙头，这些企业利用软硬件技术基础和掌握大量数据资源的优势，不断组织大数据关键技术攻关，并基于大数据分析优化提升现有业务、开拓新业务。百度基于搜索引擎天然优势和技术实力，开发出很多大数据技术和产品，并向外界提供大数据存储、分析及挖掘的技术。和利时将大数据应用于工业领域，优化工厂的数据模型，发挥大数据在经验反馈、预防性维修、设备管理系统等方面的作用。

（三）大数据模式创新走在前列，形成一定先发优势

2014年年初，国内首个聚焦数据交易的行业组织“中关村大数据交易产业联盟”在北京成立。该联盟以推动数据资源开放、流通、应用为宗旨，努力构建中关村乃至全国大数据流通、开发、应用的完整产业链。该联盟制定首个大数据交易规则，并建设了中关村大数据交易平台。2014年12月，北京软件和信息服务交易所有限公司（简称北京软交所）成立了“北京大数据交易服务平台”，目的在于盘活北京乃至全国的数据资产、实

现数据资源的有效利用。北京市是最早建设数据开放平台的省份，在数据开放和社会化应用方面走在全国前列。

（四）人才培育率先启动，创新体系初步建立

北京集聚了北京大学、清华大学、中科院等大批高校和科研院所，丰富的科教资源为大数据人才培养奠定了坚实基础。清华大学成立数据科学研究院，并宣布将推出多学科交叉培养的大数据硕士项目，第一批大数据硕士学位研究生于2014年9月正式开始培养。北航成立大数据科学与工程国际研究中心，并整合多方优势资源，联合创办了国内第一个“大数据科学与应用”软件工程硕士专业，加速相关人才培养。中科院软件研究所与NTT DATA合作，成立SNS（social networking services，即社会性网络服务）及医疗大数据应用研究中心，布局大数据战略方向。

二、北京重点领域和行业大数据发展现状

北京市政府部门很早就意识到海量数据信息所蕴含的价值，其有利于政府组织效能的提升、公共服务水平的改善、政府透明度的提高。北京市政府部门在推动政府大数据发展方面走在了国内其他城市的前面，其中市经信委牵头建设的北京市政府数据资源网（www.bjdata.gov.cn）和北京市科委组织的首都科技大数据平台（www.bicat.cn）是典型代表。

首都科技大数据平台应用于破解空气污染、水环境治理、交通拥堵等城市发展难题，有助于提高北京市政府的治理能力和管控水平。北京市已经将大数据应用于公共安全领域。作为2014年APEC领导人非正式会议的举办地，北京市怀柔区警方通过运用大数据、云计算和科学分析模型，整合历年案件资讯建立了犯罪数据分析和趋势预测系统，能够预测犯罪趋势，指导警力投入。北京市还把大数据应用到了金融监管领域。通过大数据采集、分析技术，全天候无缝隙地对非法集资活动进行监测预警。

北京重点领域和行业大数据发展现状如下：

（1）电信。北京市电信行业较早认识到大数据及相关技术带来的巨大商业机遇，积极改革自身结构组成，挖掘新的利益驱动增长点，其中以北京联通的全业务数据精准营销和挖掘系统最为突出。

北京联通作为地区主导运营商，抓住技术与市场契机，充分利用固、移两网用户资源，以云计算技术为基础，结合两网数据流量、用户信息等基础数据，以移动用户身份识别、行为分析等数据挖掘技术为价值发现手段，同时引入以OTO（online to offline，即线上付费线下服务）为核心的新型营销理念，建立了“基于固移融合全业务数据的精准营销及商机挖掘系统”（表15-3）。

表15-3 北京联通的“基于固移融合全业务数据的精准营销及商机挖掘系统”

项目	内容
挑战	“数据海量、信息缺乏”是许多运营商在数据大集中之后面临的尴尬问题，新的挖掘模型对于数据密集型公司更加重要
探索和革新	（1）实现多种类型数据的采集、整合和分析挖掘：系统采集不仅仅包括固、移两网数据流量，也包括业务用户在BSS（business support system，即业务支撑系统）域内的信息（用户信息、话单和消费），接入网络信息，固、移用户LBS（location based service，即基于位置服务）信息，以及用户终端信息； （2）建设了“大数据挖掘安全防火墙”：通过对数据采集、数据分析、数据结果三个层次的隔离以及用户身份标识加密等手段提供高级别的信息安全保障，形成大数据安全信任环境，运行合作伙伴具有知识产权的数据挖掘处理算法； （3）建立“返佣至推荐人式”佣金体系和激励机制：通过建立众包机制，将充分利用社会化网络的用户及渠道资源，将传统线下营销拓展至移动互联网领域，拓宽自有业务销售模式
应用结果	（1）云管家支持作为典型系统支撑，从2012年8月开始上架，到2012年12月为止，4个月时间已经有35万活跃用户； （2）动漫、云游戏支撑，从2012年8月上架，4个月时间就拥有了激活用户数50万

（2）金融。全国金融领域的最高机构一行三会（中国人民银行、中国银行业监督管理委员会、中国证券监督管理委员会和中国保险监督管理委员会）以及70多家高端金融机构的总部汇聚在北京，完善了北京的金融功能。作为国内金融大数据的主要推动者，北京市金融行业已经在一系列相关方向开展了尝试工作，其中九次方大数据的“金融大数据平台”已经成为国内首屈一指的综合分析平台，见表15-4。

表15-4 九次方大数据的“金融大数据平台”

项目	内容
机遇	当前，数据的分析处理能力制约了金融业的进一步发展，一个能够提供数据综合分析业务的金融服务平台是市场急需的
数据和分析	（1）数据优势：九次方大数据平台拥有海量的交叉数据分析资源； （2）先发优势：九次方大数据从2010年就开始做企业数据沉淀，已经沉淀了2005年至今的连续性企业数据，且每家客户都设定了200项指标； （3）技术优势：九次方大数据拥有大数据挖掘技术、企业数据采集、数据建模、可视化技术方面的大数据产业链人才
应用结果	（1）作为中国金融市场上第一家金融大数据信息分析平台，目前也是世界上唯一掌握了中国一级市场企业大数据的终端； （2）九次方大数据目前实现了对4万多个细分市场的企业及相关产业的分析，得到了业界和监管方面的双向好评

（3）交通。作为全国第二大城市，北京的交通面临着严重的拥堵压力，尽管市政资源在城市交通方面投入了大量资金，地铁和公交线路不断投入使用，汽车摇号制度和限号管理制度日趋严格，但是在日常生活中，交通拥堵仍然没有显著改善。大数据技术的出现，为北京市解决交通拥堵问题提供了一条新的思路。北京市早在2010年年底就建成了北京市的交通运行监测调度中心（Transportation Operations Coordination Center，TOCC），通过加强对整体交通情况的监管和分析，北京市民如今可以很方便地对交通运行状态进行预测，一定程度上缓解了交通拥堵的状况。另外，以高德地图为代表的互联网公司也应用大数据积极参与和推动北京智慧交通建设（表15-5）。

表15-5　高德地图的“高德地图APP”

项目	内容
机遇	交通拥堵在北京等大城市成为一种严重的社会问题，除了政府和相关部门的管理之外，高德地图利用自己的实时交通信息服务也可以贡献自己的力量
数据和分析	（1）众包手段：3亿名高德地图导航用户生产的众包数据，使得每个人在使用交通导航服务时，既是信息使用者又是信息分享者； （2）实采数据：高德自己借助车辆和步行等手段，结合图像识别技术对必需的数据进行采集和处理； （3）海量搜集数据需要进行提炼和抽取，然后进行加工和处理，这样反馈到用户的APP上，就实现了推荐路线和交通状况的温馨提示
应用结果	根据高德地图的抽样统计，使用高德地图躲避拥堵功能智能出行，平均每月为用户节省的时长可达700年，节省的油耗高达1 840万升，折合人民币1.3亿元

（4）零售。零售业作为北京市的支柱产业，其发展速度和规模一直以来都处于国内领先地位。大数据技术的出现，加快了线上线下零售业的融合速度。在北京市，为应对新的信息技术，知名线上零售业，如京东、淘宝，知名线下零售业，如王府井、大悦城，均已开展了各自的大数据应用。北京市零售行业大数据正在蓬勃发展、不断壮大的。

（5）制造。工业物联网和工业互联网已经成为国内制造业发展的主流方向，北京市作为信息技术的汇聚地，需要充分利用自身的技术优势，为整个行业的大数据发展提供相关支撑。和利时作为中国领先的自动化与信息技术解决方案供应商，顺应数据时代的发展需要，率先推动了自身的大数据发展，如今已经基本建成了以过程自动化、工厂自动化和轨道交通自动化为核心业务的自动化服务体系。

（6）环保。近年来，北京市空气污染程度日益加深，社会舆论和环保压力迅速提升，京津冀环保一体化也对北京市环保行业大数据应用提出了新要求和新挑战。随着环保监测需求的多样化、环保企业项目和产品管理的先进化，大数据在产业发展中的战略性地位将更加凸显。

近年来，北京市环境监测领域信息化水平不断提升，形成了以北京市环境保护综合办公平台和环境信息资源共享服务平台为核心的信息化体系，建立了完善的数据共享管理制度。空气、污水、烟尘、噪声等环境质量监测服务和危险废弃物、放射源废物等环保监管服务将全面开展。北京通州的大气监测系统见表15-6。

表15-6　北京通州的大气监测系统

项目	内容
机遇	随着京津冀地区环保压力日益升高，对应用大数据治理环境污染等问题的需求随之增强。原来采用的是专业设站，建设成本高，只能建设少量基站，百姓无法直观地感受应用到大气监测的作用
数据和分析	（1）空气污染自动监测仪、气象参数仪、数据采集仪等设备采集的数据，污水、烟尘、噪声等相关数据； （2）在900平方千米布设了多达450个现场监测点，密布到村庄、街道等基层单位； （3）实时、全面地采集数据，每分钟上传一次数据，并在大数据中心进行数据处理、挖掘，从而可以快速确定污染源的种类以及出现的时间、地点，彻底解决了雾霾定位的问题； （4）根据判定结果，给出参考处理意见

续表

项目	内容
应用结果	（1）项目实施后，可以随时通过手机了解到其所在位置的大气状况，是否有雾霾、$PM_{2.5}$含量是多少、对人体有哪些影响、污染源头从哪里过来等； （2）对于环保管理部门，可以在污染物出现的几分钟内定位污染源的位置

（7）医疗。随着大数据在医疗健康领域的深入应用，北京市医疗部门和研究机构在医疗大数据方面进行了积极探索。例如，首都医科大学附属北京安贞医院和辉瑞投资有限公司共同签署了关于启动国内首个心血管医疗大数据中心的战略合作项目。2014年，北大医疗信息技术有限公司与北京大学合作成立了北大医疗健康大数据研究院。北大医疗信息技术有限公司开发了临床预警和建议类的大数据应用。北京市创新企业春雨医生开发了健康咨询APP，激活用户超过4 500万人，签约医生达5.5万人，每日提问量超过5.5万条。春雨医生医疗健康大数据应用情况见表15-7。

表15-7　春雨医生医疗健康大数据应用

项目	内容
机遇	北京市具有非常丰富的优质医疗资源。利用移动互联网和大数据技术帮助人们掌握健康、延缓衰老、治疗病痛，展现出巨大的市场机会
数据和分析	（1）能够根据关键词检索，不管是搜索症状、身体部位还是药物关键词，都会有详细的内容提供给用户。例如，如果输入症状，会显示在春雨医生上专业医生解答相关问题的健康建议，搜索药物关键词，可以查到专业医学药典对于此药物的解释，和春雨医生上专业医生相关的对症用药建议； （2）电子健康档案服务全面，数据可视化，折线图明晰反映数据变化，还可订阅相关健康服务，将健康数据一键推送给专业医生； （3）针对大众健康方面的人工智能查询以及真实医生的专业咨询意见，帮助用户以较低成本获得优质的健康咨询服务
应用结果	每天会有5万个健康问题得到专业医生解答，春雨医生后台的人工智能算法可以将这些问题数据化，洗练整理，提炼关键词，为用户带来更大的健康价值

三、北京大数据发展面临的挑战

（一）基础支撑能力不强，核心技术研发能力亟待提升

北京虽然聚集了一批国内领先的软硬件企业，但无论是服务器系统、数据库、云终端设备，还是大数据一体机、新型架构计算机、大数据获取工具等大数据基础设备和软件产品尚无法支持产业的快速发展。这导致北京大数据依靠本土技术只能发展基础设施建设、数据存储等低端业务。特别是在大数据核心技术以开源模式发展的过程中，北京市的相关企业仍然没有在创新链条中占有一席之地。反观硅谷等地，最近几年涌现了Cloudera、Hortonworks、DataBricks等一大批占据了大数据技术创新源头的企业，衍生出完善的大数据创新生态链。

（二）应用能力较为滞后，各领域应用发展缓慢

目前，我国大数据应用能力提升步伐迟缓，各行业、各领域的机构和企业对数据的使用多数仍集中在结构化数据应用上，对于非结构化数据的利用则几乎为空白。各专业领域与大数据的融合还不够成熟，而成熟的大数据行业解决方案凤毛麟角，应用效果也有待市场进一步检验。在政务大数据应用方面，我国还面临着各委办局分散建设“烟囱式”大数据系统的局面。如果这样的局面延续下去，将会制约大数据大平台的规模优势和数据融合价值的发挥。

（三）数据资源建设落后，影响数据开放和共享

数据资源的质量差，标准规范缺乏，管理能力弱，导致数据价值难以被有效挖掘利用，这是政府和公共部门面临的普遍问题，北京市大数据应用发展也同样面临这样的问题。此外，数据所有权相关法律法规不健全，个人信息保护和信息安全、开放共享等标准规范缺乏，尚未建立起兼顾安全与发展的数据开放、管理和信息安全保障体系，也在一定程度上制约了北京大数据发展。

第三节　北京市大数据发展的主要任务和应用重点

一、主要任务

（一）加强基础理论研究

鼓励高校开设大数据专业，开展大数据基础理论研究和人才培养，探讨并掌握数据科学的基础理论和基本方法，为大数据技术研发提供支撑。加快研究建立数据分类的基本方法和数据科学的实验方法，探索数据的各种类型、状态、属性及变化形式和变化规律。加快大数据理论、方法与各领域融合研究，形成跨专业、多领域交叉的数据科学。加强大数据复杂性研究。

（二）加快突破共性关键技术

攻克面向EB（exabytes，即艾字节）级海量数据的新型数据存储、表示、管理、查询和异构化处理等关键技术。重点突破虚拟技术、资源弹性调度、分布式存储和并行计算等共性技术、非结构化数据处理技术、大数据挖掘和分析技术。突破新型数据仓库、机器学习、人工智能等关键技术，突破用户行为分析、情感语义分析、网络海量数据挖

掘等技术。研发自然语言分析、信息提取、知识表现、自动化推理等核心技术，突破基于超大规模神经网络的深度学习技术。

（三）支持大数据产品和服务研发

支持自主大数据开源软件及其社区发展，支持大数据技术标准制定；开发数据采集软件、清洗软件、管理软件、安全测试软件、可视化软件、大数据分析工具、大数据引擎和大数据挖掘算法库等。支持企业面向行业共性需求，开发行业大数据解决方案；面向数据产生、存储、挖掘、分析、可视化等全生命周期各环节，结合行业发展特点，为企业开发定制个性化的整体大数据解决方案。引导企业加快商业模式创新和服务模式创新，拓展服务领域，丰富服务形式和内容，不断满足用户的个性化需求。支持软硬服务一体化发展。

（四）推动基础设备研制

加快推动面向大数据存储、处理、呈现全环节、软硬一体化的大数据一体机的研制、应用和升级，采用全分布式新型体系结构，实现大数据统一存储和集群规模可动态扩展。研发共性海量数据存储设备，面向行业实际需求，研制与行业特点深度融合的高性能存储系统，研发超高容量新型光学存储介质与存储设备。研发新一代的自动数据处理设备、数据通信设备、数据恢复设备和数据链路设备等，研制具有超高数据传输速率、高效数据处理能力和可变存储结构的新型架构计算机。加快推动云终端设备、可穿戴设备、移动终端设备的开发和应用，支持研制大数据定制化设备。

二、重点应用领域

（一）政务大数据应用重点

加强突发事件预警、治安防控、应急救援等应用的开发和推广，汇集公安、气象、地震、水务、林业、国土、卫生、安监等部门及酒店、宾馆、交通等企业的数据，开展安全状态分析研判、预案管理、协调调度等服务。汇集各部门掌握的企业数据、税收数据、资源数据、商务数据等，开展经济运行状态分析，提供宏观经济预判等服务。依托环境信息网络建设，开展空气、污水、烟尘、噪声等环境质量监测服务和危险废弃物、放射源废物等监管服务。面向食品药品监管需求，结合食品药品销售企业和电子商务运营销售数据，提供食品药品监管服务。

（二）电信大数据应用重点

支持电信运营商加快原有信息化系统向大数据分析平台的升级，加快数据中心的建设，实现各种业务数据的统一集成。支持电信运营商利用大数据资源，建立数据仓库和标准化模型，形成数据挖掘能力。支持电信运营商开发和部署电信行业大数据应用，开展精准营销、网络优化、经营分析等内部应用，降低运营成本，提升服务品质。支持电信运营商与政府部门、互联网企业、金融机构、物流企业等开展跨领域大数据合作，基于运营商大数据资源与服务能力，开展创新应用示范。

（三）金融大数据应用重点

鼓励保险企业将历史保单数据与物联网、车联网、可穿戴设备等数据源融合，结合交通、医疗、农业、天气等行业数据和互联网数据，拓展新险种，开展精准营销和精细化的保险服务。支持银行类企业利用网点、网银和移动终端等渠道丰富数据源，在个人理财和中小企业融资等方面利用大数据开展产品创新，提高欺诈防范、风险控制、市场营销和个性化服务能力，进一步降低成本。促进基于大数据的征信等中介服务的创新发展。

（四）交通大数据应用重点

支持交通管理部门和交通服务企业对公交车载客量、上下车时间、车辆定位信息等数据的采集和智能分析，提供公交车辆线路跟踪、到站预测、电子站牌信息发布、油耗管理等服务，降低公交运营成本，提高调度应变能力和乘客服务水平。加快利用大数据为交管部门提供交通运行监测与管理、交警管理指挥、应急调度、非法营运管理、车辆线路识别等决策辅助服务。支持第三方企业利用公共数据和个人位置信息，开发基于地理位置服务的大数据应用，为社会大众提供交通信息、出行提示、紧急救援、停车位信息等服务。

（五）零售大数据应用重点

加快建设零售业大数据分析和服务平台，为零售企业提供广告策略优化、精准营销、库存管理、新业务拓展等服务。支持零售企业加快发展电子商务平台，并集成物流企业、生产企业、销售企业、消费者等各方数据，形成综合零售数据仓库，开发线上线下相结合的数据应用解决方案，并提供数据仓库的开放接口，制定访问规则。鼓励第三方信息技术企业基于零售业数据仓库开发零售行业大数据分析应用解决方案，提升零售业企业的客户关系管理、财务分析、市场预测、供应链管理等多方面管理能力，降低成本、提高效率，实现商业智能。

（六）制造业大数据应用重点

支持企业立足自身业务需求，整合已有的ERP（enterprise resource planning，即企业资源计划）、PLM（product lifecycle management，即产品生命周期管理）、CRM（customer relationship management，即客户关系管理）、MES（manufacturing execution system，即制造执行系统）等数据资源，形成统一的制造数据仓库，加快建设基于大数据的智慧工厂管理调度和供应链管理系统。推动基于大数据的智能制造系统建设与应用。支持制造企业根据业务发展的需要，在设计、生产、实验、仿真、集成等环节，应用大数据技术，提高设计研发的效率，实现敏捷制造。支持企业将大数据分析技术与物联网、移动互联网等技术融合，建立集设备状态跟踪、监控和服务于一体的完整信息服务系统，提供故障预警、智能诊断、维修调度、人员培训等创新服务，开展基于大数据的制造服务模式创新。

（七）环保大数据应用重点

建立统一的、实时的环境监测传感体系，构建环保数据中心将各类环保数据进行整合、存储和管理，利用大数据可视化技术实现环保数据的立体化展示，为相关主管部门制订环境治理方案、监测环境治理效果提供支撑。借助京津冀一体化规划的实施，发展京津冀环保一体化服务平台，依托各类环境数据和大数据挖掘、分析手段，开展风险预警、企业信用评价、产品追溯、检验检测数据分享、污染检测预警等服务，在企业管理方面，建立汇集企业基本信息、地理坐标、建设项目、污染防治设施、违法行为处理等情况的电子档案，提升对企业排放污染物的管理和治理水平。

（八）医疗大数据发展重点

提供基于大数据的健康评估服务。采用现代医学、现代管理学、统计分析和数据挖掘的理论技术，建立健康评估和健康风险评估模型，通过医疗健康大数据分析，建立适合不同人群的健康状态评估模型，对个体或群体整体健康状况、影响健康的风险因子、疾病风险、生活方式、心理状态进行全面检测、评估和有效干预；基于大数据的个性化诊疗服务。为用户提供更加个性化和精细化的医疗咨询服务，为医务工作者提供个性化的处方定制功能。

第四节　对 策 建 议

一、建立和完善组织机制

成立由市领导挂帅，市各相关部门和有关单位为成员的北京市大数据发展领导小组。采取联席会议制度，建立跨部门、跨行业的大数据战略实施协同推进工作机制，协调大数据发展的重大事项，推动大项目建设，合力推进大数据应用与产业发展。成立大数据专家咨询委员会，为相关工作开展提供咨询意见和建议。由北京市科委牵头，成立由国内外知名专家组成的北京市大数据专家咨询委员会，并建立定期会议制度，为全市大数据战略制定实施，拟定大数据发展政策，协调产业发展重大问题以及项目工程的推进实施提供重要参考和决策咨询。

二、加大政策资金扶持力度

研究制定适应大数据发展的相关政策法规，基于已有财力和资金使用方式，加大扶持力度，聚焦重点项目，采取有效措施推进建设，营造良好的产业环境。在以科技专项资金支持大数据技术创新时，明确要求信息技术企业必须与用户企业联合申报，并以应用成效作为首要考核目标。设立支持大数据技术创新与应用发展的专项资金，通过政府采购、应用补贴、股权投资、担保贷款、贷款贴息等方式，优先支持研发创新类和应用示范类项目，并鼓励大数据相关企业参与申报国家专项资金项目。鼓励和引导各类风险投资机构加大对大数据发展的投资力度。

三、提高产业技术创新能力

围绕云计算、物联网、移动互联网、智能终端等新兴技术领域，加强在大数据采集、存储、处理、分析、应用、可视化等技术环节的创新。支持全市信息技术服务骨干企业、科研机构联合国内外知名大数据机构或厂商，通过产学研用相结合，开展大数据关键技术、解决方案等创新研究，共同推进研究成果市场化应用。成立北京市大数据技术创新与应用发展联盟，汇聚政产学研用等多方资源，共同推进面向应用的大数据相关理论研究、技术研发、数据共享、应用推广，形成开发合作、协同发展的大数据技术、产业和应用生态体系。

四、强化专业人才队伍建设

依托全市丰富的智力资源优势，支持有条件的高校结合计算机、数学、统计学等相关专业基础，设立和发展大数据相关专业，培养跨学科的数据分析技术和管理人才。鼓励高等院校、科研机构和企业联合开设大数据课程，积极开展专业人才培训。支持有条件的企业和机构来京建立培训中心和实习基地，与高等院校、科研机构合作，对大数据技术研发、市场推广、服务咨询等方面的人才进行岗位培训与职业教育。对于掌握核心技术和拥有自主知识产权的高级技术人才，提供安家补贴与科技专项补贴等资金扶持。

五、推动信息资源共享体系建设

制定各类公共数据、商业数据和个人数据资源共享与开放利用的相关法律法规和标准规范。制定数据权属法律法规，界定数据的所有权、使用权、知情权等法律责任。制订政府数据开放计划，明确数据开放的目的、目标与行动方案。开展政府数据开放试点和示范，实行分类指导、分层推进和分步实施向社会开放数据。梳理全市已建、在建及新建电子政务系统，整合政务信息资源。启动建设全市大数据平台。建立大数据收集渠道，分类整合交易数据、交互数据和传感数据，推进无线射频识别技术、传感装置等普及应用。采用市场化运营机制，面向企业构建数据交易和协作平台。

六、提升信息安全保障能力

依托全市在信息安全领域骨干企业、高等院校以及科研院所的丰富资源，积极探索制定面向政府信息采集和管控、敏感数据管理、数据质量、数据交换标准和规则、个人隐私等领域的大数据安全保障制度建设，强化大数据存储、灾备、应急管理服务能力和机制，明确大数据采集、使用、开放等环节涉及信息安全的范围、要求和责任，确保国家利益、社会安全、商业秘密、个人隐私等信息不受侵犯。推动数据交换过程中的数据来源追溯和安全保护，支持数据产品知识产权的研究和保护。加强大数据环境下信息安全认证体系建设，做好信息安全顶层设计，有效确保数据采集、传输、处理等各个环节的安全可靠。

第十六章　北京智能机器人产业发展战略研究①

内容概要：智能机器人技术是国家战略性高技术，《国家中长期科学和技术发展规划纲要（2006—2020年）》明确提出将机器人产业作为我国制造业重点突破发展的领域之一。北京智能机器人技术研发水平处全国前列，科技资源丰富，产业链初步形成。本章通过对国内外智能机器人产业发展情况调研，摸清了北京智能机器人产业现状，分析了智能机器人产业发展所面临的技术瓶颈和产业壁垒，提出了北京智能机器人产业发展政策建议，为政府相关部门制定产业推进战略提供了决策参考。

现代机器人的研究始于20世纪中期，其技术背景是计算机和自动化的发展以及原子能的开发利用。随着机械、信息、材料、控制、医学和人工智能等技术的快速发展，智能机器人已经广泛应用于汽车及汽车零部件制造业、机械加工行业、电子电气行业、医疗康复、家庭服务、特种应急等诸多领域。

目前，国际上对智能机器人的定义并无统一说法，国际机器人联合会（International Federation of Robotics，IFR）对机器人的初步定义如下：机器人是一种半自主或全自主工作的机器，它能完成有益于人类的工作，应用于生产过程称为工业机器人，应用于特殊环境称为专用机器人（特种机器人），应用于家庭或直接服务于人称为（家政）服务机器人。

智能机器人产业的发展具有明显的产业带动作用。智能机器人的发展，将会带动位于产业链上游位置的机械、信息、材料、控制、医学和人工智能等基础学科和专业的技术进步，同时也将带动其下游行业应用等配套延伸的快速发展。下游产业的发展，又会产生更多的需求，从而反馈到整个产业链中，促使智能机器人产业链本身的发展。这是一个循环的过程。

第一节　全球智能机器人产业发展现状和趋势

机器人是制造业皇冠顶端的明珠，其研发、制造和应用是衡量一个国家科技创新和高端制造业水平的重要标志。美国、日本、韩国、欧洲等发达国家和地区都十分重视智

① 本章由北京生产力促进中心课题组完成，张泽工主任为课题负责人。高谦、贾净、周恢、李玉明、宋文峰等参与课题研究。课题组在智能机器人领域开展了持续研究，本章重点基于“十三五”时期智能机器人发展的深入研究。

能机器人产业发展。

一、全球智能机器人产业发展现状

机器人技术和系统的研发得到各国政府、科研机构和企业的高度重视。我国在科技部863计划、自然科学基金、科技重大专项等科技计划中针对工业机器人、服务机器人相关研发进行了重点部署。美国、欧盟、日本、韩国等国家和地区在机器人领域都开展了广泛研究，但关注领域和优势不尽相同。美国在国防军事、航空航天、生物、医疗、服务等领域，欧盟在工业机器人、生物、医疗、服务等领域，日本在工业机器人、仿人机器人、个人/家用、服务等领域都具有各自的技术优势。

（一）工业机器人产业最发达的区域集中于日本、美国、德国、韩国

目前，国际上以日本、美国、德国和韩国的工业机器人产业最发达。日本号称“机器人王国”，在工业机器人的生产、出口和使用方面都居世界首位，日本工业机器人的装备量约占世界工业机器人装备量的60%。美国是世界上机器人强国之一，基础雄厚，技术先进。德国工业机器人的总数占世界第三位，仅次于日本和美国；其工业机器人的研究和应用处于世界领先地位。韩国是工业机器人的后起之秀，于20世纪80年代末开始大力发展工业机器人技术，在政府的资助和引导下，近年来已跻身机器人强国之列。

（二）全球服务机器人产业发展市场快速增长

根据国际机器人联合会统计，2002年全球家庭服务机器人销售60万台，2006年达突破性的200万台，2008年达350万台，到了2011年更是突破性地达到750万台，年平均增长超过40%，家庭服务机器人是继个人电脑之后超常规发展的行业。世界服务机器人正在形成产业，直接产值为45亿~50亿美元，约250万~300万台（套），累计1 100台（套）（来自国际机器人联合会2012年8月20日报道）。

二、全球智能机器人产业发展趋势

目前，国际机器人界都在加大科研力度，机器人技术的研究朝着智能化和多样化方向发展。其主要研究内容集中在以下十个方面。

（1）工业机器人操作机结构的优化设计技术：探索新的高强度轻质材料，进一步

提高负载/自重比，同时机构向着模块化、可重构方向发展。

（2）机器人控制技术：重点研究开放式、模块化控制系统，人机界面更加友好，语言、图形编程界面正在研制之中。机器人控制器的标准化和网络化，以及基于PC机网络式控制器已成为研究热点。编程技术除进一步提高在线编程的可操作性之外，离线编程的实用化将成为研究重点。

（3）多传感系统：为进一步提高机器人的智能和适应性，多种传感器的使用是其问题解决的关键。其研究热点在于有效可行的多传感器融合算法，特别是在非线性及非平稳、非正态分布情形下的多传感器融合算法。此外，还应解决传感系统的实用化问题。

（4）灵巧控制系统：机器人的结构灵巧，控制系统越来越小，二者正朝着一体化方向发展。

（5）机器人遥控及监控技术：机器人半自主和自主技术，多机器人和操作者之间的协调控制，通过网络建立大范围内的机器人遥控系统，在有时延的情况下，建立预先显示进行遥控等。

（6）虚拟机器人技术：基于多传感器、多媒体和虚拟现实以及临场感技术，实现机器人的虚拟遥控操作和人机交互。

（7）多智能体（multi-agent）协调控制技术：目前机器人研究的崭新领域。主要对多智能体的群体体系结构、相互间的通信与磋商机理、感知与学习方法、建模和规划、群体行为控制等方面进行研究。

（8）微型和微小型机器人技术（micro/miniature robotics）：是机器人研究的一个新的领域和重点发展方向。过去的研究在该领域几乎是空白，因此该领域研究的进展将会引起机器人技术的一场革命，并且对社会进步和人类活动的各个方面产生不可估量的影响，微小型机器人技术的研究三要集中在系统结构、运动方式、控制方法、传感技术、通信技术及行走技术等方面。

（9）软机器人技术（soft robotics）：传统机器人设计未考虑与人紧密共处，因此其结构材料多为金属或硬性材料，软机器人技术要求其结构、控制方式和所用传感系统在机器人意外地与环境或人碰撞时是安全的，机器人对人是友好的。

（10）仿人和仿生技术：是机器人技术发展的最高境界，目前仅在某些方面进行一些基础研究。

第二节　我国智能机器人产业发展现状和趋势

我国机器人的研发始于20世纪70年代中后期，从引进工业机器人与教学机器人开始。随后进一步发展了自主工业机器人与特种机器人的研发与应用示范，取得了开创性的标志性成果。这十年发展历程主要面向国家战略发展需求，以智能机器人前沿技术发展为牵引，重点发展了工业机器人与服务机器人产品及其应用工程，并从机器人化的机器的角度拓展了智能技术向相关装备与领域应用。

一、我国智能机器人产业处于起步阶段

（一）市场需求增长迅速，尤其服务机器人将呈现井喷式发展，工业机器人严重依赖进口

我国机器人市场呈现出蓬勃发展态势。据国际机器人联合会统计，2014年我国市场共销售工业机器人56 000台，而目前国产工业机器人的国内市场占有率不足30%，进口产品占据绝大部分市场，中国购买了全球五分之一的机器人产品。

服务机器人作为新兴产业将呈现井喷式增长，2012年全球服务机器人市场达到280亿美元，已经相当于现在工业机器人市场的40%~50%，预计到2017年全球服务机器人市场超过461.8亿美元，超过工业机器人市场。

（二）整体水平仍较低，核心部件受制于人

目前，我国已基本掌握机器人设计制造、控制系统、路径规划等技术，开发出一批国际领先水平的工业机器人（焊接、涂胶、搬运机器人等），以及服务机器人（智能假肢、手术导航机器人、排爆机器人、仿人机器人、炒菜机器人等）；形成了一批机器人研发机构和代表性企业（机科发展、沈阳新松、广州数控、中电华强、紫光优蓝、博创兴盛、天智航、工道风行、哈尔滨博实、昆山华恒、安徽艾夫特、青岛科捷等）。

然而，我国机器人总体技术与国际先进水平相比还有很大差距，产品性价比较低，传感器、高性能伺服电机、精密减速器等关键部件长期依赖进口且受制于人。

（三）产业规模有待进一步培育，应用服务领域有待进一步拓展

我国大部分企业机器人技术依托高校成果，产业规模较小，有待进一步培育。同时，智能机器人在国防安全、医疗康复、物流运输、生产制造、文化教育等各领域的应用需求越来越广泛，应用服务领域有待进一步拓展。

二、我国智能机器人产业发展趋势

智能机器人技术是国家战略性高新技术，《国家中长期科学和技术发展规划纲要（2006—2020年）》明确提出将机器人产业作为我国制造业重点突破发展的领域之一，智能机器人产业发展的主要趋势体现在前沿技术、产业技术以及产品与系统发展三个方面。

（1）前沿技术：主要在仿生材料与结构一体化设计，精密微/纳操作，多自由度灵巧操作，执行机构与驱动器一体化设计，非结构环境下的动力学与智能控制，生机电激

励与控制，非结构环境认知与导航规划，故障自诊断与自修复，人类情感与运动感知理解，人类语义识别与提取，记忆和智能推理，多模式人机交互，多机器人协同作业等方面开展研究。

（2）产业技术：主要在产品创意与性能优化设计，模块化/标准化体系结构设计，标准化、模块化、高性能、低成本的执行机构，传感器、驱动器、控制器等核心零部件制造，高功率密度能源动力，信息识别与宜人化人机交互，人机共存安全，系统集成与应用，性能测试规范与维护技术等方面开展研究。

（3）产品与系统发展：由简单机电一体化装备，向以生机电一体化和多传感器智能化等方面发展；由单一作业，向服务机器人与信息网络相结合的虚拟交互、远程操作和网络服务等方面发展；由研制单一复杂系统，向将其核心技术、核心模块嵌入于高端制造等相关装备方面发展。

第三节 北京智能机器人产业发展现状

北京智能机器人技术研发水平处全国前列，科技资源丰富，产业链初步形成，具备快速发展智能机器人产业的基础，但产业体量较小，企业相对分散，尚未形成产业集聚。

1. 产业链初步形成，各环节具有资源储备

（1）技术开发方面：有北航、清华大学、北京大学、北理工、首都师范大学（简称首师大）、北京工业大学（简称北工大）、北京石油化工学院（简称石化学院）、中科院自动化研究所、北京机械工业自动化研究所（简称北自所）等高校院所，重点突破新型传感原理和工艺、高精度运动控制、高可靠智能控制、健康维护诊断等关键技术。

（2）关键部件方面：有北工大、北理工、中国航天三院33所等高校院所，以及北超伺服、中技克美、北齿、博创兴盛等企业开发智能测控装置和精密传动装置、伺服控制机构和减速器等智能机器人关键部件并实现产业化。

（3）整机开发方面：有北航、北京信息科技大学、石化学院等高校院所以及中电华强、首钢莫托曼、赛佰特、博创兴盛、天智航、工道风行、林克曼、紫光优蓝、中国航天五院等企业。产品包括码垛机器人、安检机器人、焊接机器人、教育机器人、智能假肢等，广泛服务于各领域。

（4）系统集成方面：有中国机械工业集团有限公司（简称国机集团）、机械科学研究总院、机科发展科技股份有限公司（简称机科发展）、北自所、北京自动化技术研究院（简称自动化院）、北京和利时系统工程有限公司等单位，开展智能、柔性生产线的集成研发，进一步实现生产加工的智能化和柔性化。

（5）应用服务方面：目前已有码垛机器人应用于物流搬运，安检排爆机器人应用于国防安全，智能假肢、一体化床椅等应用于医疗康复等领域。有积水潭医院、北大口腔、北医三院等一批三甲医院，有四中、北师大附小等一批中小学教育机构，有北汽集团、三一重工、同仁堂、双鹤药业等各行业的用户资源，相关领域市场广阔，拥有众多现实和潜在用户。

2. 拥有全国领先的新一代信息技术资源，为服务机器人发展提供技术支撑

服务机器人对环境识别、认知、灵巧作用等特点要求较高，需要强大的人工智能、大数据、机器视觉、机器触觉、传感器等技术支撑，而这些技术都是典型的新一代信息技术或者与信息技术密切相关。北京在新一代信息技术的研发及产业上具有显著的比较优势，为服务机器人产业的发展提供了有力的支撑。

3. 北京对服务机器人有强大的市场需求，并在助老助残、公共安全医疗卫生、家政娱乐等领域已形成产品应用

北京作为特大型城市，人口众多、尤其是老年人口急剧增加（北京的老龄化率为19.4%，远超全国均值13.7%），对公共安全、助老助残、家政娱乐等领域的机器人呈现出较强的市场需求。以博创兴盛、工道风行、紫光优蓝等为代表的企业研制的服务机器人在公共安全、助老助残、家政娱乐等方面得到应用。

4. 工业机器人呈现EPA整线集成服务模式

EPA是指向客户提供解决方案，以交钥匙工程模式面向客户服务，该服务模式能提高企业盈利能力以及在产业链中的控制力。北京在工业机器人领域目前呈现出以机科发展、北自所等为代表的单位正在从原来单纯的研制机器人整机、销售整机的形式转向形成EPA的整线集成服务模式，推动北京制造业向服务业转型。

5. 产业小、散、弱，产业聚集尚未形成

目前，北京市智能机器人企业单位规模普遍较小，缺乏龙头企业，重磅产品欠缺。前沿技术和整机集成偏多，功能部件环节相对薄弱。企业自主创新能力和市场竞争能力不足。虽然产品已得到应用但可靠性有待进一步验证，尚未形成较大规模，产业聚集尚未形成。

第四节　北京智能机器人产业发展目标

通过对国内外智能机器人产业发展概况、北京智能机器人产业基础情况进行分析，结合北京市现有的产业现状和未来产业发展的形式进行充分分析，确定了北京智能机器人产业发展的总体目标、近期目标和远期目标。

一、总 体 目 标

将北京市智能机器人产业园建设成为全球知名、国内领先、优势突出的"中国智能机器人产业基地"之一，掌握一批国际前沿核心技术和制造工艺，研制一批关键零部件，形成完善的智能机器人技术创新体系，支撑北京智能机器人产业协同创新发展，成为京津冀经济区工业转型升级的重要"桥头堡"。预计到2020年，年销售产值达150亿元，占全国工业机器人销售产值的10%以上；平均每年拉动北京市工业增长10百分点以上。

二、近 期 目 标

（1）开展以应用为牵引的关键技术攻关、功能部件及成套装备研发，推进产业转型升级：在物流搬运、医疗康复、家庭养老、特种作业、智能工厂等领域开展关键技术攻关。

（2）搭建科技创新公共服务平台，支撑北京持续产出原创性技术：支持企业、高校、科研院所等各类创新主体搭建智能机器人领域操作系统、关键零部件、应用示范等公共研发平台，为智能机器人产业发展提供技术支撑。

（3）推动科技成果转化，促进机器人技术应用：在医疗康复、公共安全、智能工厂等重点领域推广机器人技术应用。

（4）优化创新布局，推动智能机器人创新集群式发展：引导创新链上下游的优势资源向重点区域聚集，推进重大科技成果转化，形成智能机器人产业创新发展新高地。

三、远 期 目 标

（1）关键技术取得突破。重点攻克机器人结构设计、操作系统、人工智能、核心零部件、机器人本体、安全与可靠性等关键技术，智能机器人成套技术装备及自动化生产线系统集成水平得到大幅度提高。

（2）创新能力显著提升。创新技术研发模式，鼓励大学、科研院所与企业发挥各自优势，筹建智能机器人前沿、共性技术研发平台，突破服务机器人尤其是医疗健康服务机器人技术瓶颈，达到国际先进水平。

（3）应用示范不断扩大。重点推广服务机器人（包括专用服务机器人和家用服务机器人）在物流、救援、监护以及医疗、养老、康复等领域的应用。

（4）体系建设更加完善。推进重大科技成果转化，发展壮大一批"专、精、特、新"智能机器人技术研发和系统集成企业，形成中国智能机器人领域技术创新高地，在京津冀地区形成3~5个各具特色的机器人技术产业集群。

第五节 对策建议

1. 多种方式推动持续产出领先技术

以实施《北京技术创新行动计划（2014—2017年）》和《北京市科学技术委员会关于促进北京市智能机器人科技创新与成果转化工作的意见》（京科发〔2015〕286号）为依托，继续前瞻布局一批重大科技项目，占领技术前沿，推动产生一批机器人原创技术。充分发挥高校、科研机构优势，重点支持面向老人和残障人士的服务机器人、仿人机器人、高精度柔性装配机器人和机器人操作系统等关键技术攻关，产出领先技术，占领技术高地。

2. 推动成果转化和产业化，培育系统集成商

重点推进一批优势企业开展医疗康复机器人、反恐搜救机器人、教育教学机器人、焊接机器人和搬运机器人等的成果转化和产业化；加快推进EPA集成服务模式，培育形成具有国际竞争力的系统集成商，提升成套设备及系统可靠性和应用服务创新能力。

加快机器人产业集聚发展，积极引导并推进北京机器人及自动化成套装备企业向海淀、大兴等重点区域集聚，引导重大科技成果落地，打造北京机器人产业高地。

3. 加大政府采购力度，引导和培育市场

以服务民生的医疗、助残、反恐等服务机器人为试点，推动民政、残联、武警系统等部门应用京产服务机器人。尤其是充分利用北京医院众多的优势，挖掘在京残障人士、老年人士等弱势群体需求，通过政府首购、订购等方式，扶持和推动智能助残肢体、面向老人的智能床椅等服务机器人的自主创新产品的应用和推广，引导和培育市场。

4. 促进与金融结合，做大、做强智能机器人产业

加强社会多元化资本投入，引导金融机构、创投机构等投资智能机器人产业，通过金融杠杆，推动机器人产业做大、做强，培育龙头企业，推动机器人产业快速发展。

5. 搭建公共服务平台，开放优势资源

依托国家级和市级研究机构，搭建一批具有特色的智能机器人公共服务平台，努力提高面向老人和残障人士的服务机器人，以及机器人前沿领域的仿人机器人、机器人操作系统等机器人整机、核心功能部件的关键技术等方面的创新能力。支持开放式、标准化的技术研发和产品研制，构建完善科技创新平台，支撑北京持续产出原创性技术。

开放发展篇

第十七章　京津冀区域协同创新发展研究①

内容概要：京津冀区域协同发展是重大国家战略。本章从京津冀区域协同创新入手，梳理了京津冀区域协同创新发展现状，阐述了京津冀区域协同创新发展面临的外部环境形势，分析了协同创新发展中面临的体制机制创新、商业模式创新、分工合作等挑战，从以科技创新为核心协同推进其他创新，统筹推进"引进来"和"走出去"战略，打造京津冀协同创新共同体，协同推进北京"四个中心"建设等方面提出了基于协同发展的京津冀区域深化改革顶层设计框架。

在京津冀协同创新发展背景下，以创新驱动为目标，以推动科技创新为核心，以破除体制机制障碍为方向，开展系统性、整体性、协同性改革的先行先试，积极统筹推进科技、管理、品牌、组织、商业模式创新，统筹推进"引进来"和"走出去"合作创新，加强政策统筹、方案统筹、力量统筹，打造创新者的社会，加快形成我国经济社会发展的新引擎。

京津冀区域协同发展是重大国家战略，而协同创新是协同发展的引擎。实现协同创新，其核心就在于破解制约实施创新驱动发展战略的体制机制障碍，推动新技术、新产业、新业态和新商业模式的发展，统筹产业链、创新链、资金链和政策链，需要加快在京津冀地区开展全面创新改革。因此，以实现创新驱动发展为目标，以推动科技创新为核心，以破除体制机制障碍为方向，对京津冀区域开展系统性、整体性、协同性的体制机制改革先行先试，成为主动适应和引领经济新常态的当务之急。

第一节　京津冀区域协同创新发展现状分析

近年来，京津冀三地从经济社会发展的阶段性发展特征出发，直面新常态、适应新常态，着力改革创新，全力推进创新驱动发展，培育经济社会发展的持久动力，已呈现出创新驱动的良好发展态势。

---

① 本章由北京大学首都发展研究院和京津冀协同发展联合创新中心课题组共同完成，李国平教授担任课题负责人，张清正参加了研究工作。

一、经济发展稳中有进

京津冀在全国经济发展中发挥着重要的引领作用，在保持经济社会持续稳步发展态势的同时，稳增长、促改革、调结构、惠民生成为经济与社会发展的重要主题。2010年以来，京津冀地区经济建设保持平稳较快发展的良好态势，京津冀地区经济总量、三次产业增加值、人均地区生产总值均保持平稳提升的发展态势（表17-1）。

表17-1　2010年以来京津冀地区的主要经济指标

年份	地区生产总值/亿元	第一产业增加值/亿元	第二产业增加值/亿元	其中：工业增加值/亿元	建筑业增加值/亿元	第三产业增加值/亿元	人均地区生产总值/元
2010	43 732.3	2 831.1	18 873.6	22 027.6	16 728.9	2 207.4	42 505.5
2011	52 074.9	3 199.9	22 733.2	26 141.9	20 250.0	2 557.7	49 433.8
2012	57 348.3	3 506.4	24 630.0	29 211.9	21 929.0	2 797.7	53 637.1
2013	62 685.8	3 730.2	26 382.5	32 573.2	23 447.8	3 053.2	57 802.3
2014	66 478.9	3 808.0	27 323.7	35 347.2	24 156.5	3 293.3	60 512.8

资料来源：《北京统计年鉴2015》《天津统计年鉴2015》《河北经济年鉴2015》

就经济增速来看，京津冀地区经济增长速度总体上保持了不低于7%的较高水平，高于全国增速（图17-1）。2010年以来，在经济总量持续增长的同时经济增长速度也出现了平缓下降，由2010年的12.9%下降到2014年的7.7%。

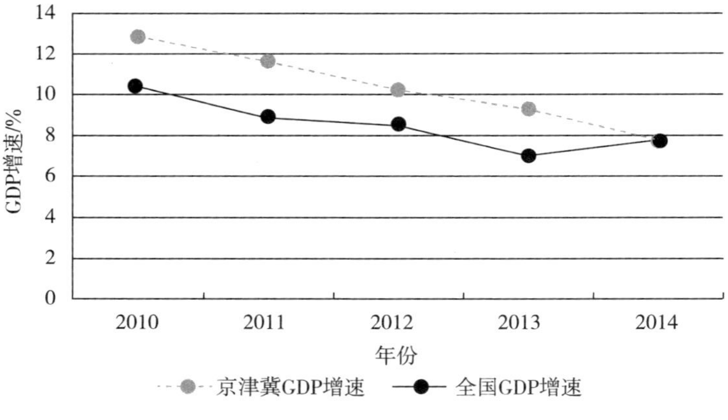

图17-1　2010~2014年京津冀地区和全国GDP年均增速

资料来源：《中国统计年鉴2015》《北京统计年鉴2015》《天津统计年鉴2015》《河北经济年鉴2015》

二、产业结构不断优化

2010年以来，第三产业比重缓慢上升，第一产业与第二产业比重则略有下降

（表17-2）。第三产业处于主导地位；第二产业比重始终不低于40%，仍处于比较重要的地位。京津冀地区2010年以来的三次产业结构与全国相比也具有一定差异，第一产业比重始终低于全国水平3百分点左右；第二产业比重低于全国水平，但差距逐步缩小；第三产业比重高于全国水平5~6百分点，服务业发展优势比较显著。从2010～2014年的整体情况来看，地区产业结构呈现升级态势，工业主导型经济向服务主导型经济的转变快速推进，服务业优势日益凸显，第一产业份额则持续下降。

表17-2　京津冀地区及全国的产业结构状况（单位：%）

年份	第一产业比重		第二产业比重		第三产业比重	
	京津冀	全国	京津冀	全国	京津冀	全国
2010	6.6	10.2	43.8	46.8	49.6	43.0
2014	5.7	9.2	41.1	42.6	53.2	48.2

资料来源：《中国统计年鉴2015》《北京统计年鉴2015》《天津统计年鉴2015》《河北经济年鉴2015》

三、科技创新在经济发展中的作用日益凸显

京津冀地区的科技创新资源优势明显，高端科技创新资源在区内大量集聚，科技储备丰厚，在全国居于前列，始终是全国科技创新最为活跃的区域之一，科技创新在产业发展与经济增长中的作用日渐凸显，已经成为区域经济增长的新引擎。

2010年以来，京津冀地区无论是科技活动人员数量还是R&D经费内部支出数额都保持平稳增长。对比全国，京津冀地区R&D经费内部支出占全国的10%以上，2010年R&D经费支出占地区生产总值比重高于全国平均水平的0.7百分点，2014年R&D经费支出占地区生产总值的比重高于全国平均水平的0.6百分点（表17-3）。京津冀地区R&D活动的空间分布不均衡现象突出。2014年北京的R&D经费支出占地区生产总值的5.82%，而河北省R&D经费支出仅占地区生产总值的1%。

表17-3　京津冀地区R&D活动情况

项目	2010年	2014年
科技活动人员/人	688 064	962 911
R&D人员全时当量/人年	258 690	366 940
R&D经费内部支出/亿元	1 072.6	1 763.9
R&D经费支出占地区生产总值的比重/%	2.5	2.7

资料来源：《中国统计年鉴2015》《北京统计年鉴2015》《天津统计年鉴2015》《河北经济年鉴2015》《天津科技年鉴2011》

科技成果的知识产权化是提高科技创新成果转化率的有力保障，2010年以来，京津冀地区科技发明创造的软环境日益改善，鼓励专利申请，提高产品技术含量，并借此推动区域产业转型升级。2010~2014年，京津冀地区专利申请受理数与授权数均有显著增

长。其中北京增长最快，约占区域增长量的60%（图17-2）。

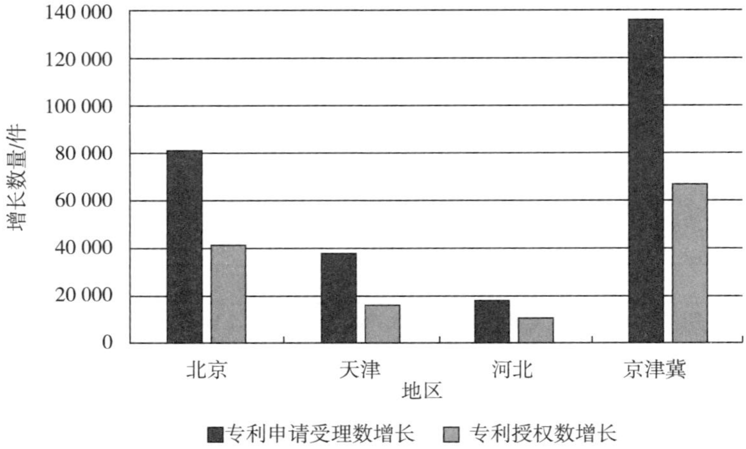

图17-2　2010~2014年京津冀地区专利申请受理与授权数增长量

资料来源：《中国统计年鉴2011》《中国统计年鉴2015》

技术市场的发展对促进科技资源优化配置、促进科技创新与产业发展相结合具有显著的推动作用。2014年京津冀地区技术市场成交额总量达到3 555.0亿元，占全国总量的41.4%，较2010年增长了106.9%。其中，北京技术市场成交额最大，约占区域总量的90%。河北省技术市场成交额在2012年以后出现下降趋势（图17-3）。这些都表明京津冀地区内部科技创新发展的不平衡性比较突出。

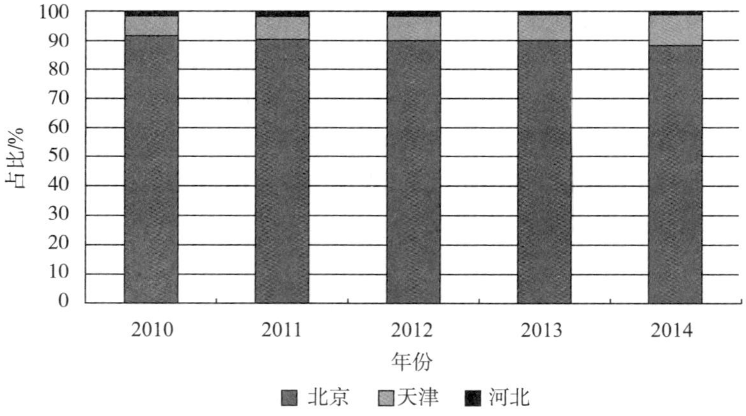

图17-3　2010~2014年京津冀三省市技术市场成交额占比

资料来源：《中国统计年鉴2015》

四、教育资源丰富

京津冀地区拥有丰富的优质教育资源，2010年以来教育发展较快，基础教育能力不断增强，职业教育投入力度加大；民办教育与公办教育迅速发展，高等教育多样化、特色化发展，教育结构合理化进程不断推进。

京津冀地区高等教育事业在全国占据优势地位，2014年京津冀地区拥有普通高等学校262所，占全国普通高等学校数量的10.4%，在校学生数达227.5万人，占全国的8.9%。在教育事业快速发展的同时，京津冀地区教育资源的内部不均衡问题仍然显著。以2014年每十万人口各类学校平均在校生数量作为指标，北京、天津在普通高等教育与研究生教育方面的优势突出（图17-4）。高等教育在区域内部的不均衡分布直接导致了各省市间人才供给数量和质量的差异。

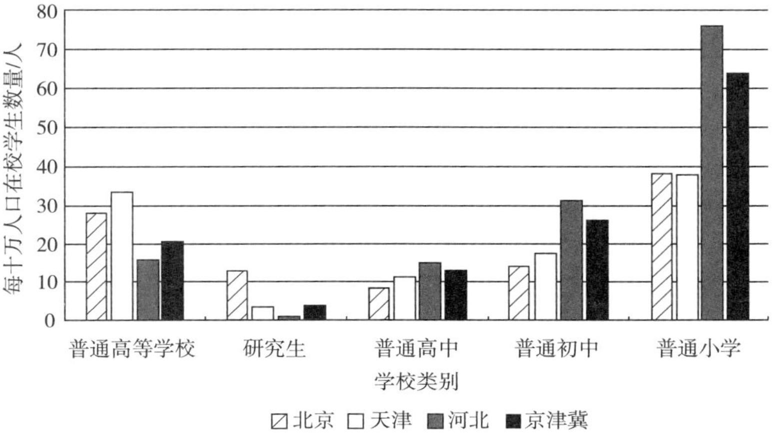

图17-4　2014年京津冀地区每十万人口各级学校平均在校学生数量

资料来源：《中国统计年鉴2015》《北京统计年鉴2015》《天津统计年鉴2015》《河北经济年鉴2015》

五、创新改革加速启动

京津冀地区被确定为全国唯一一个跨省（区）的全面创新改革试验区，京津冀三地政府高度重视，积极落实中央精神，全面展开创新改革。总体看，京津冀地区正以创新改革的思维，积极提升政府科学决策和管理水平，用创新的思路和工具解决交通、医疗、教育等问题，推动经济保持中高速增长、迈向中高端水平。

第二节　京津冀区域协同创新发展面临的外部环境分析

京津冀地区协同创新发展面临着科技创新及科技全球化日趋明显、全国创新驱动发展步入新阶段、京津冀区域协同发展战略深度推进等外部环境条件。

一、科技创新及科技全球化日趋明显

第一，科技创新全球化趋势加速，各国纷纷争夺科技创新的制高点。这主要体现在：①世界科技创新格局尽管仍处于美亚欧三分天下局面，但新兴经济体的研发影响力增强，全球科技创新中心呈现东移趋势。②美欧传统科技的领先或优势地位依然凸显，研发投入非常强大，如美国知识和技术密集型产业约占美国GDP的40%，欧盟为32%，中国、巴西等国家仅为20%。③亚洲科技发展迅速，致使科技创新中心不断向亚太方向移动。中国、印度、新加坡、韩国、印度尼西亚、泰国等亚洲主要经济体都致力于提高教育和科技质量，不断提高其在全球分工中的地位。

第二，新技术群体性突破势头显现。一是网络信息的深度应用常态化，智能网络快速发展，网络增值服务等发展迅速，云计算、大数据引发信息技术应用模式变革。二是生物技术将发挥更加积极的作用，通过和通信技术等结合，将在健康检查、疾病控制、治疗方法等方面发挥更加积极的作用。三是纳米技术的市场空间将继续拓展，纳米技术将在医疗服务、日用消费、环境治理、生物制造等多个领域开拓市场空间。四是先进材料的重要性将继续显现，在生物和纳米技术领域，超导体、医学设备和药物传输系统都需要智能材料和生物材料提供基本载体。

第三，全球生产方式加快转变。一是生产工具加速革新，3D打印迅速发展等将人、数据和机器连接起来的工业互联网应用，加速产业革命到来。二是生产社会化特征显著，网络成为新的生产方式。三是新的经济增长点涌现，科技创新推动全球制造业软化，科技与制造深度融合，依托高新技术的生产性服务业蓬勃发展，科技与服务业结合日益紧密。

二、全国创新驱动发展步入新阶段

当前我国开始进入创新驱动发展的新阶段，“十三五”时期是我国经济增长动力从要素驱动、投资驱动转向创新驱动的关键时期，是以科技创新为核心全面创新的新时期，是中国经济占领先机、赢得优势至关重要的五年。我国将以科技创新为核心，全方面推进产品创新、品牌创新、产业组织创新、商业模式创新，把创新发展落实到现代化建设的发展进程和各个方面。京津冀地区应瞄准世界科技前沿领域，加快建设具有全球影响力的科技创新中心，成为实现创新驱动发展的新引擎。

三、京津冀区域协同发展战略深度推进

京津冀协同发展已经上升为重大国家战略，需要构建以区域协同创新共同体为核心

的创新驱动发展新格局，以破解京津冀地区创新要素空间分布差距大、区域产业技术创新的协作程度较低、科技创新驱动全面深化改革较弱的问题。京津冀地区作为我国经济最具活力、教育资源最丰富、开放程度较高、创新能力较强的地区之一，应围绕建设世界级城市群，不仅需要在科技创新，也需要在制度创新、产业组织创新、商业模式创新等方面走在全国前列。

第三节　京津冀区域协同创新发展面临的挑战

面对国内外环境的新情况和新变化，京津冀地区深化改革及协同创新发展面临诸多问题和瓶颈约束，亟待在新一轮发展中寻求突破。

一、面临的体制机制挑战

京津冀地区科技资源丰富，但创新驱动发展成效并不特别显著。主要原因还在于其体制机制束缚较大，市场机制发挥不力。一是政府对创新资源要素配置的调控力和推动力过强，没有留给市场机制发挥作用的足够空间，创新主体的主动性和能动性受到抑制。而多层次、分散化的政府管理体制导致各级政府、各类园区、各个部门之间政策要么交叉重叠，要么冲突，要么存在盲区，无法形成强有力的创新政策支持体系和各类服务平台。虽然各级政府的资金用于创新，但由于分散化、同质化竞争，效率并不高。二是社会组织发展受制于事业单位管理制度，人才和资源分散于各大高校、科研机构等事业单位，无法形成产学研一体化机制，没能发挥真正的创新活力，一些事业单位体制的弊端造成创新资源损坏甚至浪费。三是企业主体创新受制于固化利益，一些国有企业受制于人事、激励机制而缺乏创新动力，外资企业受制于创新决策机制，民营企业受制于利益短期化等问题。

二、产业组织和商业模式创新薄弱

京津冀地区创新改革没有跟上创新发展要求，主要体现在以下方面：一是产业组织创新薄弱，产业组织是同一产业内企业间的市场关系，主要包括交易关系、行为关系、资源占用关系和利益关系等，产业组织创新是产业结构调整的关键性因素，京津冀地区由于三地产业梯度大、经济水平差异大，缺乏相关平台支撑和助力，受制于诸要素制约（如市场准入和政府采购没有体现创新导向，政府创新投入机制缺少遵循创新链发展规律，创新人才不配套，知识产权保护不力，风险投资保障滞后等），加之不成熟的市场在交易关系、行为关系、资源占用关系和利益关系等方面制约，产业结构调整和转型艰难，产业组织创新能力薄弱。二是商业模式创新薄弱，京津冀地区缺乏成熟的市场化、专业化、社会化的创新服务机构和组织，从研发到产业化缺乏有效服务支撑，导致技术成果转化难落地；从成果转化到商业模式创新，缺乏必要的服务平台和支撑体系，导致市场应用难以达到规模效应，商业发展模式相对滞后，更无法在市场上形成核心竞争力。

三、分工合作失衡

第一，合理的分工体系尚未形成。在京津冀地区中，北京、天津这两大中心城市的职能定位分别为服务业和制造业，特别是近年来天津的制造业职能逐步强化变得更加显著。但由于北京、天津的各自产业职能过于集中，对周边地区的辐射带动有限，造成中心城市与外围区域之间的联系不够紧密，差距过大，在整个区域内形成了中心—外围的二元结构和发展格局。二元结构直接导致了区域中落后的边缘地区没有能力引进、吸收、消化发达地区或中心城市的生产要素；同时，发达地区的产业集聚、产业规模和产业链找不到适宜的生存和发展环境，没有能力向周边落后地区推广和扩散，影响了合理经济梯度的形成。区域内各城市发展目标相似，产业同构、恶性竞争和封闭竞争依旧存在。这种现象及由此引发的恶性竞争，造成大量不必要的经济损失和浪费，导致产业链不合理、产业链过短、产业联系不够紧密等后果，无法形成合理有效的区域产业分工体系，导致协同创新能力不强。

第二，区域内合作机制尚不健全。目前，北京与周边省（自治区、直辖市）已经建立了双边合作机制，但京津冀地区整体仍缺乏企业跨地区转移的利益协调机制，缺乏完善成熟的产学研合作机制等。例如，在产学研方面，京津两市是知识、资本和科技资源相对密集区域，河北省与京津两大中心城市在科技资源方面的互补作用明显。但是，由于京津冀地区产学研科技合作体系和机制不健全，科技和经济资源未能真正有效实现自由流动和优化配置，难以提升协同创新能力。

第四节　京津冀区域协同创新发展的顶层设计框架

京津冀地区协同创新发展是系统性、综合性、全面性的大工程，要推进政府改革创新力度、完善现代市场体系，明确政府和市场在深化创新改革中的角色定位，推动以科技创新为核心的产品、品牌、产业组织、商业模式创新，提升劳动、信息、知识、技术、管理、资本的效率和效益，积极打造以北京为核心的“科技创新中心”，推进“科技创新中心”与“政治中心、文化中心、国际交往中心”的协同建设，打造京津冀协同创新共同体。放眼全球，统筹“引进来”与“走出去”战略，系统推进改革建设（图17-5）。

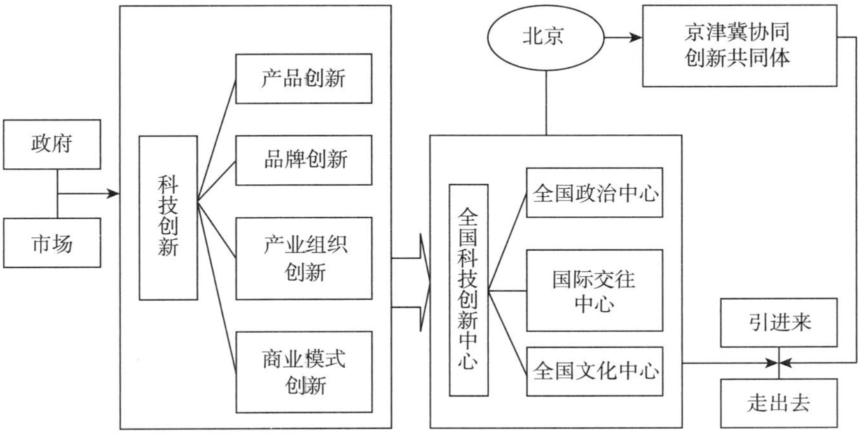

图17-5　全面创新深化改革示意图

一、以科技创新为核心，协同推进全面创新

第一，坚持以科技创新为核心。一是将北京建成全球科技创新资源汇集地、率先成为全国科技创新的引领者、积极打造高端产业策源地、成为解决城市与区域重大问题的科技支撑点、科技创新创业的栖息地。二是打造多元科技创新空间，优化科技创新资源和科技园区布局，建设京津冀地区科技创新“一心、两核、三带、多园区”，形成“中心引领、两核驱动、三带辐射、多园支撑和优势互补、对接产业”的区域科技创新格局。

第二，推进产品创新及其与市场创新的结合。一是推进产品创新建设，明确产品创新是企业生存与发展的关键，积极开发出适应市场需求的新产品；二是实施产品创新的制胜策略，企业应组织具有高端素质的研发人员团队，形成开发新产品的合力；三是实施产品创新与市场创新相结合。开拓新市场特别是农村市场，扩大产品市场占有率。

第三，推进产业组织创新。一是产业结构调整方向上，加快推进符合新科技革命导向的新兴产业发展，聚焦新一代科技革命最具市场前景的产业，抢占新兴产业的制高点；二是产业结构调整驱动力上，加快形成政府引导和市场主导的产业结构调整合力；三是产业结构调整模式上，强化产业结构调整的整体性和综合性推进，加快构筑功能性产业体系。

第四，推进商业模式建设。一是充分认识商业模式创新在创新驱动发展中的重大意义；二是制定政策鼓励商业模式创新，树立“模式创造价值”的意识，使全社会关心支持商业模式创新；三是以商业模式创新推动战略性新兴产业和现代服务业发展，围绕电子信息、新能源、新材料、生物技术、节能环保等战略性新兴产业，支持企业商业模式创新与推动战略性新兴产业发展相结合。

二、统筹推进“引进来”和“走出去”战略

第一，培育对外开放新动力。发挥北京作为具有全球影响力的科技创新中心的作用，充分利用京津冀协同创新发展优势，主动对接“一带一路”战略，培育对外开放新动力，推动全面深化改革。

第二，构建统一高效的区域大市场和区域合作体系。整合国内外、区内外资源，构建京津冀地区、国内外统一高效的区域大市场和大区域的合作体系。积极建设“一带一路”服务中心、科技创新中心、人文合作交流中心、活力城市中心，以及依托四通八达、辐射“一带一路”的综合交通枢纽中心。

三、打造京津冀协同创新共同体

创新共同体是围绕创新任务构建科技园区、大学与科研机构、实验室、研发企业等所组成的创新网络，通过主体间的关联与耦合，将集群内外主体的资源统一于创新共同体中，推动以研发集群为核心的投资与经济开发行为，推进区域内部各主体间的协同创新，促进研发成果产业化，提升区域科技竞争力。

打造京津冀协同创新共同体，在京津冀协同发展规划框架下，完善政策互动、资源共享、市场开放“三个机制”，破解制约京津冀协同创新的隐形壁垒，建设创新资源、创新攻关、创新成果转化“三类创新载体”，促进京津冀地区在研发和产业链上下游合理分工，支持试点区域发挥示范带动作用。建立京津冀协同创新共同体主要以政府间协作、企业间协作、政府与企业间协作三个方面为抓手。

四、协同推进北京“四个中心”建设

推进北京“四个中心”建设是京津冀地区协同发展的重要任务之一。北京“四个中心”建设是相辅相成的，需要强化科技创新中心与其他“三个中心”建设的协同推进，以科技创新支撑京津冀地区的改革发展（图17-6）。

第一，积极推动“四个中心”协同建设。北京“四个中心”建设的溢出效应重在服务全国与影响世界。北京作为世界级的大都市，具有经济规模大、产业能级高、集散辐射功能强、国际化水平高、基础设施完善等特征，具有协同推进“四个中心”建设的基础和保障。“四个中心”功能的提升将大大推进创新人才、创新资本、创新主体、创新环境的整体改善，进而推进科技创新功能的快速提升。

第二，北京“四个中心”建设是一个整体推进过程，应明确具体的进程目标。近期（2020年前），基本建成“四个中心”；中期（2020~2025年），重在实现功能的进一步完

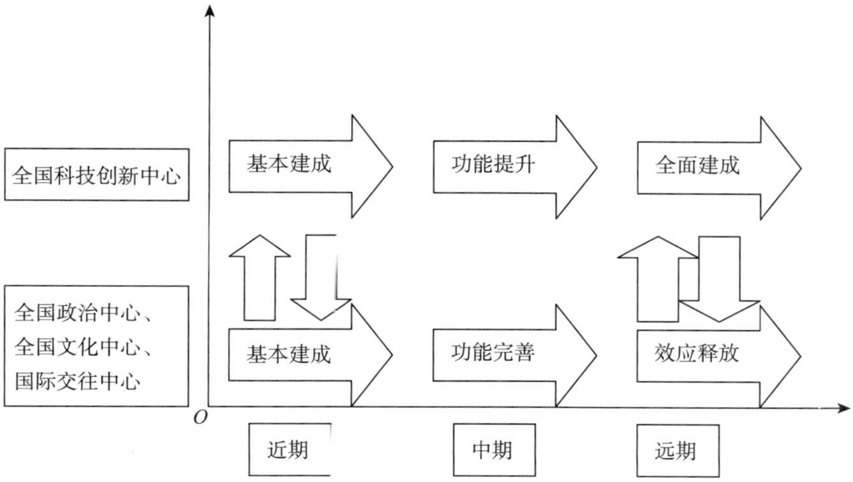

图17-6　“四个中心”功能协同推进关系示意图

善和提升；远期（2025~2030年），全面建成具有全球影响力的国家科技创新中心，充分释放国家政治中心、文化中心及国际交往中心的综合效应。

第十八章　京津冀企业发展指数研究①

内容概要：本章采用大数据对京津冀三地的企业发展实力、活力和创新力进行测度。研究结果表明：从企业综合实力来看，北京最强、天津其次、河北较差；从综合聚类来看，北京首都功能核心区（东城区、西城区）和城市功能拓展区（海淀区、朝阳区、丰台区）企业综合实力最强，天津仅滨海新区、河北仅石家庄市居第二序列。本章还将京津冀与长三角、珠三角进行企业综合实力对比研究，研究发现：三大都市圈首位城市优势都非常显著，京津双核效应并不明显；三大首位城市比较，北京在企业实力、创新力和综合实力方面都最高，上海在企业活力水平方面最高；从企业发展均衡性来看，京津冀内部发展落差最大，珠三角发展最为均衡，长三角的城市等级体系最为合理。在此基础上，研究提出了加大非首都功能疏解力度，促进区域内企业协同发展；北京应在企业空间布局上实现“内外有别”；天津应避免“一枝独大”，实现区县间相对“均衡发展”；河北应实施三大重点战略，实现企业发展的“提质增量”等政策建议。

企业作为国民经济的基本“细胞”，其健康与否关系到整个区域的健康发展。对京津冀企业发展指数进行测度，有利于弄清区域内企业总体的发展态势，找到制约区域协同发展的关键因素，从而出台更具针对性的政策，实现企业层面的京津冀协同发展。

第一节　构建意义、原则、思路及指标体系

一、构建意义

（一）现实意义

京津冀协同发展正处于全面推进、重点突破的关键阶段，对协同发展中各项重要任务进度进行测度就显得非常重要，这样有利于及时发现哪些项目进度正常，哪些项目进度滞后，从而及时发现制约京津冀协同发展的短板，通过补齐短板来推动京津冀协同发

① 本章由首都经济贸易大学和京津冀大数据研究中心共同完成，祝尔娟教授为课题负责人，叶堂林、卢燕、李钰、潘鹏参与研究。

展这一国家战略的高水平实施。国内外经验表明，一个区域能否得到快速发展取决于其当前主导产业是否具有竞争力，一个产业是否有竞争力取决于其龙头企业在市场上的影响力和竞争力，因此企业作为国民经济的基本"细胞"，其发展健康与否必然影响到整个区域的未来。京津冀协同发展的本质是实现资源优化配置，这需要政府与市场共同推动来实现，且市场应当在资源配置中起决定性作用，而企业是市场配置资源的主体，市场配置资源要通过企业来实现。由此可见，从微观角度对企业进行深入研究不仅是必要的，而且是可行的。

对京津冀进行企业发展指数的测度，相当于对该区域进行"基因级"的"体检"，不仅准确，而且非常有效。当前，京津冀面临的问题大多是企业层面的问题，如雾霾严重是由河北钢铁、水泥等重化工企业发展过多、发展方式过于粗放导致的；北京人口超载，其本质是河北企业发展不足，在本土无法带来足够就业机会导致的。因此，京津冀企业发展指数的测度与分析对于京津冀协同发展具有非常重要的现实意义。本章研究采用京津冀海量企业大数据，建立企业发展的指标体系，对区域内企业的发展实力、活力和创新力测度，有利于弄清企业的发展态势及趋势；对发展趋势进行判断，有利于审时度势；通过对比长三角、珠三角的企业发展，找出京津冀区域在企业发展方面存在的问题与制约因素，从而出台更加具有针对性的政策和法规，更好地从企业层面推进京津冀协同发展。

（二）理论意义

《京津冀协同发展规划纲要》明确指出，应在交通一体化、生态环境保护和产业升级转移三个重点领域集中力量先行启动、率先突破，而企业是构成产业的微观基础。由此可见，企业搬迁升级、转移重组、布局优化、相互投资、组织结构改善等都是京津冀协同发展的战略重点和先行领域。就目前研究热点来看，对京津冀产业的研究较多，而对京津冀企业研究较少，关于京津冀企业的研究多集中于京津冀各企业类型上，如中小企业供应链融资策略①，京津冀工业企业的竞争力研究②，中小企业转型升级分析③等。目前还没有相关文献利用大数据对京津冀企业发展指数进行研究，因此进行京津冀企业发展指标体系的构建和指数测度，具有较强的理论意义。

二、构建原则

本章研究评价指标体系的构建遵循以下原则：

第一，客观性。所选指标能客观反映企业发展水平，对企业发展指数测度不带有任

① 张春霞，彭东华．京津冀协同发展中的中小企业供应链融资策略研究．第九届河北省社会科学学术年会论文集，2014.

② 陈岩，李静，惠雪松．杜邦分析体系视角下京津冀工业企业的竞争力分析．品牌月刊，2015，（2）：48-49.

③ 余思成，周桂荣．中小企业转型升级的关键问题及解决对策分析——以京津冀地区为例．环渤海经济瞭望，2015，（4）：49-53.

何主观色彩与倾向，以期得到客观公正的结论。

第二，系统性。所选指标能构成一个完整的体系，能反映企业综合发展水平，且体系内各指标间紧密相连，相互影响或支撑，有严谨的逻辑结构。

第三，代表性。所选指标必须紧扣企业实力、活力和创新力，能反映企业发展中最关键、最重要的因素，且要求精炼、简洁，剔除冗余。

第四，可得性。所选指标必须能够获得完整的大数据或统计数据，能准确反映京津冀企业发展现实，也便于与长三角、珠三角进行对比分析。

三、构建思路

（一）企业实力是区域发展的基础和支撑

主导产业及其龙头企业的实力决定了区域的竞争力。企业与其所在区域能否实现互动发展、相互支撑，取决于区域经济社会发展阶段和资源禀赋状况。在发展阶段方面，一个区域的发展需要有与其发展阶段相适应的主导产业及产业链上、中、下游相关企业的相互配合，如区域发展初级阶段所依赖的是劳动力密集型产业及劳动力密集型企业（依靠廉价劳动力等要素成为世界制造中心），区域发展中级阶段所依赖的是技术和资金密集型产业及技术密集型企业和资金密集型企业（依靠技术和资金的有机结合成为世界创造中心），区域发展高级阶段需要具有创新性思想而形成的高智力产业，如金融业及其企业、高技术产业及其企业。在资源禀赋方面，区域资源禀赋与其企业类型的匹配度高，企业发展就能拥有一个良好环境，这样企业发展得好，区域也能发展好。例如，高科技为什么能在中关村茁壮成长，最后长成参天大树，很重要的原因是其周边有清华大学、北京大学等国内顶级院校和中科院的各个研究所；中东盛产石油，因此聚集了大量与石油有关的企业。如果匹配得不好的话，企业发展不好，区域发展也同样受到影响。例如，北京与首钢，由于北京不产铁矿石，首钢布局在石景山导致其原材料（铁矿石）、产成品（钢材）运输成本及环境成本都很高，这使得企业缺乏竞争力，同样导致石景山发展也受到影响，还给周边环境带来了污染。可见，企业实力是区域发展的基础和支撑，没有企业实力来支撑，区域发展就是空中楼阁。

（二）企业活力是区域发展的源泉

活力决定未来，没有活力的企业是没有未来的，一个企业如果固守现有的状况，企业即使现在实力再强大也是没有用的，如胶片行业的柯达、小灵通行业的UT斯达康，最后不可避免走向灭亡。如果一个区域内的企业活力都不高，那么会直接影响这个区域未来的发展，使得这个区域缺乏发展的源泉，如当前东北老工业基地就是面临这个问题。因此，一个区域想要实现快速可持续发展，就必须能够适应不断变化的国际、国内、行业和技术等环境，其前提是必须保持一定的企业活力。

（三）企业创新力的高低决定和影响区域发展的未来

创新是区域或企业竞争的最高阶段，从创新链（创新性思想→产品设计、研发→装备及生产线制造→产品制造→零部件制造→原材料提供）来看，掌握高端环节的区域或企业很少，这意味着竞争对手少，如美国的高科技产业和金融业，其收益率很高，能支付给员工的工资就高，这种区域或国家就发达；所处阶段越低，掌握这种技术的区域或企业就越多，其收益率就必然低，其能所支付给员工的工资就低，这种国家就是发展中国家。可见，企业创新力的高低决定和影响了区域的未来，是区域获取持续竞争力的重要源泉。

综上所述，我们得出，考察一个区域不仅要看其企业实力，还要看其企业活力，更要看其企业可持续的创新能力。因此，我们认为，企业发展指数在京津冀协同发展中起到至关重要的作用，作为国民经济细胞的企业，其实力、活力、创新力直接影响京津冀协同发展的基础、现在和未来。本章研究用三个维度来测度京津冀企业发展水平：一是企业实力，它是企业潜力及创新力的基础，本章研究采用了存续企业数量、存续商标数量、注册资本总额三个指标加以衡量。二是企业活力，企业的未来发展需要可持续性，并能不断增强实力、添加动力，为企业创新力提供支持，本章研究设计了新增企业数量、对外投资金额、现代服务企业数占企业总数比重、民营企业数占企业总数比重、外资企业数占企业总数比重五个指标加以衡量。三是企业创新力，能够为增强企业实力提供技术支持，并促进企业潜力更大程度地发挥，本章研究设计了新增专利数、新增商标注册数、三项专利数、高新技术企业数占企业总数比重四个指标加以衡量。因此，企业实力、活力和创新力是相互促进、共同提升的。“三力”相互关系如图18-1所示。

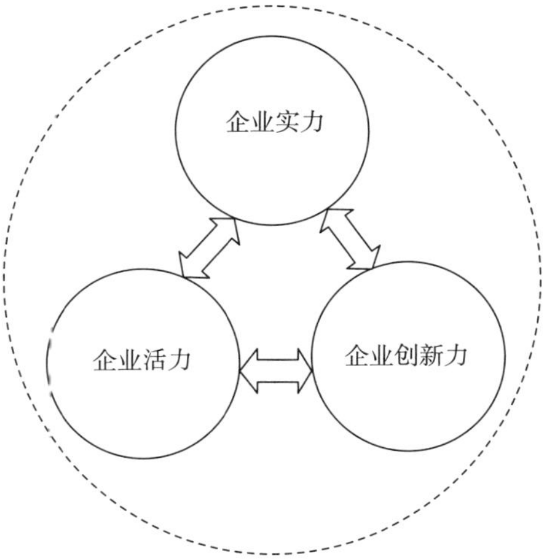

图18-1　企业实力、活力和创新力相互关系图

四、指 标 体 系

本章研究拟通过对京津冀的企业实力、企业活力、企业创新力等方面进行测度，找到制约京津冀企业发展的关键所在，为京津冀企业提供更有效的发展路径。具体测度指标见表18-1。

表18-1 京津冀企业发展指标体系

一级指标	二级指标	指标解释
企业实力	存续企业数量（个）	一个地区当年存续的企业数量
	存续商标数量（个）	一个地区存续的企业在当年新申请的商标数
	注册资本总额（亿元）	一个地区当年存续企业的注册资本总数
企业活力	新增企业数量（个）	一个地区当年新增的企业数量
	对外投资金额（亿元）	一个地区存续企业在当年对区域内与区域外的投资，如设立的分公司、投资的子公司等
	现代服务企业数占企业总数比重	按北京工商行政管理局的口径来统计
	民营企业数占企业总数比重	按企业性质来定
	外资企业数占企业总数比重	企业登记信息中的外资企业占比
企业创新力	新增专利数（项）	一个地区新增企业在当年所申请的专利数
	新增商标注册数（项）	一个地区新增企业在当年申请的商标数
	三项专利数（项）	一个地区存续企业在当年申请的专利总和
	高新技术企业数占企业总数比重	按北京工商行政管理局的口径来统计

注：各指标所用数据来自北京、天津总体及各个区县、河北总体及各地级市，长三角各市，珠三角各市

资料来源：龙信数据有限公司

第二节　测度结果与综合分析

一、企业发展指数测算方法

本章采用熵值法确定各指标的权重，具体权重分布见表18-2。

表18-2 企业发展指标权重分布

一级指标	二级指标	权重
企业实力（0.308 9）	存续企业数量（个）	0.196 742
	存续商标数量（个）	0.435 494
	注册资本总额（亿元）	0.367 764

续表

一级指标	二级指标	权重
企业活力（0.287 6）	新增企业数量（个）	0.210 579
	对外投资金额（亿元）	0.596 281
	现代服务企业数占企业总数比重	0.045 113
	民营企业数占企业总数比重	0.000 656
	外资企业数占企业总数比重	0.147 370
企业创新力（0.403 6）	新增专利数（项）	0.279 454 2
	新增商标注册数（项）	0.321 11
	三项专利数（项）	0.322 661
	高新技术企业数占企业总数比重	0.076 775

注：由于四舍五入，表中数据有些许误差
资料来源：根据龙信数据计算所得

二、测 算 结 果

根据熵值法，对北京17个区（其中开发区为亦庄开发区，在国家工商总局标准中单独列出，以下均简称为开发区）、天津16个区县、河北11个市进行了分项及综合测评，以总测评得分降序排列，如表18-3所示。将各项得分排名及总测评得分分别排序，见图18-2~图18-5。

表18-3　2014年京津冀各市、区、县企业发展水平测评表

序号	市、区、县	企业实力	企业活力	企业创新力	总测评得分
1	海淀区	0.342 208	0.628 255	0.877 718	0.795 015
2	朝阳区	0.374 683	0.931 809	0.564 573	0.765 961
3	西城区	0.506 408	0.676 573	0.422 389	0.521 433
4	滨海新区	0.274 544	0.355 059	0.476 072	0.379 026
5	东城区	0.241 165	0.410 930	0.194 220	0.271 037
6	石家庄市	0.299 636	0.283 947	0.180 053	0.246 865
7	丰台区	0.277 223	0.269 065	0.207 447	0.246 718
8	开发区	0 081 254	0.246 579	0.189 955	0.172 661
9	昌平区	0.138 259	0.142 093	0.189 604	0.160 082
10	武清区	0.063 644	0.124 831	0.208 392	0.139 654
11	西青区	0.050 391	0.146 157	0.194 424	0.136 055
12	石景山区	0.105 850	0.160 691	0.140 020	0.135 410

续表

序号	市、区、县	企业实力	企业活力	企业创新力	总测评得分
13	通州区	0.145 922	0.135 302	0.111 025	0.128 785
14	保定市	0.126 337	0.143 042	0.082 802	0.113 572
15	顺义区	0.089 232	0.169 102	0.083 905	0.110 049
16	邢台市	0.101 319	0.158 373	0.065 728	0.103 362
17	唐山市	0.122 083	0.116 907	0.068 435	0.098 944
18	大兴区	0.105 253	0.100 626	0.084 963	0.095 734
19	邯郸市	0.115 889	0.126 351	0.049 915	0.092 273
20	怀柔区	0.063 393	0.124 250	0.077 068	0.086 411
21	廊坊市	0.090 348	0.127 951	0.053 437	0.086 265
22	津南区	0.035 088	0.096 098	0.114 538	0.084 695
23	北辰区	0.039 330	0.103 397	0.101 168	0.082 708
24	河西区	0.034 807	0.143 952	0.075 694	0.082 693
25	沧州市	0.097 431	0.115 276	0.046 895	0.082 168
26	和平区	0.042 622	0.173 176	0.030 483	0.075 265
27	平谷区	0.055 912	0.102 518	0.070 405	0.075 163
28	宝坻区	0.020 695	0.062 691	0.123 967	0.074 448
29	东丽区	0.039 336	0.093 409	0.083 672	0.072 777
30	密云区	0.048 750	0.098 990	0.060 180	0.067 810
31	衡水市	0.077 309	0.103 911	0.034 799	0.067 803
32	门头沟区	0.045 053	0.079 434	0.074 349	0.066 762
33	房山区	0.063 207	0.067 884	0.065 042	0.065 293
34	河东区	0.024 659	0.144 380	0.038 938	0.064 848
35	南开区	0.037 613	0.106 354	0.047 016	0.061 174
36	秦皇岛市	0.065 631	0.085 303	0.034 639	0.058 781
37	张家口市	0.056 586	0.083 829	0.021 378	0.050 211
38	红桥区	0.010 576	0.079 244	0.048 304	0.045 548
39	承德市	0.047 600	0.073 868	0.020 950	0.044 398
40	河北区	0.019 394	0.077 193	0.034 498	0.042 110
41	静海县	0.032 141	0.061 359	0.031 473	0.040 273
42	蓟县	0.012 117	0.049 376	0.045 437	0.036 278
43	延庆区	0.015 533	0.057 386	0.035 075	0.035 454
44	宁河县	0.014 897	0.046 648	0.024 601	0.027 944

资料来源：根据龙信数据计算所得

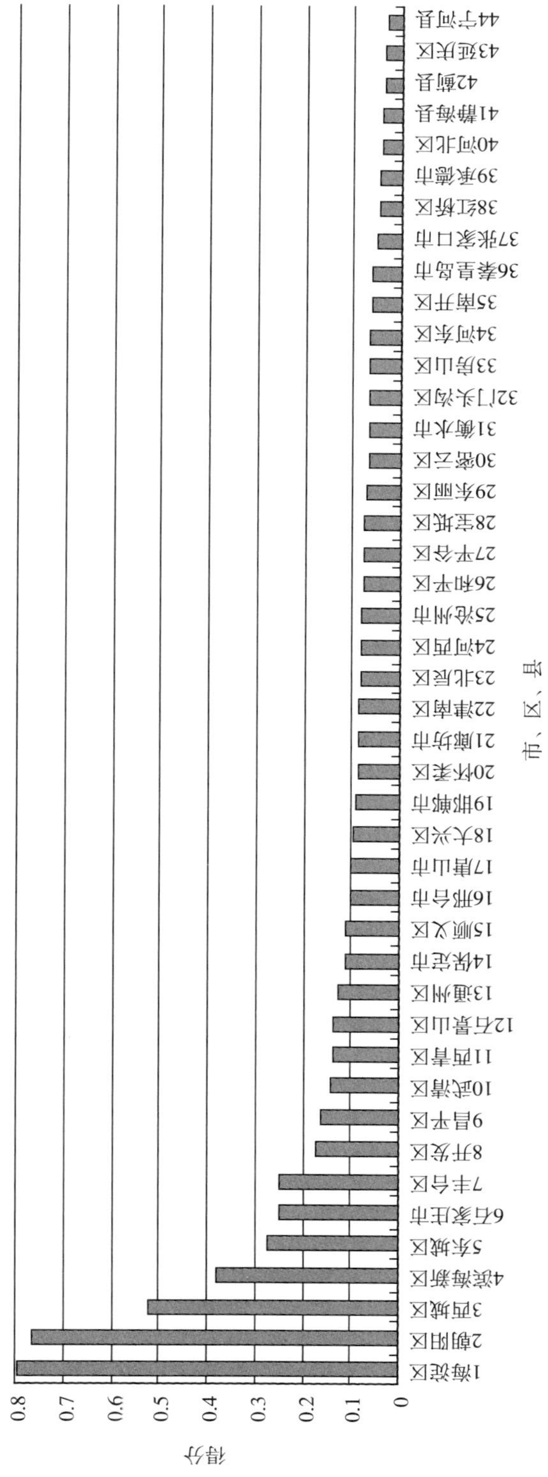

图18-2　2014年京津冀各市、区、县企业总测评得分排名

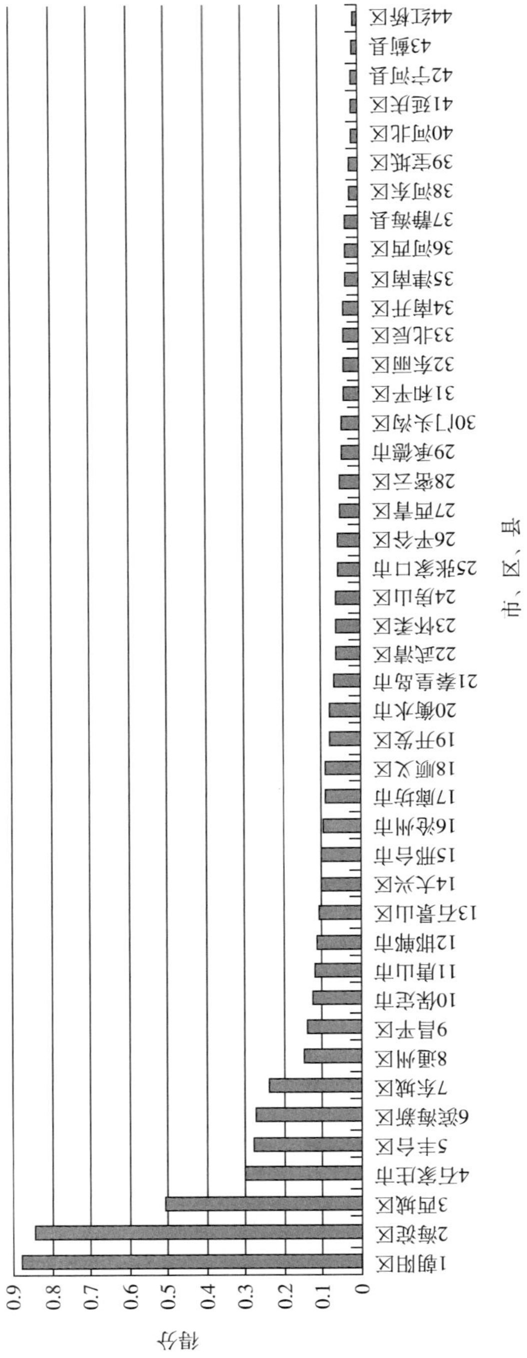

图18-3　2014年京津冀各市、区、县企业实力得分排名

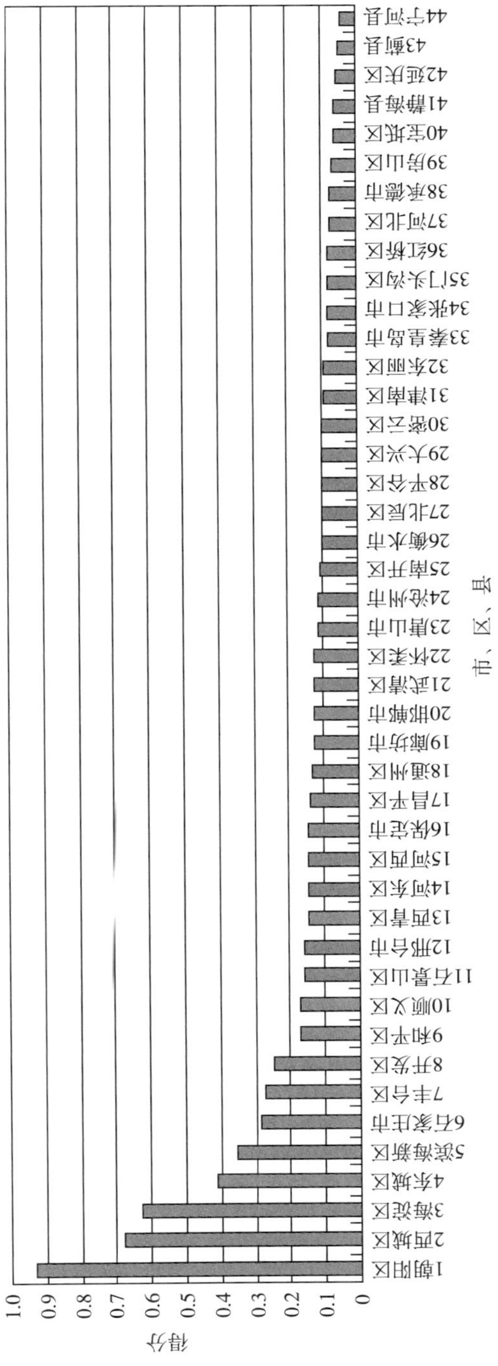

图18-4　2014年京津冀各市、区、县企业活力得分排名

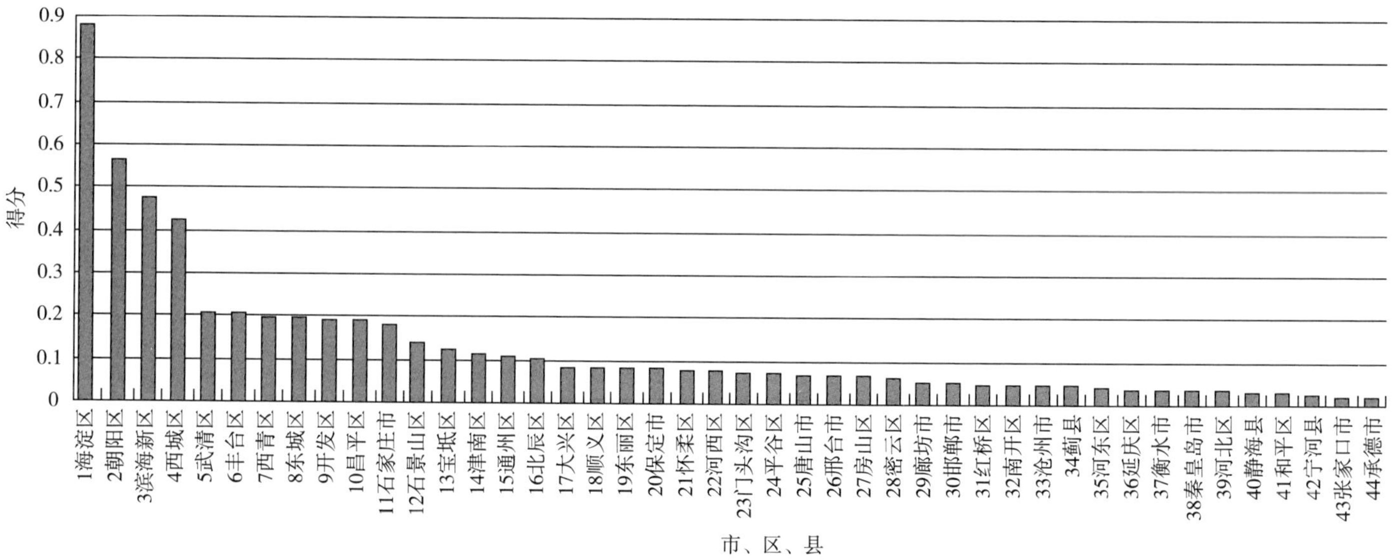

图18-5　2014年京津冀各市、区、县企业创新力得分排名

三、测序结果分析

对综合排名降序排列为海淀区、朝阳区、西城区、滨海新区、东城区、石家庄市、丰台区、开发区、昌平区、武清区、西青区、石景山区、通州区、保定市、顺义区、邢台市、唐山市、大兴区、邯郸市、怀柔区、廊坊市、津南区、北辰区、河西区、沧州市、和平区、平谷区、宝坻区、东丽区、密云区、衡水市、门头沟区、房山区、河东区、南开区、秦皇岛市、张家口市、红桥区、承德市、河北区、静海县、蓟县、延庆区、宁河县。

（一）从综合排名来看，北京实力最强

在前10名中：北京占7位，前3强都属于北京，分别是海淀区（第1名）、朝阳区（第2名）、西城区（第3名）、东城区（第5名）、丰台区（第7名）、开发区（第8名）、昌平区（第9名）；天津占2位，分别是滨海新区（第4名）、武清区（第10名）；河北占1位，石家庄排在第6位。在后10名中：天津占6位，分别是宁河县（倒数第1名）、蓟县（倒数第3名）、静海县（倒数第4名）、河北区（倒数第5名）、红桥区（倒数第7名）、南开区（倒数第10名）；河北占3位，分别是承德市（倒数第6名）、张家口市（倒数第8名）、秦皇岛市（倒数第9名）；北京占1位，延庆区（倒数第2名）。

（二）从企业实力来看，朝阳区最强

朝阳区企业实力最高，其企业实力指数为0.874 683，第二名海淀区为0.842 208，最后一名是红桥区，仅为0.010 576。在前10名中：北京占7位，且占据前3名，分别是朝阳区（第1名）、海淀区（第2名）、西城区（第3名）、丰台区（第5名）、东城区（第7名）、通州区（第8名）、昌平区（第9名）；天津仅滨海新区进入前10位，排在第6名；河北占2位，分别是石家庄市（第4名）和保定市（第10名）。在后10名中：天津占9位，分别是红桥区（倒数第1名）、蓟县（倒数第2名）、宁河县（倒数第3名）、河北区（倒数第5名）、宝坻区（倒数第6名）、河东区（倒数第7名）、静海县（倒数第8名）、河西区（倒数第9名）、津南区（倒数第10名）；北京占1位，延庆区（倒数第4名）；河北省各个地级市没有落在后10位的。

（三）从企业活力来看，朝阳区最强

朝阳区企业活力最高，其活力指数为0.931 809，第二名为西城区（0.676 573），最后一名是宁河县，仅为0.046 648。在前10名中：北京占7位，且占据前4名，分别是朝阳区（第1名）、西城区（第2名）、海淀区（第3名）、东城区（第4名）、丰台区（第7名）、开发区（第8名）、顺义区（第10名）；天津占2位，分别是滨海新区（第5名）、和平区（第

9名）；河北仅石家庄市（第6名）进入前10位。在后10名中：天津占6位，分别是宁河县（倒数第1名）、蓟县（倒数第2名）、静海县（倒数第4名）、宝坻区（倒数第5名）、河北区（倒数第8名）、红桥区（倒数第9名）；北京占3位，分别是延庆区（倒数第3名）、房山区（倒数第6名）和门头沟区（倒数第10名）；河北省仅承德市（倒数第7名）落在后10名。

（四）从企业创新力来看，海淀区最高

海淀区企业创新力最高，其创新指数为0.877 718，远远高于第二名的朝阳（0.564 573），而最后一名承德市，其创新指数仅为0.020 950。在前10名中：北京占7位，且占据前2名，分别是海淀区（第1名）、朝阳区（第2名）、西城区（第4名）、丰台区（第6名）、东城区（第8名）、开发区（第9名）、昌平区（第10名）；天津占3位，分别是滨海新区（第3名）、武清区（第5名）和西青区（第7名）；河北为零。在后10名中：天津占5位，分别是宁河县（倒数第3名）、和平区（倒数第4名）、静海县（倒数第5名）、河北区（倒数第6名）、河东区（倒数第10名）；河北占4位，分别是承德市（倒数第1名）、张家口市（倒数第2名）、秦皇岛（倒数第7名）、衡水市（倒数第8名）；北京占1位，延庆区（倒数第9名）。

北京企业创新力强为其打造科技创新中心奠定了坚实的基础，天津滨海新区新增专利数比较多，尤其是在制造研发上，使其在先进制造业上具有优势，这为天津打造先进制造业研发基地奠定坚实基础。河北在企业创新力方面较差，但其拥有相对丰富的土地资源和劳动力资源，所以在项目落地转化方面具有优势。

第三节　纵向分析和横向比较

为了更好地探寻制约京津冀企业协同发展的深层次原因，本章研究对京津冀企业发展进行了纵向分析与横向比较。

一、纵向分析——京津冀三地各具特色、竞合发展现象明显

本章研究对京津冀企业发展进行了15年跨度（2000~2014年）的分析，以期总结京津冀企业发展的基本规律及主要特征，把握其未来发展趋势。

（一）企业实力

北京整体实力最强，河北存续企业数量增长较快，津冀在存续商标数量和注册资本总额方面旗鼓相当。从京津冀三地企业实力变化趋势来看（图18-6~图18-8），三地均保

持上升趋势。

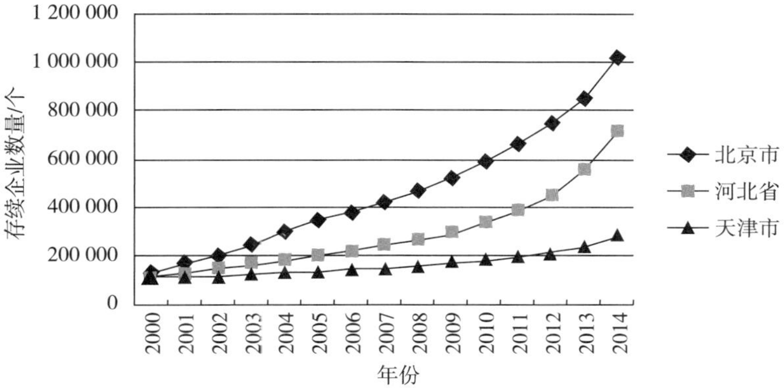

图18-6　存续企业数量趋势图

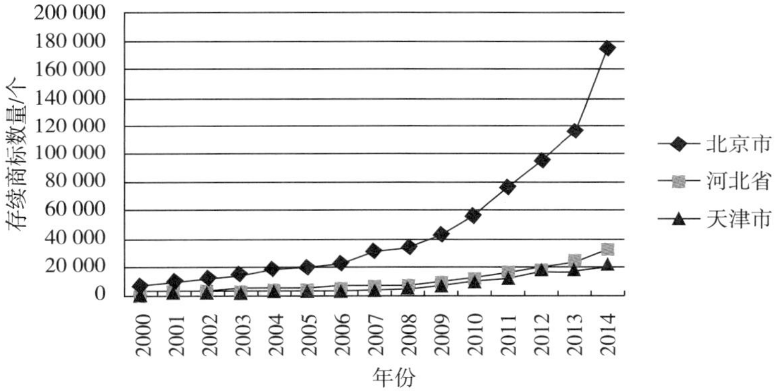

图18-7　存续商标数量趋势图

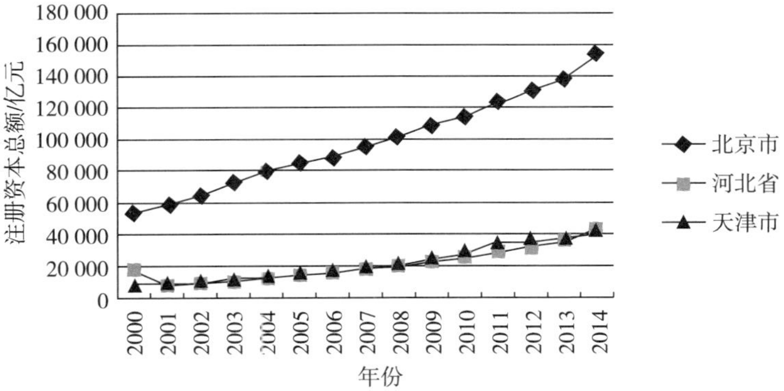

图18-8　注册资本总额趋势图

1. 北京整体实力最强

北京在存续企业数量、存续商标数量、注册资本总额等指标上优势明显，且保持快速增长态势，2000~2014年北京存续企业数量年均增速达16.10%，存续商标年均增速为26.70%。

2. 河北存续企业数量增长较快

河北存续企业数量在2010年之后得以快速增长，与北京的差距正逐渐缩小，远超过了天津。

3. 津冀在存续商标数量和注册资本总额方面旗鼓相当

在存续商标数量和注册资本总额方面，河北和天津保持了很强的一致性、差别不大，总量上基本持平，但考虑到河北和天津的人口和地域面积，河北省的企业发展实力还是远低于京津。

（二）企业活力

河北新增企业数量增幅惊人，北京在对外投资金额、现代服务企业数占企业总数比重、民营企业数占企业总数比重等指标上具有优势，天津在外资企业数占企业总数比重、新增内外资金额上具有优势。从京津冀三地企业活力来看（图18-9~图18-15），趋势特征如下。

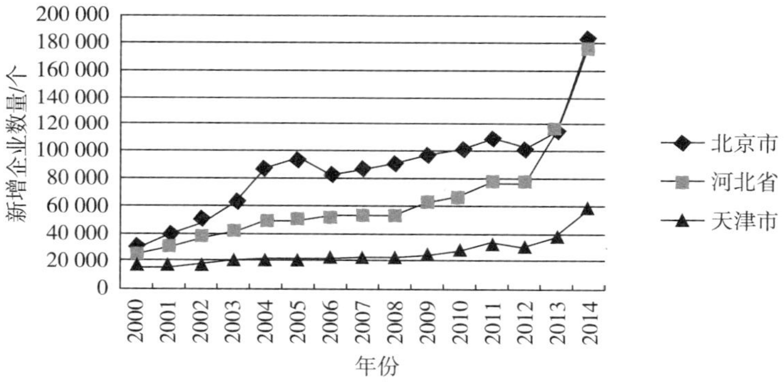

图18-9 新增企业数量趋势图

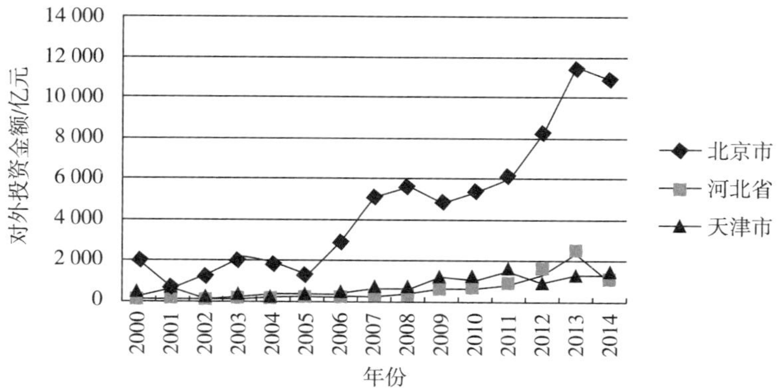

图18-10 对外投资金额趋势图

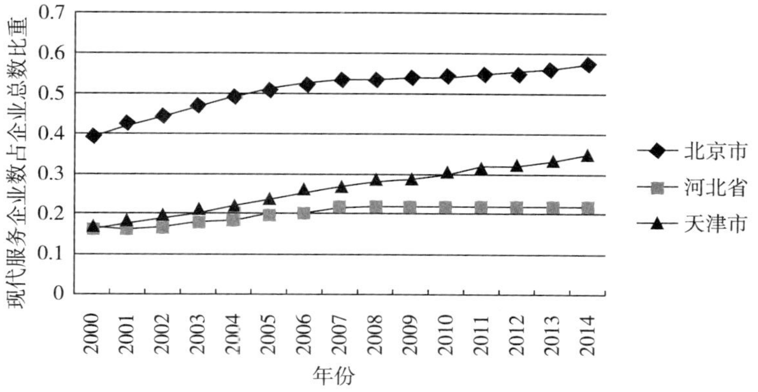

图18-11　现代服务企业数占企业总数比重趋势图

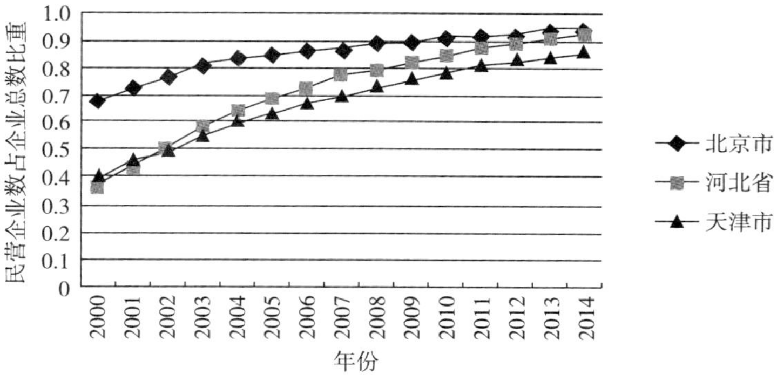

图18-12　民营企业数占企业总数比重趋势图

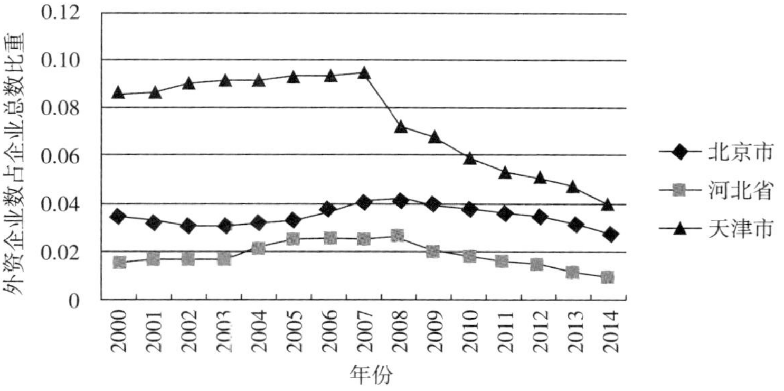

图18-13　外资企业数占企业总数比重趋势图

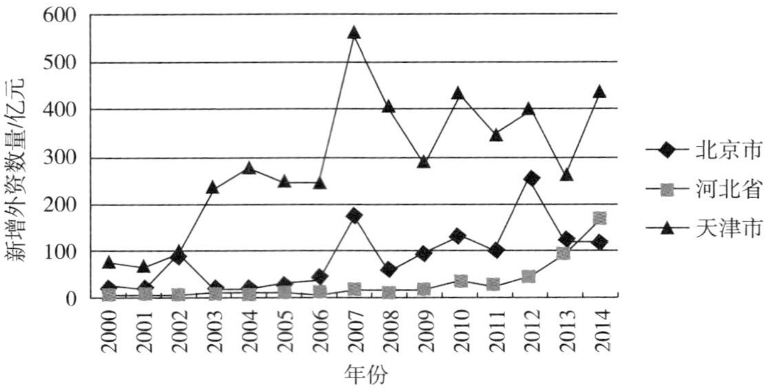

图18-14　新增外资数量趋势图

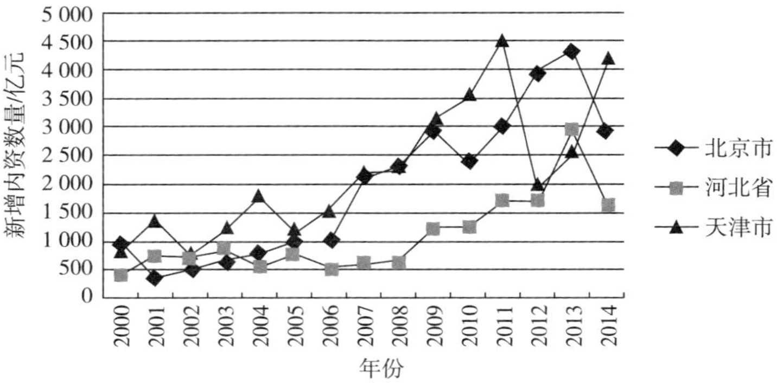

图18-15　新增内资数量趋势图

1. 河北新增企业数量增幅迅猛，反映了非首都功能疏解为河北带来千载难逢的机遇

从2013年开始京津冀三地的新增企业数量均呈现大幅度上升的趋势，尤其是河北2013年、2014年新增企业数量增幅分别增长了23.36%和60.72%，这在一定程度上也说明了京津冀协同发展和非首都功能疏解给河北带来了千载难逢的机遇。

2. 北京在对外投资金额、现代服务业企业数占企业总数比重、民营企业数占企业总数比重等指标上具有优势

一是北京已成为资本净输出地。在对外投资金额指标上北京占据了绝对优势，且优势呈现扩大趋势，成为资本净输出地，而天津与河北水平接近。二是北京在现代服务企业数占企业总数比重上遥遥领先。2014年北京现代服务企业占比是57.20%，是天津的1.61倍，是河北的2.61倍。这总体上与三地发展阶段（北京处于后工业化阶段、天津处于工业化后期阶段、河北处于工业化中期阶段）是吻合的。三是北京民营企业数占企业总数比重最高，三地均呈上升趋势，且逐渐趋于一致。京津冀三地民营企业数占企业总数比重均处于上升态势，北京民营企业数占企业总数比重最高，河北其次，近几年来三地民营企业数占企业总数比重逐步趋于一致。

3. 天津在外资企业数占企业总数比重、新增内外资金额上具有优势，靠大项目拉动现象显著

外资企业数占企业总数比重方面，天津最高，河北最低，但从发展趋势来看，外资企业数占企业总数比重均在逐年下降，尤其是天津从2008年开始外资企业数占企业总数比重有很大的降幅。这一方面说明中国已经完成原始资本积累，中国国内资本实力逐渐增强，资本从稀缺到有盈余，中国从资本输入大国正逐步向资本输出大国转变；另一方面也说明了我国企业总体技术进步较快，也从原来的劳动密集型企业向资本密集型企业和技术密集型企业转变，从原来全面使用外资到现在只选择能带来技术进步的外资转变，而在低端产业使用外资比率已大幅度下降。在新增内外资金额指标上天津总体具有优势，天津凭借其优越的港口优势和区位优势，在新增外资金额上一直远高于北京和河北，2007年天津新增外资达到561.92亿元，创历史纪录。在新增内资金额上，天津除2012年和2013年低于北京外，其他年份都高于北京和河北，且2011年新增内资金额达到最高峰，为4 546.37亿元。靠大项目拉动现象显著，天津民营企业发展不足、占比偏低，而在新增内外投资上天津具有很大的优势，这说明天津经济发展靠大项目拉动现象显著。

（三）企业创新力

北京一枝独秀，天津新增专利数增幅显著，河北在新增商标注册数上具有优势。京津冀三地企业创新力变化趋势如图18-16~图18-19所示。

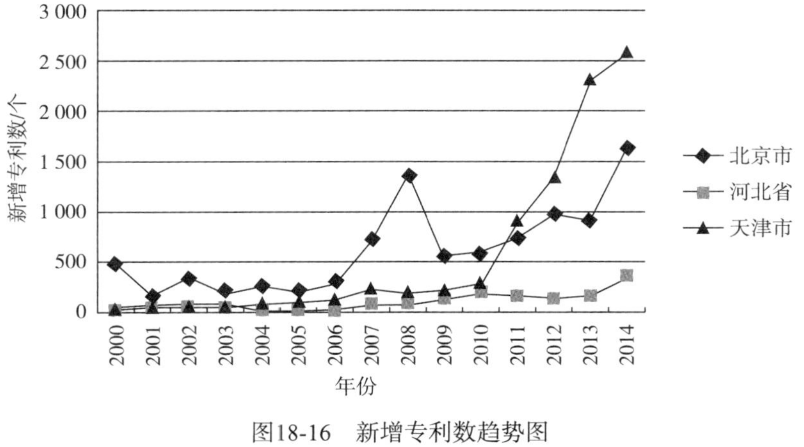

图18-16　新增专利数趋势图

北京在企业创新力方面，表现为一枝独秀。在新增商标注册数、三项专利数、高新技术企业数占企业总数比重三项指标中具有显著优势，尤其是新增商标注册数，2014年的数据是2013年的2.31倍，增幅达130.57%，这说明大众创业、万众创新战略实施和中关村国家级科技创新示范基地建设取得了显著效果。

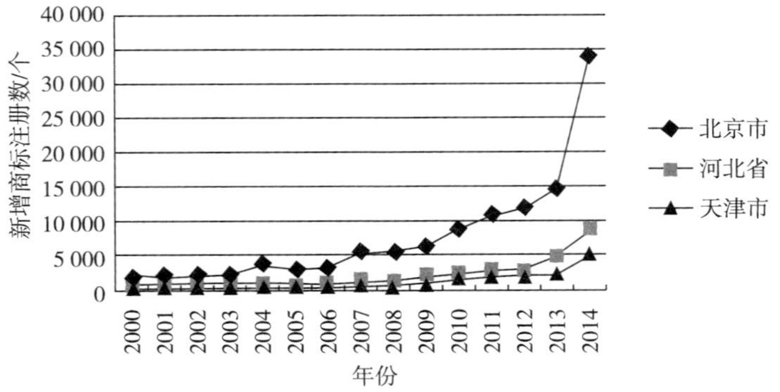

图18-17 新增商标注册数趋势图

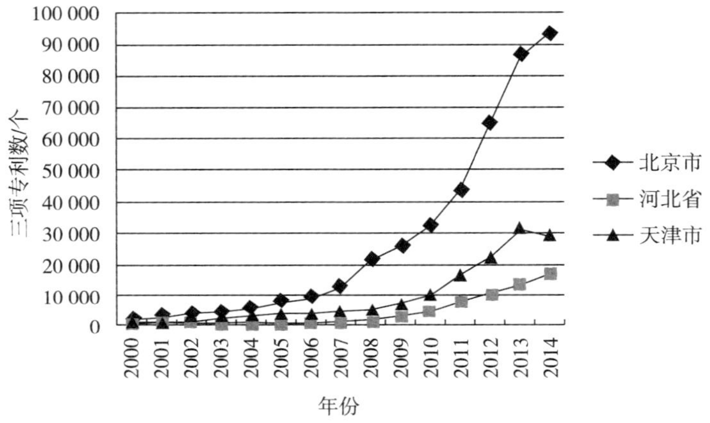

图18-18 三项专利数趋势图

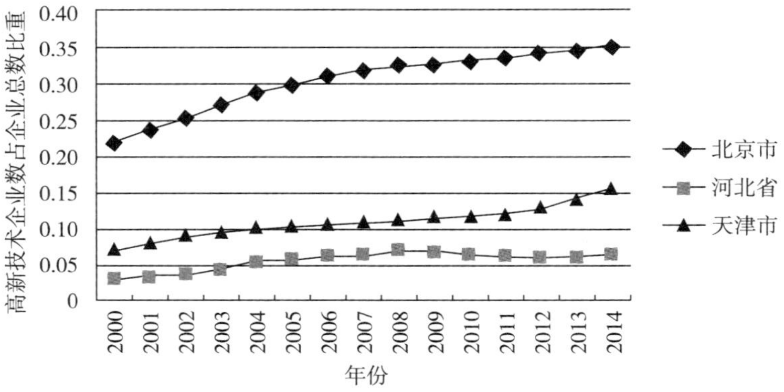

图18-19 高新技术企业数占企业总数比重趋势图

天津新增专利数增幅惊人，天津新增专利数2010年为286个，2014年为2 589个，四年间增长了8倍多，年均增幅达201.31%。

河北在新增商标注册数上具有比较优势。在企业创新力四个指标中，河北只有在新增商标注册数上具有相对优势，虽然指标数值上仍然不如北京，但超过天津。

二、横向比较——京津冀内部落差大，而珠三角、长三角发展较为均衡

横向比较是将京津冀企业发展情况与珠三角、长三角的企业发展情况进行对比，试图找出制约京津冀企业协同发展的关键所在。

（一）范围界定

为了更好地将京津冀与长三角、珠三角进行对比，保证数据的完整性和一致性，本章研究对三大都市圈的范围进行了明确的界定，其中：京津冀都市圈界定为京津两市及河北省全境，中心城市为北京、天津；长三角都市圈界定为上海市、江苏省8个市（南京市、苏州市、无锡市、常州市、镇江市、扬州市、泰州市、南通市）、浙江省7个市（杭州市、嘉兴市、湖州市、舟山市、绍兴市、宁波市、台州市），中心城市为上海市；珠三角都市圈界定为广州市、深圳市、珠海市、佛山市、江门市、中山市、东莞市、惠州市和肇庆市9个城市，其中心城市为广州市、深圳市。

（二）三大都市圈企业发展的测度

本章研究通过京津冀都市圈与长三角都市圈、珠三角都市圈的企业发展状况进行比较，来寻找制约京津冀都市圈协同发展的差距与短板。

1. 对三大都市圈分别进行测度并排序

通过测度，以三大都市圈各自的内部比较得出各都市圈企业指标测评指数结果。以总测评得分降序排列，见表18-4~表18-6；总测评得分排名见图18-20~图18-22；三大都市圈的“三力”三维空间分布见图18-23~图18-25。

表18-4　2014年京津冀各市企业发展水平测评表

序号	地区	企业实力	企业活力	企业创新力	总测评得分
1	北京市	1.000 000	0.978 864	0.880 122	0.944 141
2	天津市	0.206 935	0.248 264	0.494 180	0.338 482
3	石家庄市	0.079 349	0.090 923	0.066 269	0.076 680
4	保定市	0.033 223	0.055 527	0.032 277	0.038 328
5	唐山市	0.032 120	0.052 094	0.028 775	0.035 637
6	邢台市	0.026 751	0.054 561	0.025 891	0.033 251
7	廊坊市	0.023 903	0.061 260	0.023 407	0.032 913
8	邯郸市	0.030 329	0.047 683	0.021 778	0.031 000
9	沧州市	0.025 548	0.046 917	0.020 001	0.028 479

续表

序号	地区	企业实力	企业活力	企业创新力	总测评得分
10	秦皇岛市	0.017 254	0.044 367	0.018 486	0.024 466
11	衡水市	0.020 250	0.038 895	0.017 112	0.023 526
12	张家口市	0.014 709	0.041 184	0.012 979	0.020 512
13	承德市	0.012 446	0.036 919	0.013 514	0.018 937

资料来源：根据龙信数据计算所得

表18-5　2014年长三角各市企业发展水平测评表

序号	地区	企业实力	企业活力	企业创新力	总测评得分
1	上海市	1.000 000	0.997 413	0.746 171	0.912 766
2	苏州市	0.232 354	0.279 251	0.599 064	0.371 942
3	杭州市	0.272 500	0.192 358	0.380 852	0.284 211
4	南京市	0.176 515	0.214 461	0.191 196	0.193 436
5	宁波市	0.161 604	0.140 208	0.242 376	0.182 382
6	无锡市	0.120 339	0.150 807	0.204 837	0.158 681
7	南通市	0.110 846	0.106 333	0.108 124	0.108 501
8	常州市	0.066 926	0.096 651	0.125 354	0.096 158
9	嘉兴市	0.068 345	0.080 607	0.108 287	0.085 797
10	台州市	0.063 551	0.059 088	0.070 297	0.064 446
11	扬州市	0.053 208	0.081 698	0.055 814	0.063 047
12	湖州市	0.030 773	0.064 688	0.084 244	0.059 634
13	绍兴市	0.042 370	0.072 871	0.062 239	0.058 718
14	镇江市	0.040 195	0.078 354	0.056 330	0.057 678
15	泰州市	0.042 782	0.061 164	0.048 068	0.050 357
16	舟山市	0.012 595	0.040 985	0.056 341	0.036 409

资料来源：根据龙信数据计算所得

表18-6　2014年珠三角各市企业发展水平测评表

序号	地区	企业实力	企业活力	企业创新力	总测评得分
1	深圳市	1.000 000	0.650 566	0.997 061	0.897 497
2	广州市	0.586 711	0.694 944	0.528 043	0.597 807
3	东莞市	0.188 607	0.132 814	0.287 715	0.206 759
4	佛山市	0.171 350	0.123 838	0.257 769	0.187 508
5	中山市	0.088 411	0.067 885	0.184 001	0.115 586
6	珠海市	0.068 575	0.150 488	0.106 051	0.105 355
7	惠州市	0.074 099	0.140 459	0.087 756	0.098 106
8	肇庆市	0.021 385	0.152 884	0.033 787	0.063 875
9	江门市	0.043 296	0.073 370	0.070 911	0.061 603

资料来源：根据龙信数据计算所得

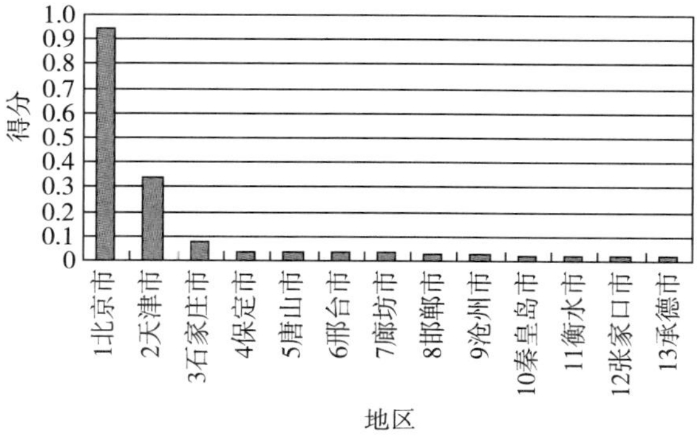

图18-20　2014年京津冀内部总测评得分排名

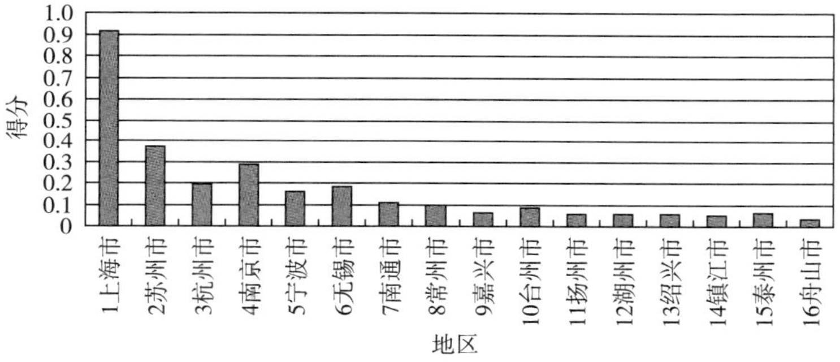

图18-21　2014年长三角内部总测评得分排名

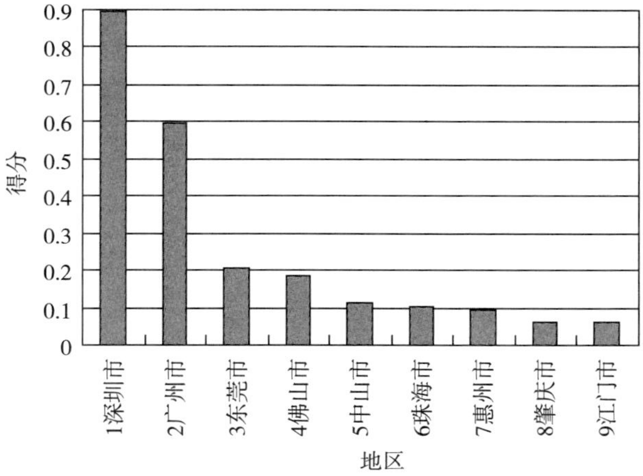

图18-22　2014年珠三角内部总测评得分排名

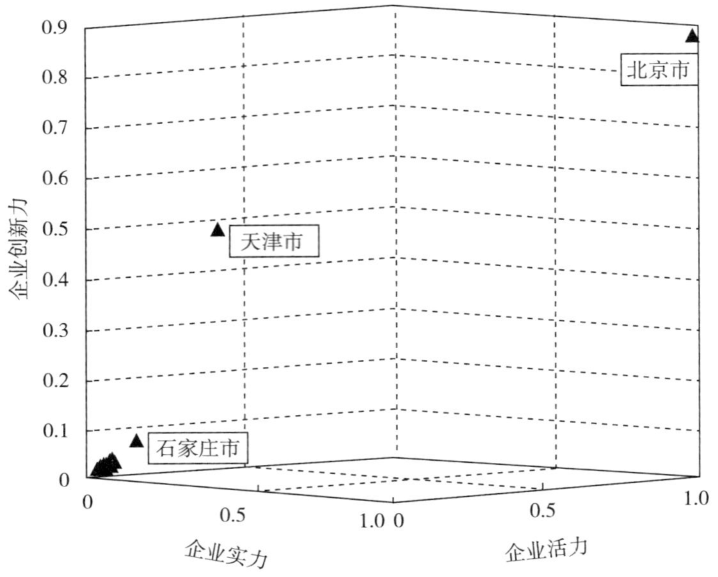

图18-23　京津冀地区“三力”分布图

2. 对三大都市圈38个城市进行整体测度并排序

若以京津冀、长三角、珠三角所有城市整体数据进行测评排序，以总测评得分降序排列，得到表18-7，所有城市的“三力”三维空间分布见图18-26。

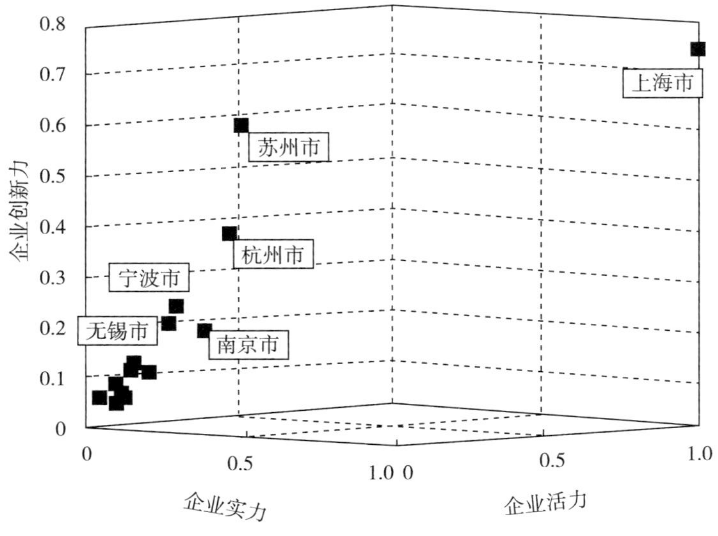

图18-24　长三角地区“三力”分布图

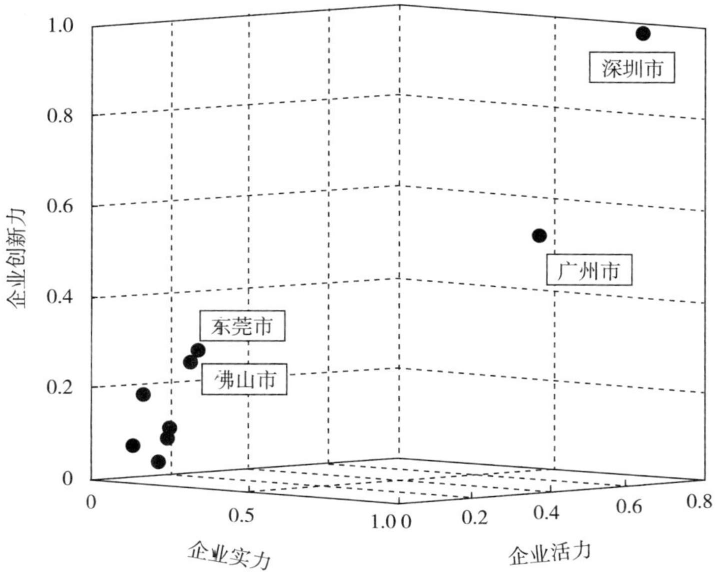

图18-25 珠三角地区“三力”分布图

表18-7 2014年京津冀、长三角、珠三角各市测评表

序号	市级	企业实力	企业活力	企业创新力	总测评得分
1	北京市	0.946 747	0.573 844	0.813 179	0.788 378
2	上海市	0.799 364	0.674 216	0.599 272	0.689 112
3	深圳市	0.584 079	0.539 254	0.656 842	0.597 708
4	广州市	0.360 236	0.751 662	0.358 464	0.474 257
5	苏州市	0.187 579	0.212 991	0.558 735	0.331 526
6	天津市	0.196 538	0.177 866	0.348 165	0.246 833
7	杭州市	0.215 463	0.146 243	0.308 766	0.229 499
8	宁波市	0.130 240	0.118 990	0.203 571	0.153 914
9	南京市	0.141 847	0.155 035	0.160 215	0.152 466
10	东莞市	0.113 628	0.142 677	0.170 830	0.143 175
11	佛山市	0.105 944	0.131 481	0.160 890	0.133 633
12	无锡市	0.097 596	0.116 536	0.174 510	0.131 431
13	珠海市	0.037 193	0.211 927	0.055 726	0.095 199
14	南通市	0.092 081	0.079 301	0.096 484	0.089 956
15	惠州市	0.040 875	0.195 048	0.048 387	0.088 804
16	中山市	0.056 252	0.083 674	0.107 594	0.083 168
17	常州市	0.054 355	0.081 147	0.108 526	0.082 127
18	石家庄市	0.074 047	0.080 832	0.067 921	0.073 782
19	肇庆市	0.011 533	0.217 295	0.015 348	0.073 216

续表

序号	市级	企业实力	企业活力	企业创新力	总测评得分
20	嘉兴市	0.054 695	0.073 615	0.088 317	0.072 603
21	江门市	0.024 372	0.138 641	0.037 388	0.062 635
22	湖州市	0.024 957	0.059 898	0.067 564	0.050 863
23	台州市	0.051 054	0.048 896	0.052 025	0.050 779
24	扬州市	0.043 184	0.067 473	0.042 889	0.050 191
25	绍兴市	0.034 222	0.069 070	0.048 029	0.049 509
26	镇江市	0.032 721	0.070 107	0.042 091	0.047 120
27	泰州市	0.035 251	0.050 331	0.035 453	0.039 744
28	保定市	0.030 879	0.048 878	0.033 598	0.037 152
29	唐山市	0.030 306	0.043 770	0.027 466	0.033 206
30	廊坊市	0.022 423	0.050 226	0.026 008	0.031 887
31	邢台市	0.024 881	0.042 911	0.028 257	0.031 405
32	邯郸市	0.028 303	0.043 018	0.023 065	0.030 688
33	舟山市	0.010 363	0.032 082	0.042 689	0.028 615
34	沧州市	0.023 798	0.041 003	0.021 543	0.028 009
35	秦皇岛市	0.016 108	0.037 654	0.020 618	0.024 079
36	衡水市	0.018 834	0.034 659	0.019 383	0.023 672
37	张家口市	0.013 664	0.035 997	0.015 406	0.020 848
38	承德市	0.011 577	0.032 414	0.015 990	0.019 304

资料来源：根据龙信数据计算所得

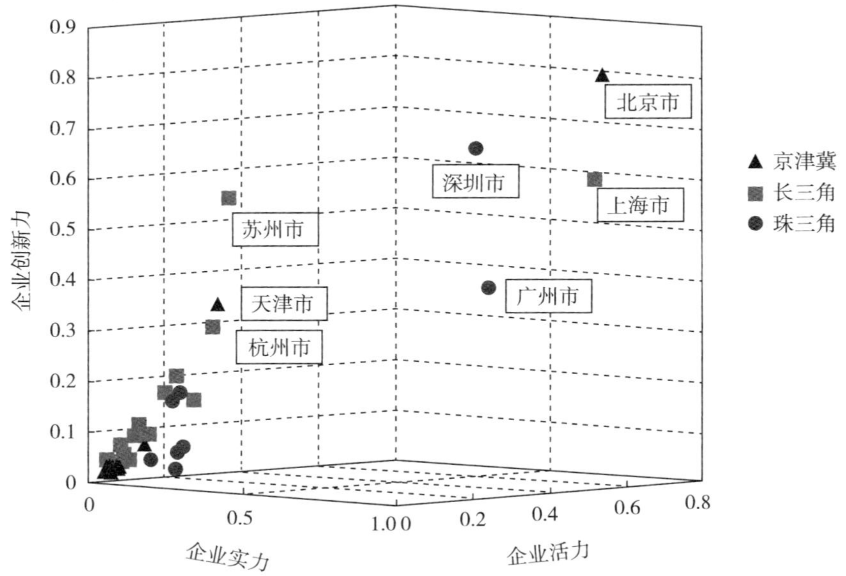

图18-26　三大都市圈“三力”分布图

（三）测度结果分析

通过以上测度，我们得到以下基本结论：

从三大首位城市的总体比较来看，北京在企业实力、企业创新力和综合排名方面都是最高，且在创新力上最具优势，是名副其实的全国科技创新中心，上海则在企业活力水平方面表现最好。从表18-8、图18-26来看，北京企业发展综合测评得分为0.788 378，是上海的1.14倍，是深圳的1.32倍；从企业实力来看，北京得分最高，为0.946 747，是上海的1.18倍，是深圳的1.62倍；从企业活力来看，上海最高，为0.674 216，是北京的1.17倍，是深圳的1.25倍；从企业创新力来看，北京最高，为0.813 179，是上海的1.36倍，是深圳的1.24倍，北京在企业创新力上最具优势，而上海作为全国经济中心之一，总部经济特征显著，各类企业发达，企业活力最强。

第四节　对 策 建 议

基于上述分析与比较，针对京津冀企业发展存在的问题，本章提出以下政策建议。

一、加大非首都功能疏解力度，促进区域内企业协同发展

京津冀协同发展的关键和亘中之重，应通过将首都功能核心区和拓展区的非首都功能（尤其是企业）的向外疏解，强化提升首都核心功能的同时，实现企业空间布局优化，缩小京津冀区域内企业的发展落差，从而推动京津冀企业的协同发展。河北2013年、2014年新增企业数量增幅惊人，这在一定程度上说明了企业已经先于其他非首都功能开始疏解，未来应做好以下几个方面：一是强化疏解政策，加大非首都功能疏解力度。北京首都功能核心区和城市功能拓展区企业综合发展水平最高，这也是进行非首都功能向外疏解的重点区域，这意味着非首都功能疏解将是一个长期而艰巨政治任务，需要强有力的政策措施来保障，如可出台“首都功能核心区内的企业额外加征20%企业所得税”“首都功能核心区内企业就业人员积分落户申请倒减5分”等政策，用强有力的政策促进核心区企业向外疏解。二是优化企业在区域内的空间布局。京津冀三地企业发展水平内部落差巨大，北京企业实力远高于天津和河北，河北企业发展不足是京津冀协同发展的最大短板之一。在非首都功能疏解的空间布局上，在北京市内的疏解重点应放在城市发展新区，以促进“产城融合”；天津重点在于通过承接非首都功能，缓解滨海新区“一枝独大”现象，促进天津企业的相对均衡发展；河北由于面积大、人口多，在承接非首都功能疏解上应选择优势地区和优势园区进行承接，可重点依托石家庄、唐山、保定、廊坊和邯郸进行承接，注重在打造产业轴的同时打造城镇轴和人口聚集轴，京津冀协同发展关键在于“垫高”河北的企业发展水平，形成区域内合理的梯度差。三是强调优势互补推动区

域功能定位的相互衔接。《京津冀协同发展规划纲要》指出，京津冀要建设成为以首都为核心的世界级城市群、创新驱动发展的引领区、体制机制改革的先行区、生态修复和环境改善的示范区。北京应强化其在区域中的核心地位和创新引领的作用，天津应强调体制机制创新，而河北重点在于生态修复和环境改善。因此，在企业发展上：北京已成为资本净输出地，未来重点在于构建"高精尖"经济体系，海淀区、朝阳区和西城区则是北京打造科技创新中心的重要依托和重中之重；天津是区域的开放门户，在外资企业占比、新增内外资金额和新增专利数量上都具有优势，重点应在体制机制创新上下功夫，通过自主创新示范区建设形成开放式创新新格局，滨海新区、西青区和武清区则是天津打造先进制造业研发基地的重要载体；河北在新增商标注册数上具有比较优势，未来应加大科技研发力度，对接京津科技成果，努力成为京津科技成果转化基地，延伸京津产业链，实现区域共同发展。

二、北京应在企业空间布局上实现"内外有别"

北京企业综合发展水平最高，在本章研究所测度的三大都市圈中居首位，但面临的主要问题是空间布局不合理，北京企业实力最强的是首都功能核心区和城市拓展区，这也是北京未来非首都功能疏解的重点区域。当前需要解决的是，首都功能核心区需实现区内企业的全面疏解（只做减法），城市拓展区需实现企业类型优化（既做减法也做加法），城市发展新区应大力发展和承接核心区疏解出来的企业（重点做加法、乘法），生态涵养区应发展和承接生态友好型产业（主要做加法）。一是首都功能核心区企业综合实力很强、疏解任务很重。在京津冀企业综合发展排名中西城排第三名、东城排第五名，而西城、东城是首都功能核心区，过多地集聚企业在一定程度阻碍了首都核心功能的正常发挥，因此东城、西城是北京非首都功能疏解的重中之重、疏解任务很重，需有强有力的政策措施，否则很难达到疏解的目标。二是城市拓展区企业综合实力最强、重点需实现"腾笼换鸟"。在京津冀企业综合发展排名中，地处城市拓展区的企业实力最强，海淀排名第1、朝阳排名第2、丰台排名第7、石景山排名第12。城市拓展区，一方面是首都核心功能的重要承载地，另一方面也是北京"大城市病"最严重的区域。因此这个区域面临着两个方面的任务：一是应将非首都功能和产业予以疏解，即做减法，如大型批发市场、高耗能高污染的产业、一般性制造业和聚集大量劳动力的低端产业等需疏解；二是应将处于这个区域符合北京功能定位的相关功能和产业进一步做大做强，如中关村的科技创新中心。因此，在这个区域内重点是做好"减法"的同时做好"加法"，从而实现"腾笼换鸟"，是北京打造科技创新中心和实现"高精尖"经济体系的重要依托。三是应解决城市发展新区的"有城无业"。在北京城市发展新区由于企业入住数量不足，就业机会不充分，存在着"有城无业"的现象，导致出现睡城，加剧了交通拥堵。所以在非首都功能疏解的背景下，在北京范围内的承接重点应放在"城市发展新区"，通过企业的入住和产业配套，实现产城融合。四是应解决生态涵养区的可持续发展问题。当前，生态涵养区产业和入驻的企业普遍不足，如延庆区在京津冀企业综合排序中处于倒数第二，其在经济上和财政上必然很难实现可持续发展。本章研究认为生态涵养区应抓住这次非首都功能疏解的大好机会，借鉴密云的发展模式，承接生态友好型企业和高新技术企业，从而实现生态保护的同时发展经济。

三、天津应避免“一枝独大”，实现区县间相对“均衡发展”

在京津冀企业综合排序中，天津滨海新区（得分0.379 026）排名第4，远远高于武清区（排名第10）和西青区（排名第11），而在排名后10位中天津占6位，如宁河县、蓟县、静海县、河北区、红桥区、南开区，这些都说明天津滨海新区“一枝独大”现象严重，天津内部区县企业发展水平严重不均衡。天津应在存续企业数量上下功夫，通过区域均衡发展，实现天津企业总体实力的提升。因此，未来天津在企业发展上应重点做好三个方面的工作：一是依托优势区县打造先进制造业研发基地。天津打造先进制造业研发基地可重点依托滨海新区、武清区和西青区，同时应注重品牌和商标的培育和塑造。二是通过承接非首都功能外溢，实现各区县间的均衡发展。天津未来可通过非首都功能的承接，来提升红桥、河北、静海、蓟县、宁河等区县的企业综合发展水平，从而解决天津内部企业发展落差过大的问题。三是强化滨海新区综合配套带动作用，发挥自身的发展空间优势、资源优势和政策优势，带动周边区县发展。

四、河北应实施三大重点战略，实现企业发展的“提质增量”

河北企业发展面临着数量不足、质量不高等问题，应注重企业发展的“提质增量”，京津冀协同发展的关键在于“垫高”河北。河北企业不管是在数量上，还是在发展层次和水平上，相对于京津来说都显不足。如果说北京市需要“全面减肥”，天津需要“脂肪优化分布”，河北则需要“全方位贴膘”。河北应努力成为京津冀科技成果落地转化的基地，谋求京津产业链在河北的延伸。因此，河北企业发展应实施三大战略：一是“除旧布新”战略，即运用高科技改造传统产业。从短期看，河北重化工业由于原有的基数较大，重化工业比重高是短时期较难以改变的，未来如何利用高科技对传统产业进行改造，减少其对环境的污染是当前和未来的发展重点。二是“筑巢引凤”战略，即承接非首都功能尽快形成新增长点。重点应该放在通过营造环境、规划企业集聚区上，来全面承接北京疏解出的非首都功能和中关村创新科技成果在河北的落地转化，从而提升河北企业的创新力和综合实力。三是“借势发展”战略，即利用区域新的经济增长点给河北产业带来新的发展空间，如首都新机场和北京—张家口冬奥会，基础设施的改善带动其高端服务业和功能的发展。

第十九章　基于全球视野下的北京科技开放合作战略研究①

内容概要：本章结合经济全球化已进入创新全球化大背景，梳理了北京国际科技开放合作面临的重要机遇。在分析国际科技开放合作新趋势及以色列、美国、韩国等典型区域做法的基础上，提出了新时期北京科技开放合作需要融入全球创新竞合的时代需求、实践创新驱动发展的国家期望、聚焦战略性新兴产业的发展方向等三个方面的战略诉求，明确了北京市科技开放合作的总体目标与重点方向，并从完善国际科技合作相关法规与政策、绘制重点领域创新地图、加大科技合作人才培养和引进、加强平台建设等方面提出了相关政策建议。

第一节　当前科技开放合作的环境分析

当前，经济全球化已进入创新全球化阶段。与传统的全球化不同的是，创新全球化围绕的主要活动是创新活动，而非物质贸易和物质生产。因此，创新全球化时代流动的主要是进行创新的人才、产生创新的知识和促进创新的资本。同时，人、技术、资本的作用方式发生了重大变化。人的作用更多地体现为创新者，研发创新成为独立的经济行为，而资本的功能更加深刻和多样。

20世纪90年代以来，全球经济发展逐步走向多极化，传统的单极“全球科技创新中心”已经无法满足全球经济发展需求，取而代之的是由多中心、多节点组成的“全球创新网络”。其中有一些节点集聚了资金、技术、人才、信息等大量创新资源，创新能力十分突出，在全球创新网络中处于关键位置。《硅谷指数2007》提出：虽然全球竞争的场地是“扁平”的，但各地区依然可由其自身的专业化和竞争优势的相对强势和弱势而表现出来——在扁平的世界上创造出“尖峰”。

在创新全球化的时代，与硅谷、以色列这些创新尖峰的科技开放合作是区域创新崛起的必要条件。目前，高端链接的三个核心机制主要为技术交流、资本流动和人才流动。

① 本章由北京市长城企业战略研究所课题组完成，王瑛副所长为课题负责人，李庆、刘晨、方韵、姚思媛、李鹏飞和郝坤参与课题研究。

技术交流主要是指通过技术转让、技术买卖、技术合作等方式，促进先进技术的流动。资本流动主要是指为了获取技术创新和创业带来的经济收益，而在全球范围内围绕技术创新活动和创业活动开展的风险投资活动。人才流动主要是指促进创新人才、创业者、风险投资家等人才的流动，从而提高地区和地区之间的创新活动的联动性和流通性。

北京为打造全球科技创新中心，主动积极运用互联网技术和思维开展国际科技开放合作是时代的必然选择。而“一带一路”战略的实施为北京领军全国的国际科技开放合作提供了重要机遇。第一，北京作为全国的科技创新中心，拥有最密集的科技创新资源和技术资本，能够在“一带一路”战略中成为我国对外科技合作的发源地；第二，北京具有数量众多的跨国公司、国际组织和外交机构，跨国技术转移大会、国际创新论坛等国际活动举办频繁，具备与世界各国展开国际科技合作的坚实基础；第三，北京领先于全国的科技合作承接能力，使其在“一路一带”战略中承担了技术辐射与扩散的历史使命。

第二节　国际科技开放合作新趋势及典型区域做法

一、国际科技开放合作的新趋势

（1）多边合作日益活跃。围绕着各类国际性问题，各国政府之间的科技交流与合作进入一个新的发展时期，政府间多边合作协定或协议框架的确定也日益增多。

（2）加强国际科技合作正成为各国政府的重要战略目标。前所未有的科技进步要求世界各国站在国家整体的发展战略和国家利益的层次上进行重点部署，并从这样的高度出发研究制定国际科技合作的各种政策、制度措施。

（3）催生出一批具有国际化潜力的新业态。2008年金融危机以后，世界开始进入以科技创新要素资源的全球流动为特征的创新全球化阶段，一大批拥有新想法、新技术、新模式的原创新兴企业出现，并迅速带动新的产业形态形成。

（4）跨国公司开始建设开放式合作平台。随着全球分工围绕创新、创意、创业重新配置资源，跨国公司逐渐开始致力于打造可利用全球创新资源的创新生态系统和创新交互社区，整合各类优秀的资源为自己的平台用户提供前沿资讯以及创新解决方案。

（5）跨区域创业活动的逐渐增多。许多留学生和技术移民选择自主创业，成为硅谷的创业企业家。这些跨区域企业家、创业者组成的社会网络，链接了不同国家、地区的产业发展，黏合了全球产业体系的各个链条。

（6）基础类研究特别是大科学研究日益国际化。国际化必然成为作为科学研究主体部分的基础研究的最重要趋势之一。而作为现代科学发展的重要标志之一的大科学的兴起和发展，伴随着科学研究的发展进步更是日益国际化。

（7）高科技领域日益成为国际科技合作的主要领域。高技术由于本身的特点，加之蕴涵的巨大经济利益、军事价值和政治意义，因而也成为国际科技合作的重点领域。

二、国外典型区域经验借鉴

1. 以色列：独特的科技管理体制可以根据本国需求与别国情况，量身制定各不相同的科技合作策略

独特的首席科学家论坛制度是以色列开展国际科技活动的重要决策与政策制定机制，主要功能在于尽量避免科技决策管理的低效重复和重大疏漏，定期识别高科技产业化的新兴优先扶持领域，制定支持科学研究与商业化的国际合作的政策措施。

（1）国家中介Matimop。以色列经济部首席科学家办公室下设的工业研发中心（Matimop）扮演着“国家中介”的角色，主要承担着鼓励和帮助以色列企业积极参与到国际与双边科技合作的职责。

（2）与美国合作。美国一直是以色列最大的盟友，两国间形成了多领域、多维度、多层次的合作，形式上有资金援助、贷款担保、贸易协定、双边产业基金等。

（3）与欧洲合作。以色列把与欧洲的科技合作作为一项重要内容。以色列全程参与了欧洲框架计划，加入了促进先进科技研发合作的全欧洲研发网EUREKA（European Research Coordination Agency，即欧洲研究协调机构），专门成立了“以色列–欧洲合作研发指挥处”（International Society for Engineering Research and Development，ISERD）负责统筹欧以合作。

（4）与日本合作。以色列热衷于与日本开展合作。日本与以色列重点支持高校院所之间的前沿合作，主要集中于干细胞、脑科学、神经系统等生命科学领域。同时，以色列为数不多的大型企业为了占领日本市场，开始收购日本当地企业。

2. 美国：以国家猎头制度为核心，大力吸引海外科技人才

国家猎头是由国家主导并主动出击，借鉴猎头机制和路径，动用军事、政治、外交等资源和手段，在全球范围内搜寻、网罗、聚集、吸纳高级人才，直接体现国家战略利益和维护国家人才安全的进攻型人才竞争战略。

（1）商业猎头公司。目前美国的国家猎头政策的主要方法就是以商业猎头公司的形式出现。这些猎头公司实际上是商业行为掩护下的政府行为。

（2）绿卡和移民政策。美国是一个移民国家，其移民政策是向高端人才倾斜的，对外来移民的接纳始终遵循“按需引进，为我所用”的原则。

（3）聘用外国专家学者充实科研队伍。邀请外国专家学者到美国从事研究工作；通过聘用机制实现高端人才的国际开发与利用；以合作攻关的名义借用外国专家的智慧。

（4）大量吸引海外留学生。美国通过各种高标准的选拔之后给予优秀留学申请者以优厚的奖学金待遇，让他们通过留学经历了解和熟悉美国，进而留在美国工作，以达到他们猎获优秀人才的最终目的。

（5）设立援助计划和专项基金。美国政府通过设立各种基金援助计划奖励吸引高端人才。

3. 韩国：技术引进是支撑本国国际科技合作的重要手段

通过引进技术并对其进行吸收和创新，韩国的科技水平在较短时期内得到了极大的提高。韩国的技术引进具有以下特点。

（1）技术引进同产业结构升级相适应。20世纪60年代，韩国政府重点发展投资少、见效快的劳动密集型工业；70年代，韩国将发展重化学工业作为经济发展的目标； 80年代以后，韩国确定电子、机械、生化、信息产业、原子能利用等尖端技术部门作为此后发展的“战略产业”。

（2）技术进口主要集中在五大财团。以三星、现代、LG等五大财团为主的韩国企业，凭借高密度的技术引进，逐渐由技术追随者成长为技术领导者，在汽车、电子、化工等多个行业的市场规模和技术层面上居世界前列。

（3）购买产品和技术用于研制国货。迈入21世纪，韩国越来越注重对本土创新实力的提升，不再只满足于引入技术；而是凭借引进技术经消化吸收后，创新出拥有韩国自主知识产权的技术成果。

（4）韩国企业积极引进日本退休技术人员。随着韩国对日本技术进口数量的增多，越来越多的韩国企业开始积极引进日本退休技术人员，以“技术+人才”模式助推本国产业竞争力及创新实力的提升。

第三节　北京科技开放合作的现状

（1）科技合作平台不断涌现。北京积极构建了国际科技合作和技术转移平台，同时筹办有国际影响力的国际科技合作与交流品牌活动，促进了大量国际科技资源落户。此外，截至2015年年底，北京已先后认定国际科技合作基地达370家，与43个国家和地区的582家机构开展合作，建立起遍布全球的国际科技合作网络。

（2）专业服务机构集聚效应初步显现。北京地区有国家级技术转移示范机构59家。北京市科委和海淀区人民政府签署《共建国际技术转移中心合作协议》，双方在中关村西区共同推进国际技术转移中心建设。中关村西区已初步显现了国际创新要素的集聚效应，成为国际技术转移服务高地。

（3）汇集了一大批高端人才资源。截至2015年年底，在京人才中累计1 337人入选中央“千人计划”，“海聚工程”共引进人才759名，海归留学人员超过10万人。北京有针对性地找寻招引，支持各重点领域大力开展人才团队和项目的招引工作，北京已成为留学生回国创业的首选。

（4）北京“走出去”发展态势良好。一些有实力和技术的企业与科研机构纷纷到海外建立研发基地，以充分整合利用全球各类创新资源，提高自主创新能力。目前，中关村企业在境外设立的研发机构数量已超过100个。这些企业在境外设立的研发机构，除了探索“研发—生产—销售”的全球化经营体系外，还有一个重要功能，即用来跟踪东道国先进技术，整合相关创新资源，为国内研发中心寻求技术合作伙伴。同时，随着近年来地区经济结构的调整以及投资环境、政策环境的不断改善，大量跨国机构纷纷在京设立研发机构，其中包括微软、壳牌、拜耳等在内的世界500强企业，产业布局主要集中在新一代信息技术、生物医药、高端装备制造，占总数的70%以上。这些跨国公司所投资设立的研发机构将国外的先进知识、技术带入北京，促使先进技术国产化，有效缩短国内与国际先进技术间的差距。

（5）投资群体不断扩大。自1985年起，北京风险投资行业经过了30余年的发展，已经在国内奠定其龙头地位。目前，北京汇集了国内一半以上的天使投资人和机构。同时，一些来自欧美等发达国家和地区的投资人和投资机构也纷纷在北京开展业务。

（6）具有国际化发展潜力的新业态不断涌现。北京作为全球创新创业的高地，是全球新业态发展最为活跃的地区之一。北京某些新业态的发展不仅在全国处于领先地位，甚至在全球范围内都有着重要的影响力和地位，如众包、众筹、创客等。

（7）知识产权国际经营的影响力不断扩大。PCT国际专利申请连年攀升，2014年北京PCT专利申请量达到3 606件。北京不断加强知识产权的对外合作与交流，同时加强与境外知识产权管理机构、协会商会、企业的沟通交流，主办或承办了多个国际研讨会和涉外知识产权培训班。

第四节　新时期北京科技开放合作的战略诉求

一、融入全球创新竞合的时代需求

（1）持续增强全球链接能力是北京国际科技合作的重要工作部署。全球经济发展以区域为重要载体，逐步走向多极化。提升全球链接能力，促进自身的尖峰崛起，对于加快北京建设有中国特色的世界城市、打造具有全球影响力的科技创新中心，真正把握住全球化竞争先机，具有重要的战略意义。

（2）北京国际科技合作地位已大大提升，但全球链接的广度与深度仍有广阔的拓展延伸空间。目前，与北京科技合作较为深入的国家以美国、英国、法国、德国、加拿大、俄罗斯、意大利等欧美国家为主，为持续增强北京国际科技合作的全球影响力，其全球链接的范围还需扩大，深度还需加强。

二、实践创新驱动发展的国家期望

（1）北京要在实施创新驱动、加快经济发展方式转变方面充分发挥示范带头作用。2014年，习近平总书记在北京视察时强调，要明确城市战略定位，坚持和强化首都全国政治中心、文化中心、国际交往中心、科技创新中心的核心功能。这为新时期北京的建设和发展指明了方向，并首次把科技创新中心确定为首都的四大核心功能之一。

（2）北京要在深化科技体制改革、建设国家科技创新中心方面充分发挥开路先锋的作用。2013年9月底，习近平总书记在主持中共中央政治局在中关村的集体学习中指出，国家实施创新驱动发展战略最为紧迫的是要进一步解放思想，加快科技体制改革步伐，破除一切束缚创新驱动发展的观念和体制机制障碍。

三、聚焦战略性新兴产业的发展方向

北京只有充分对接国际创新源头，才能站在科技前沿，不断激发战略性新兴产业发展的内在活力。北京必须借重国内其他省市难以比拟的大院大所、高等院校、央企等创新资源，增强与新兴产业紧密相关的前沿研究，提高其前瞻性，同时加大国际科技合作力度以满足战略性新兴产业迅速发展的需求。

北京只有接轨国际一流的创业孵育网络，不断完善变革性企业的挖掘、培养、助推机制，有力推动创新成果转化，才能真正成为国家战略性新兴产业的策源地。北京拥有全国最为密集的孵化机构，但若真正发挥我国战略新兴产业策源地的功能，此孵化体系尚需深入学习并接轨硅谷等发达地区的创业孵化机制，以提高自身高端孵化功能。

第五节　北京科技开放合作的总体目标与重点方向

一、北京科技开放合作的总体目标

到2020年，北京国际科技合作跨上新台阶，初步建成具有全球影响力的国际化科技创新中心。吸引和建设一批国际化、专业化、市场化的高端科技服务机构，集聚一批社会化的科技服务和公共技术服务平台，催生一批现代服务领域的新业态，探索一批国际科技合作的新模式，培育一批国内知名的高新技术企业，形成多主体共同参与、多渠道全面推进、多种形式相互促进的国际科技合作新格局。

二、北京科技开放合作的原则

（1）着眼于未来战略。根据北京整体定位和经济社会发展规划，围绕北京地区特色或优势领域，广泛吸纳全球创新资源，提升北京的研发水平和世界影响力，加速北京长远战略目标的实现。

（2）聚焦三大合作方向。聚焦新兴产业发展、改善民生、解决社会问题三大方向，稳步推进北京科技开放合作，利用全球科技资源为北京的可持续发展提供支持。

（3）立足于首都基础。立足于首都产业基础和科技基础，选择北京具有优势的产业领域和科技领域作为开放合作的重点，并积极探索新的合作模式，拓展合作渠道。

（4）落脚于链接成效。坚持互利、互惠、协作、共赢，通过有针对性地开展实质性的对接活动，切实推动一批国际人才、技术、资金、机构落地北京，并形成持续性的有效合作机制。

三、北京科技开放合作的重点方向及任务

1. 以新兴重点产业发展为重点，加速北京全球科技创新中心建设

发展新兴产业是北京建设全球科技创新中心的必由之路。

（1）主要目标：选取电子信息产业、生物医药、新材料、新能源及节能环保产业、云计算、大数据、数字出版与影音等新兴战略产业，加强国际科技开放合作，提升北京科技和产业竞争力。

（2）主要做法：绘制重点领域创新地图，制订合作方案；加强国际科技合作服务平台建设；大力推进孵化器国际化；加强金融体系建设，加强对跨区创业者的支持；加大北京国际科技基地建设，强化产业合作。

2. 以民生发展为突破口，加强食品安全与医疗健康、城乡建设以及公共安全等领域的链接

保障民生是北京科技开放合作的根本动因。

（1）主要目标：选取食品安全与医疗健康、公共安全与应急保障等关系到国计民生的领域重点开展国家科技合作，寻找优化民生发展的突破口。

（2）主要做法：支持民生产业联盟建设，拓宽国际合作渠道，提升整体竞争力；围绕重点民生问题开展全球链接，加速关键技术合作与国际接轨；建立特色民生产业全球化专项基金，支持特色产业和优势企业“走出去”。

3. 以解决社会环境问题为契机，从需求层面加强大气污染防治、城市交通管理等领域的全球链接

改善环境是北京提升全球城市影响力的必然要求。

（1）主要目标：防治大气污染，改善城市交通问题，提升城市垃圾的处理处置与资源化水平。

（2）主要做法：公开发布需求，链接全球资源；积极参加双边及多边合作；构建并拓展与国际环境组织的沟通渠道。

第六节　促进北京科技开放合作的建议

支持以提升研发能力和拓展国际市场为目的的海外技术并购；鼓励海归人才携技术归国创业和海外高端技术人才引进；支持应对技术引进或输出而设立的国际企业孵化器；鼓励以设立海外研发机构等为手段促进北京市科技开放合作，同时提出以下建议。

1. 完善并落实国际科技合作相关法规与政策

对北京地区涉及国际科技合作的法律法规、政策进行精细化设计和完善，引导和规范国际科技合作工作的开展。完善相关知识产权保护制度，提高企业实施国际科技合作的抗风险能力。

2. 绘制重点领域创新地图，制订合作方案，加强高端链接

针对新兴重点产业，瞄准民生领域，围绕社会环境问题，梳理绘制这些领域的重点企业、高层次人才、研发机构、专业孵化器、国际组织、风险投资机构等集聚情况的创新集群地图，加强与硅谷和以色列的高端链接。

3. 强化北京的链接与辐射能力，积极推进园区间的创新合作

一是鼓励京内特色园区、高新技术企业、孵化器、专业化创新服务机构等与硅谷、以色列、新竹、伦敦、索菲亚等新经济活跃的高新区及相关机构建立链接和耦合；二是探索与发展中国家合作共建科技园；三是鼓励京内园区与国内高新区共建科技创新产业合作园。

4. 加大从事科技合作人才的培养和引进

加强政府部门的国际科技合作服务职能，提高政府相关部门人员对国际科技合作工作的认识，及时调整优化科技合作队伍中人员的专业知识结构；加快对各类高端人才的引进探索，尝试以人脉关系、人脉网络为基础的人才引进模式；实施对跨区创业者和产业组织者的支持政策，进一步探索有针对性的金融体制改革和创新，适应跨区域创业的客观要求。

5. 加强科技开放合作配套服务平台建设

加强各类国际科技合作配套平台建设，完善配套服务。应明确将建设科技创新服务平台、人力资源服务平台、知识产权服务平台、投融资服务平台、信息服务平台五大公共服务平台作为推进国际科技合作工作的基础性工作。

6. 建立信贷与担保联动机制支持国际科技合作

建立信贷与保险或信贷与担保联动的机制，以支持国际科技合作相关的系列经济活动。通过种子资金鼓励和引导天使投资及风险投资参与国际科技合作活动。通过政府担保，引导天使投资人投资于从事核心技术转移的创业型企业。

7. 提升国际科技合作中介机构的市场服务能力

通过市场化的方式，促进技术中介机构在国际科技合作过程中作用的发挥。研究市场化中介机构的建设，重点支持有市场活力的技术中介机构的发展，推出一批能够提供优质中介服务、具有自我造血功能的跨国技术中介公司。

8. 加快将北京建设成为跨国技术转移中心

首先，“十三五”期间，北京应当进一步加大对跨国技术转移工作的重视，提升北京跨国技术转移大会的国际品牌影响力。其次，提升市场化服务能力，以汇聚世界技术转移优质资源为支撑，加速国家技术转移聚集区的建设与完善。最后，提升市场化跨国技术转移中介机构的服务能力，促进企业、政府、市场化中介机构之间协同工作。

9. 积极探索国际科技创新服务业发展的新路径

积极争取更多类似于中意技术转移中心、亚欧科技创新合作中心等机构落户，并支持科技服务业围绕这些组织发展，加快科技服务业的国际化步伐。配合国家战略需求，将北京高新区、孵化器等新经济载体的建设经验辐射到发展中国家，提升北京的国际影响力。

第二十章　全球创新中心对比研究①

内容概要：创新是发展的动力，也是北京的优势。2015年11月召开的中共北京市委十一届八次全会提出了要把北京加快建成具有全球影响力的科技创新中心。为深入分析创新中心形成的内在规律，本章首先对全球创新中心的概念进行了界定，在梳理和总结国际现有的创新评价体系的基础上，构建了由知识创造、产业创新和经济贡献为主要框架的全球创新中心评价体系，形成了具备可比性的全球创新中心评价指数，研究比较了北京和中关村与世界其他创新中心的发展水平。研究结论表明，北京在知识创造水平与影响力方面已经处于全球领先地位，产业创新水平也排在全球创新中心的前十名，在全球创新中心建设和发展中具备良好的潜力与条件。北京在全球创新网络中，将承担起引领技术创新和社会创新发展的使命，进一步提升其作为亚洲创新中心的地位，与美国、欧洲创新中心建立更密切的联系与互动，带动区域发展。在国内，北京需要发挥其作为一级创新中心，在技术创新和社会创新方面的引领作用，同时结合周边区域和二级创新中心发展，带动文化创新和设计创新发展，并积极推进中关村作为试点政策创新区域的发展。

第一节　全球创新中心与全球创新网络

一、全球创新中心的界定

本章研究认为，科技创新中心是新知识、新技术、新产品和新组织模式集中涌现的区域。全球创新中心是指与全球其他区域相比，新知识、新技术、新产品和新组织模式出现的密度更高、效率更高，对经济和产业发展的影响力更大，能够对全球的科技发展和产业发展起到引领和带动作用的区域。

从世界公认的创新中心发展来看，全球创新中心一般具有以下三个特征。

（1）拥有世界知名的大学或科研院所，不断产生具有世界影响力的原创知识、新

① 本章由清华大学经济管理学院课题组完成，高建教授为课题负责人，牟睿和袁晓辉等参与研究。

兴思想、科学理论、工程技术和专利成果。

（2）拥有全球范围有影响力的科技企业及其带动发展的产业集群，持续产生大量创新产品，创业氛围活跃。

（3）科技创新对区域经济发展的贡献率高，科技产品影响力辐射范围广泛，能通过全球创新网络影响和带动其他地区的发展。

二、全球创新网络的内涵

研究借鉴世界城市网络的主要思想，重点关注具备全球领先的科技创新实力的城市和区域，即全球创新中心及其之间构成的创新要素关系网络。依据全球创新中心的三大特征，我们也可以将全球创新网络划分为三个层次：第一层次对应全球创新中心生产原创知识和思想的功能，构成知识创造网络，主要由大学、科研院所、人才的知识生产、思想创造等功能集聚和联系形成;第二层次对应全球创新中心不断产生产业创新的功能，构成产业创新网络，由跨国企业、本国企业及相关研究机构的产业研发、企业创办等功能集聚和联系形成；第三层次对应全球创新中心引领区域经济发展的功能，构成经济联系网络，由高技术企业产品的销售、地方经济的多方位合作和生产性服务业企业的联系形成（表20-1）。

表20-1　全球创新网络的三个层次

内容	知识创造网络	产业创新网络	经济联系网络
核心功能	知识生产、思想创造等功能的集聚和流动	技术创新、产品创新、组织创新等功能的集聚和流动	市场创新、服务创新等功能的集聚和流动
节点主体	大学、科研院所、人才	跨国企业、本国企业及相关研究机构	高技术企业、地方经济、生产性服务业企业

第二节　全球创新中心发展机制与规律

本部分内容旨在结合当前全球知名创新中心的发展经验，总结全球创新中心的关键激发因子、核心发展机制、影响力要素构成和当前的产业空间发展趋势。

一、全球创新中心的关键激发因子

作为一种市场行为，创新意味着将技术成果进行转化，实现商业化应用。对于全球创新中心而言，创新是其区域发展的核心驱动力，且主要有四类关键激发因子对创新产生促进作用，分别是企业、大学和研究机构、人才和政府，其相互作用机制如图20-1所示。企业是创新的主体，也是联结技术供应与市场需求的载体。大学和研究机构是创新的科学基础，为企业创新提供技术支持，也是培育区域内人力资本的重要平台。人才是科技创新的直接动力，为新企业的创建提供机会视角和领导力，是创新形成过程中最核心的要素。政府是科技创新的引导和支撑力量，为企业创新提供制度环境和空间环境的支持，为大学和研究机构提供研发资助和知识产权保护，为人才提供公共服务和良好的生活环境。

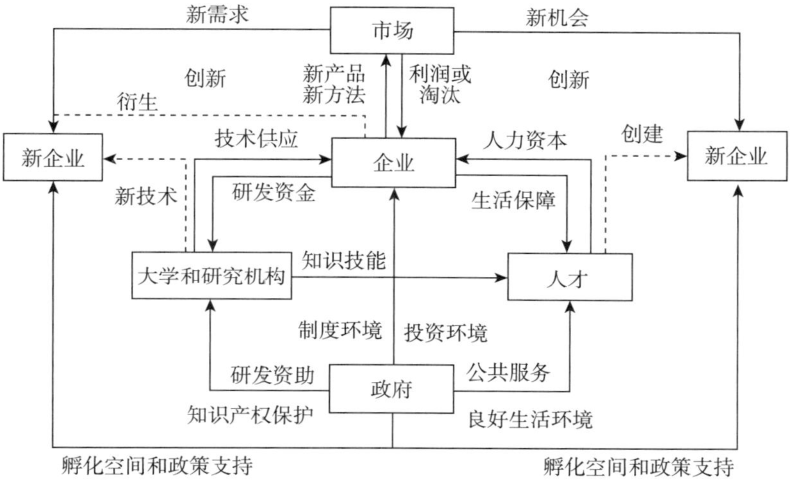

图20-1 全球创新中心的创新激发因子

二、全球创新中心的核心发展机制

从当前的理论研究进展和实践发展来看，决定全球创新中心发展的核心机制包括知识创新源、人力资本、创业生态系统和全球—地方联结。

知识创新源是指产生知识或形成创新的源头动力，是科技创新中心实现创新驱动发展的必备要素。从科技创新中心的发展演化来看，人力资本由于直接承载了科学研究和技术创新所需要的知识、技能、经历和经验等因素，是科技创新中心演化发展中必不可少的要素之一。创业对于全球创新中心持续发展的意义重大。因为即使地方拥有强有力的知识基础，但如果没有创业者的推动，也无法将知识转化为可增长的商业。此外，全球创新中心的创新和高技术产业的发展不仅依赖于本地创新环境中多样化主体的互动，也依赖于对全球范围创新要素的吸引与利用和对全球市场的有效联系。

三、全球创新中心的影响力要素构成

全球创新中心的影响力主要体现在三个方面，即知识创造影响力、产业创新影响力和经济贡献影响力。

知识创造影响力是指全球科技创新中心在新知识的产生、新思想的滋养、新人才的培育和新技术的发现等方面创造的价值，给本地区以及其他地区带来的影响。知识创造影响力主要通过大学、研究机构、人才团体和文化团体等主体创造。

产业创新影响力是指全球科技创新中心在新技术的应用、新产品的研发、新产业的培育、领先企业的发展、新企业的创办等方面创造的价值，给本地区以及其他地区带来的影响。

经济贡献影响力是指全球科技创新中心在科技产品市场推广、带动区域和本国经济发展、影响世界其他地区经济发展的能力。经济贡献影响力主要通过科技产品的出口、地方经济发展的规模和对相关产业的影响得以体现。

第三节　基于数据的全球创新中心网络及影响力评估

一、全球范围的创新中心评价体系建立

（一）评价对象选择

本章研究在综合已有文献、报道及相关评选中经常涉及的世界领先创新型城市和区域的基础上，结合GaWC（Globalization and World Cities Research Network，即全球化及世界城市研究网络）世界城市影响力排名前40名中具备科技创新特色的城市，共遴选出28个全球科技创新中心，其中包括27个城市和1个创新型区域，分布在15个国家（表20-2和图20-2）。

表20-2　本章研究筛选出的全球科技创新中心

编号	城市（区域）	国家	编号	城市（区域）	国家
1	休斯敦	美国	9	奥斯汀	美国
2	圣迭戈	美国	10	多伦多	加拿大
3	圣弗朗西斯科	美国	11	东京	日本
4	波士顿	美国	12	新加坡	新加坡
5	西雅图	美国	13	首尔	韩国
6	芝加哥	美国	14	北京	中国
7	洛杉矶	美国	15	上海	中国
8	纽约	美国	16	深圳	中国

续表

编号	城市（区域）	国家	编号	城市（区域）	国家
17	香港	中国	23	巴塞罗那	西班牙
18	台北	中国	24	慕尼黑	德国
19	班加罗尔	印度	25	斯德哥尔摩	瑞典
20	特拉维夫	以色列	26	哥本哈根	丹麦
21	伦敦	英国	27	赫尔辛基	芬兰
22	巴黎	法国	28	硅谷	美国

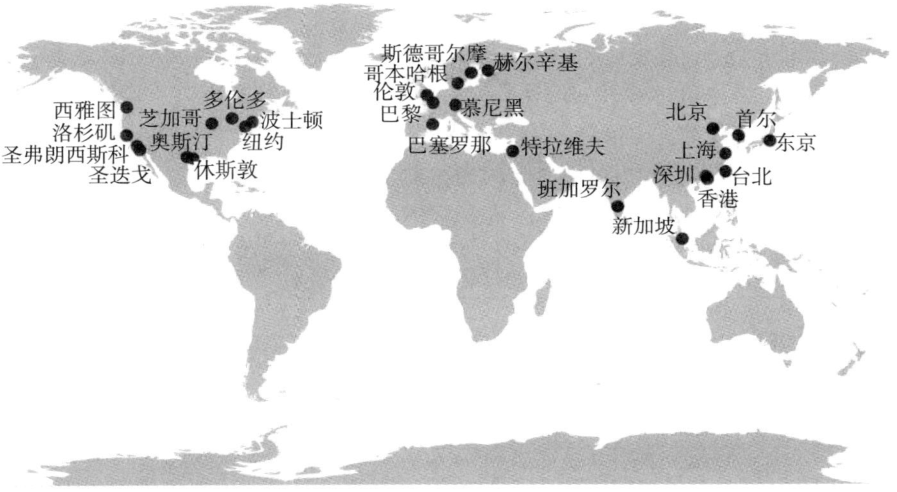

图20-2　本章研究筛选出的全球科技创新中心分布

（二）评价框架

从知识创造、产业创新和经济贡献三个层次衡量全球科技创新中心的创新能力与影响力，分别表征创新创业所需要的新知识和新人才；创新创业所依托的新技术和新组织；创新创业所带来的新产品和新市场。

1. 知识创造影响力

（1）大学实力：表征教学质量与科研水平。
（2）论文发表：表征新知识的产生与传播能力。
（3）人才资源：表征创新人才的储备。
（4）研发投入：表征创新资源的投入。

2. 产业创新影响力

（1）专利申请：表征新技术和新改进的数量。

（2）风险投资：表征产业创新所依托的金融环境。
（3）企业实力：表征具有全球影响力的企业实力。
（4）企业成长：表征高技术企业的成长情况。
（5）创业密度：表征新企业和新组织的成长情况。

3. 经济贡献影响力

（1）经济贡献：表征创新活动对区域经济发展的影响。
（2）全球网络：表征区域地位及合作联系。

（三）全球创新中心评价数据获取

全球创新中心的评价体系由知识创造、产业创新和经济贡献三个部分构成，为了保证研究的科学性和一致性，指标体系尽量选取覆盖面广、可比性强的指标作为评价标准。数据主要源自国际合作组织和咨询机构的研究报告，如OECD、GaWC和世界银行数据库，福布斯、德勤和普华永道研究报告等，详见表20-3。

表20-3 全球创新中心评价体系

一级指标	二级指标	指标简要说明
知识创造影响力	大学实力	最好三所大学的积分之和（根据QS[1]世界大学排名）
	论文发表	Web of Science高质量论文发表情况
	人才资源	万名人口中本科学历以上人数
	研发投入	全社会R&D占GDP比重
产业创新影响力	专利申请	PCT专利申请数量
	风险投资	风险投资机构数量及金额
	企业实力	福布斯全球企业2 000强企业收入和利润
	企业成长	德勤高技术高成长企业1 000强企业数量和成长率
	创业密度	创业企业密度
经济贡献影响力	经济贡献	GDP、人均GDP、地均GDP
	全球网络	全球生产性服务业企业分支机构联系

1）表中的QS（Quacquarelli Symonds）即国际高等教育资证机构

二、全球创新中心发展单项评价

（一）知识创造

全球创新中心的知识创造影响力综合评分由大学、论文、人才和研发投入四部分之和组成。2010年，硅谷、波士顿、北京、伦敦和首尔位于前5位，而深圳、班加罗尔和奥斯汀则在知识创造力方面排名最后。排名前5位的创新中心覆盖了诸如麻省理工学院、斯坦福大学、清华大学和帝国理工学院等全球最好的理工科高校，并且波士顿、硅谷、伦敦和北京也是北美、欧洲和亚洲学术论文合作网络的中心，强大的学术资源保证了上述区域的知识创造力。深圳虽然拥有很高的研发投入比重，但由于缺乏优秀大学的支撑，在知识创造力水平上依然相对较弱。纵观2000~2010年全球创新中心知识创造水平的变化，首尔、北京、上海和香港等亚洲城市增长速度更快，而伦敦和巴黎等城市则显露出逐渐衰弱的趋势（图20-3和图20-4）。

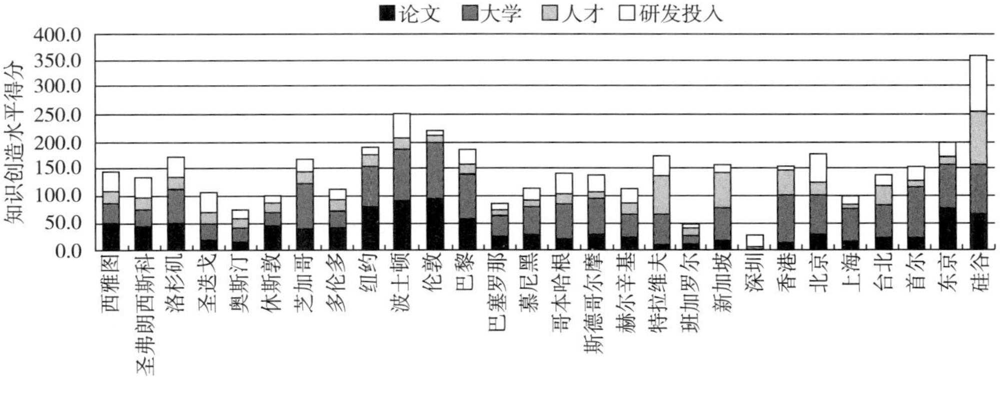

图20-3　2000年全球创新中心知识创造水平分析

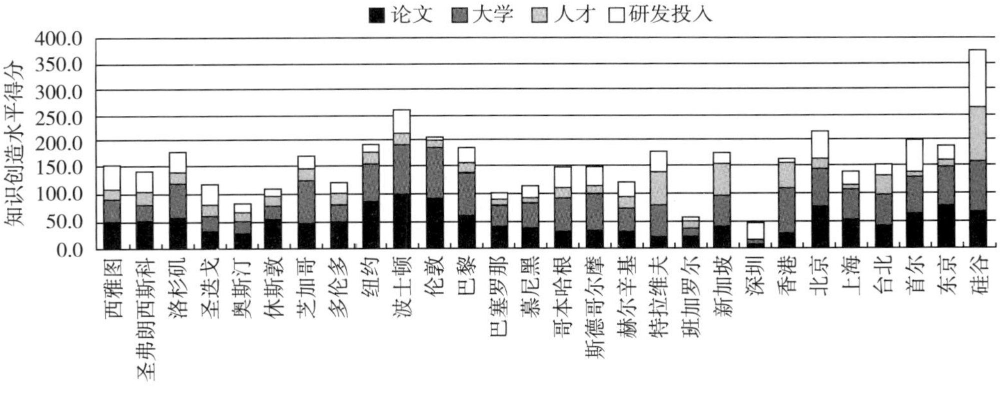

图20-4　2010年全球创新中心知识创造水平分析

（二）产业创新

全球创新中心的产业创新水平由专利申请、风险投资、企业实力、企业成长和创业密度五部分组成，各占20%的比例。2010年，硅谷在全球创新中心产业创新水平评比中排名第一，圣弗朗西斯科、伦敦、纽约、香港和北京分列2~6位。特拉维夫和斯德哥尔摩由于在企业成长方面表现良好，也排在了前10位。巴塞罗那是这些创新中心中产业创新影响力最弱的城市。对比2000~2010年产业创新水平的变化，北京由于企业实力的大幅提升在所有城市和区域中提高最多。除北京外，首尔、圣迭戈和深圳等城市的创新水平也获得了明显提升（图20-5和图20-6）。

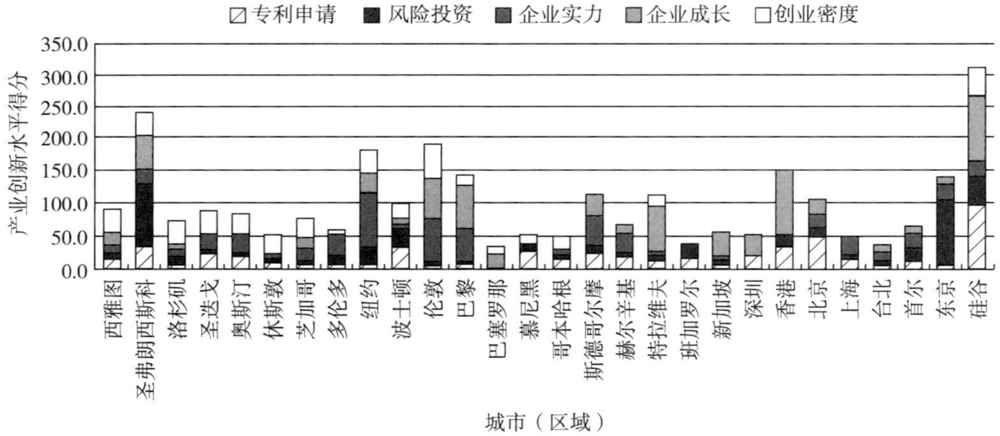

图20-5　2000年全球创新中心产业创新水平分析

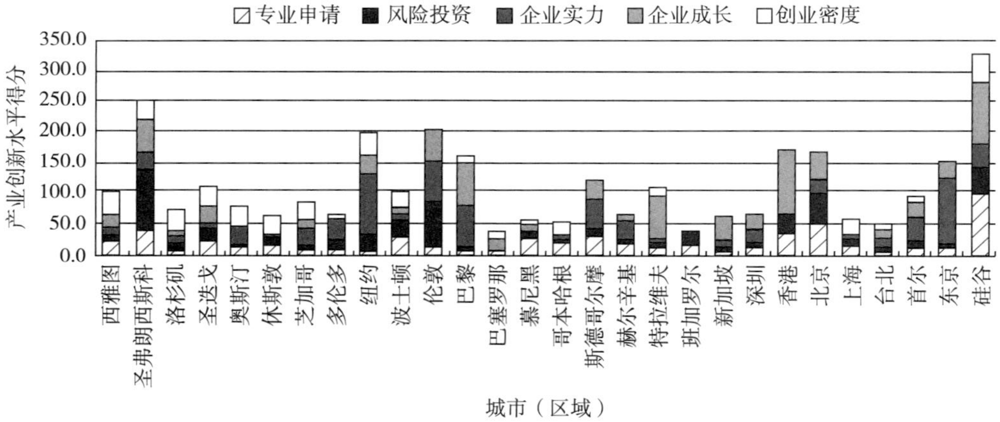

图20-6　2010年全球创新中心产业创新水平分析

（三）经济贡献

全球创新中心的经济贡献影响力由GDP密度和生产性服务业联系两部分组成，分别占50%的比例。经济贡献反映的是创新中心在经济产出效率和全球影响力方面的水平。从结果来看，伦敦始终保持在领先位置，硅谷和纽约排在第二位和第三位，反映了很高的经济运行效率。北京和上海在GDP密度方面与其他城市差距较大，2005年仅排到第21位和第22位，2010年排到第20位和第17位，有一定上升。从这个角度来看，中国创新中心在经济的运行效率上还有很大的提升空间（图20-7和图20-8）。

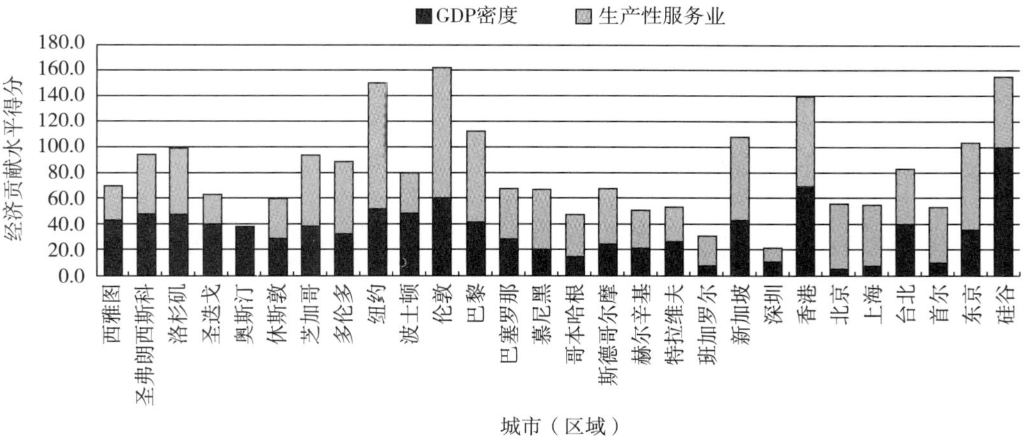

图20-7　2005年全球创新中心经济贡献水平分析

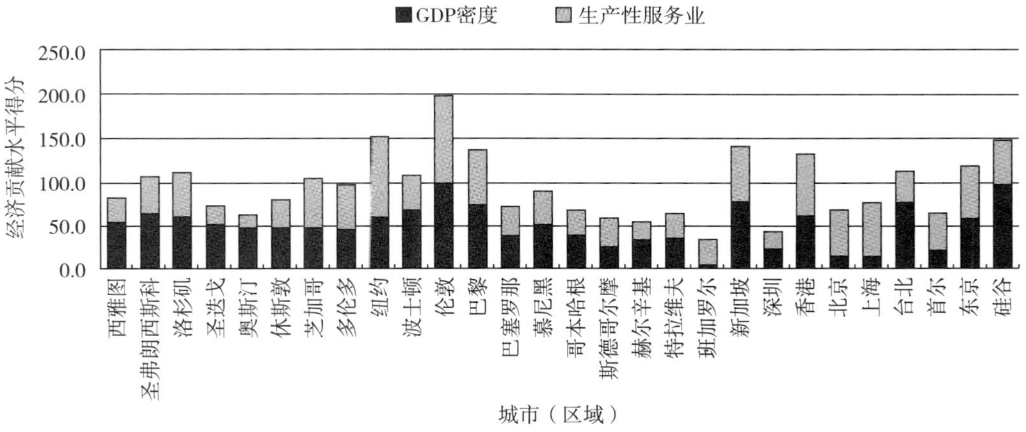

图20-8　2010年全球创新中心经济贡献水平分析

第四节　北京在全球创新网络中的地位与影响力

一、北京在全球创新网络中的地位评估

（一）知识创造水平

知识创造影响力是指全球科技创新中心在新知识的产生、新思想的滋养、新人才的培育和新技术的发现等方面创造的价值，给本地区以及其他地区带来的影响。该指标可以代表科技创新中心在未来持续产生创新活动的潜能。2000年，北京在此项指标的排序中位列第7。2010年，北京位列第3，地位上升明显（图20-9、图20-10、表20-4）。

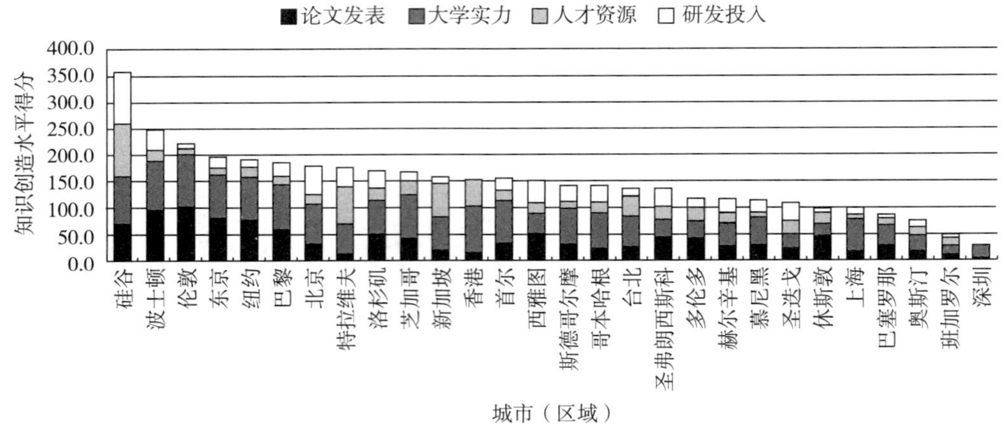

图20-9　2000年全球创新中心知识创造水平排序

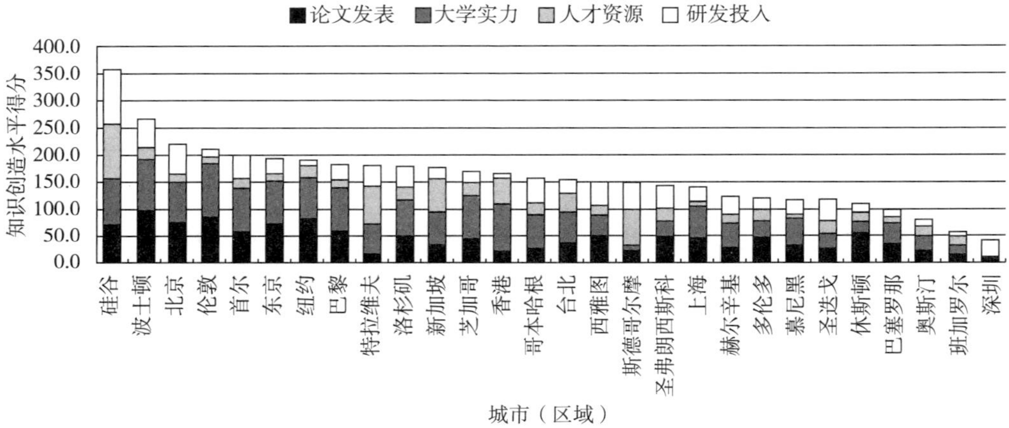

图20-10　2010年全球创新中心知识创造水平排序

表20-4　北京在知识创造水平方面的排名

城市（区域）	北京排名	
年份	2000	2010
论文发表	第13名	第4名
大学实力	第10名（2014年）	
人才资源	第15名（2010年）	
研发投入	第2名	第2名

（二）产业创新水平

产业创新影响力是指全球科技创新中心在新技术的应用、新产品的研发、新产业的培育、领先企业的发展、新企业的创办等方面创造的价值，该指标侧重于衡量产业创新活动当前呈现出的活力和特征。2000年，北京在此项指标的排序中位列第10。2010年，北京位列第6，地位上升明显（图20-11、图20-12、表20-5）。

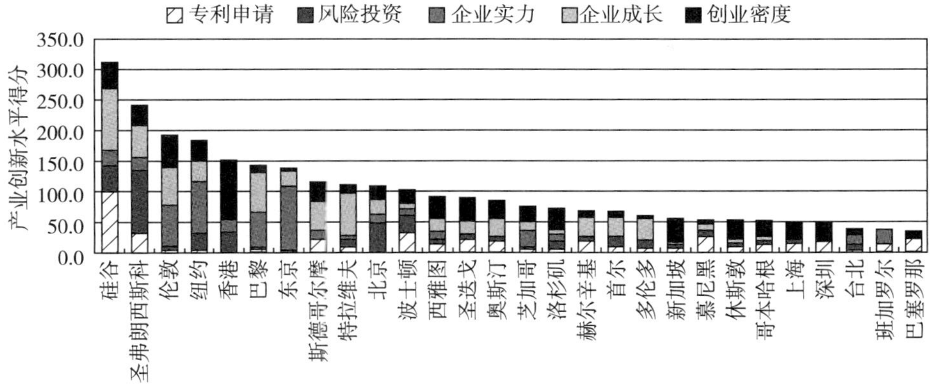

图20-11　2000年全球创新中心产业创新水平排序

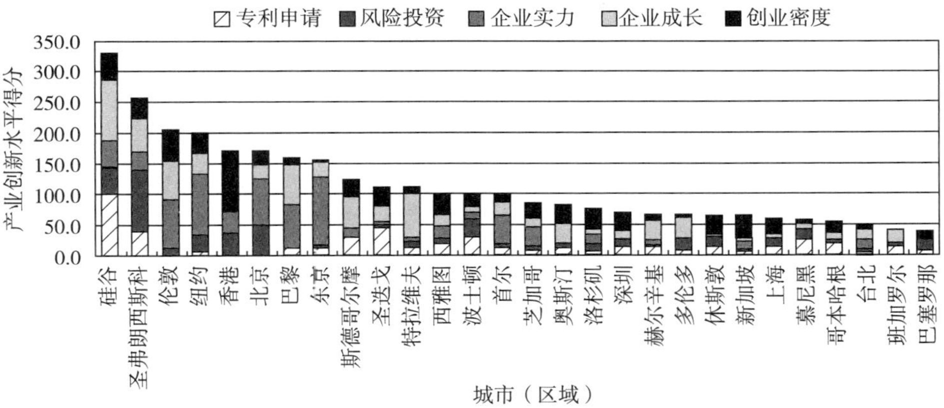

图20-12　2010年全球创新中心产业创新水平排序

表20-5　北京在产业创新水平方面的排名

城市（区域）	北京排名	
年份	2000	2010
专利申请	第26名	第25名
风险投资	第2名（2014年）	
企业实力	第11名	第4名
企业成长	第13名（2014年）	
创业密度	第17名（2012年）	

（三）经济贡献水平

经济贡献影响力是指全球科技创新中心在经济运行效率、科技产品市场推广、影响世界其他地区经济发展的能力。2000年，北京在此项指标的排序中位列第20，2010年位置没有变化（图20-13、图20-14、表20-6）。

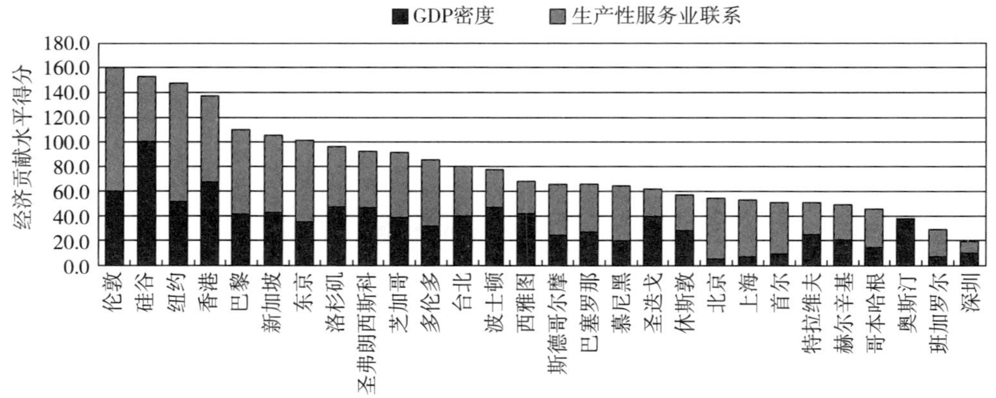

图20-13　2005年全球创新中心经济贡献水平分析

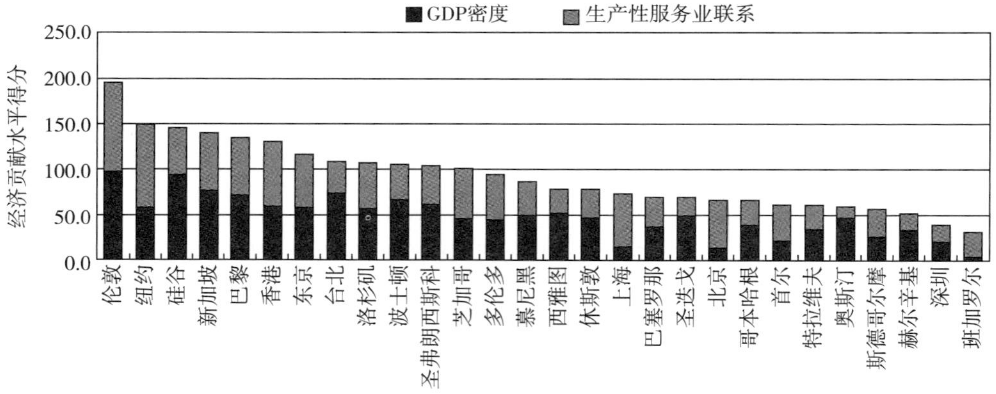

图20-14　2010年全球创新中心经济贡献水平分析

表20-6　北京在经济贡献水平方面的排名

城市（区域）	北京排名	
年份	2005	2010
GDP	第19名	第17名
GDP密度	第28名	第27名
生产性服务业联系	第11名	第9名

（四）结论

通过以上分析可得出以下结论。

首先，北京和中关村在知识创造水平方面已经处于全球领先地位，产业创新水平也排在全球创新中心的前10名，说明在全球创新中心的建设和发展中北京已具备良好的潜力与条件。

其次，北京在经济贡献水平和影响力方面与其他创新中心还有较大差距，说明研发投入和研发成果的经济转化效率有待提升，仅仅有大量知识创造成果对于全球创新中心的发展来说是远远不够的。如何将大量研究成果转化为满足市场需求的产品，如何形成健全的市场机制鼓励更多创新产品的出现，将决定创新中心能否持续发展。北京在创新成果的经济贡献水平方面还有非常大的提升空间，需要形成更加完善的创业生态环境，需要更加开放健全的市场环境作为支撑。

最后，北京作为全球创新中心，一方面，需要进一步增强企业的国际影响力，为中小企业增强国际影响力创造条件；另一方面，需要创造更好的市场环境，吸引有影响力的跨国企业进一步集聚。

二、北京成为全球创新中心的历史机遇与自身定位

（一）历史上的全球创新中心

任何科技创新中心的兴起和形成都是时间和空间因素交互的结果。全球创新中心的变迁离不开历史维度的考察。从时间的纵向思路上看，每个曾经的创新中心都有独特的形成背景和主客观条件的相互作用，并形成了具有时代和地理特征的支持产业和创新成果。因此，总结其兴衰两方面的经验，具有重大的理论价值和现实借鉴意义。

研究系统梳理了人类发展历史上各个阶段的创新中心（图20-15），包括爱奥尼亚、雅典、亚历山大、罗马、大马士革、佛罗伦萨、伦敦、伯明翰、巴黎、纽约、东京和硅谷12个全球创新中心的兴衰过程，总结出形成全球创新中心一般需要具备的几个要素：①一定的地理优势和交通优势。②相当规模的本土需求。③相当数量和质量的人口。④自由和鼓励失败与探索的氛围。⑤产业集群形式出现的创新生态系统。⑥政府可以起到促成和壮大创新中心的作用。而创新中心的衰落原因主要集中在以下几方面：①战争对城市的破坏。②人口的迁出或大幅减少（如由瘟疫造成的人口锐减）。③ 制度的巨变。尤其是侵略政府或宗教强权对科学文化的限制作用。④全球主导产业的变迁，以旧有产业为主导的城市没有顺利跟上变革节奏，失去比较优势。⑤产业空心化。过于注重金融和文化发展，或强化其政治中心地位，忽视了实体产业创新在整体经济的支柱作用。⑥研发力量不够，或者忽视基础科学创新。渐进创新和模仿创新可以使后发城市后来居上，但也会是因缺乏核心竞争力最终转为衰落。当然也有研发成果转化能力较弱的因素。

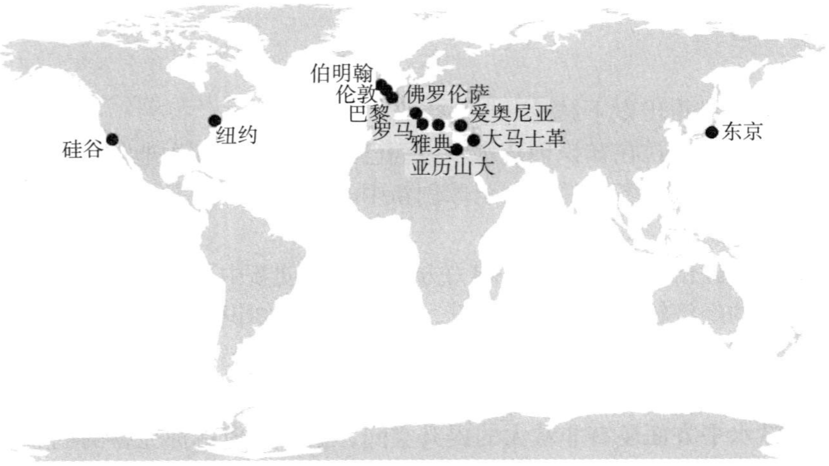

图20-15 历史上的全球创新（文明）中心

（二）北京在全球创新网络中的未来定位

在全球创新网络中（图20-16），经济多元化和全球化共存，北京将作为全球创新中心之一，与其他全球创新中心共同发展。具体来说，北京在全球创新网络中，将承担起引领技术创新和社会创新发展的使命，进一步提升其作为亚洲创新中心的地位，与美国、欧洲创新中心建立更密切的联系与互动，带动区域发展。在国内，北京需要发挥其作为一级创新中心，在技术创新和社会创新方面的引领作用，同时结合周边区域和二级创新中心的资源和优势，带动文化创新和设计创新发展，并积极推进中关村作为试点政策创新区域的持续发展。

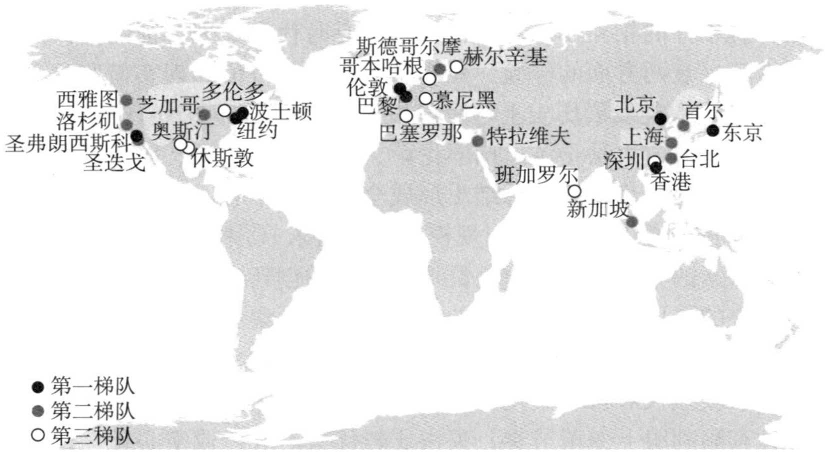

图20-16 全球创新中心格局

当前，中国创新中心格局中，一级创新中心包括北京、上海和深圳-香港三个城市

（地区），二级创新中心则由10个城市组成，分别是哈尔滨、大连、西安、苏州、成都、武汉、杭州、厦门、广州和台北。

（三）分析建议

全球创新中心是新知识、新技术和新产品集中涌现的区域，能够对全球的科技进步、产业发展和经济水平提升起到引领和带动作用。影响全球创新中心发展的关键激发因子包括企业、大学和研究机构、人才和政府，其核心发展机制包括知识创新源、人力资本、创业生态系统和全球-地方联结。全球创新中心的影响力要素构成体现在知识创造影响力、产业创新影响力和经济贡献影响力三个方面，分别表征科技创新发展的潜力、活力和贡献。

知识创造影响力2010年北京排名第3，说明北京在新知识的产生、新思想的滋养、新人才的培育和新技术的发现等方面表现良好，具备在未来持续产生创新活动的潜能。但仍然有较大提升空间的是高水平论文被引率所表征的论文质量，说明需要更加关注学术研究的质量与影响力。

产业创新影响力2010年北京排名第6，说明北京在新技术的应用、新产品的研发、新产业的培育、领先企业的发展、新企业的创办等方面上升显著，产业创新活动呈现出一定的活力。五个指标中，万人申请PCT专利情况，北京相对落后，说明在技术创新方面对国际专利申请关注不足；与其他创新中心相比，创业密度也有待进一步提升。

经济贡献影响力2010年北京排名第20，说明北京在经济运行效率、科技产品市场推广、影响世界其他地区经济发展的能力方面还有待进一步提升。特别是表征经济发展效率的GDP密度落后于其他全球创新中心，说明经济运行效率有待进一步提升。生产性服务业分支实力和中心性有所提升，但依然落后于上海，说明市场环境的开放性有待进一步提升。

总体来看，北京在知识创造水平与影响力方面已处于全球领先地位，产业创新水平也进入全球创新中心的前十名，说明在全球创新中心的建设和发展中具备良好的潜力与条件。然而，北京在经济贡献水平和影响力方面还与其他创新中心有较大差距，反映出在经济运行效率和吸引跨国机构的能力方面仍有待进一步提升。

在全球创新中心建设的过程中，北京可以考虑关注以下几点政策方向，以进一步提高科技创新影响力：①加强科技成果的转化；②完善创业生态系统；③调整政府投资结构；④打造培养瞪羚企业的生态环境；⑤面向国际市场，增强企业的全球联系；⑥健全市场体制，增强对知识产权的保护。

第二十一章　中关村示范区的国际化之路①

内容概要：党的十八大以来，党中央把创新摆在了国家发展全局的核心位置，以全球视野谋划和推动科技创新。作为我国最具实力的科技园区，中关村示范区承载着先行探索中国特色自主创新道路的重大使命。近年来，中关村示范区深入推进国际化发展战略，着力提升链接全球创新网络能力，科技创新高地的辐射带动效应显著发挥，国际影响力持续提升。本章梳理分析了中关村示范区国际化发展的现状、特点、发展趋势，归纳总结了中关村示范区国际化发展环境建设的探索和实践，分析了国际化发展中面临的新国际贸易格局、企业国际化发展动力、人才基础和服务体系等挑战，并从加快聚集国际化高端资源、推动产生前沿性国际化创新成果、支持企业拓展国际市场、搭建平台实现国际化布局等角度提出了政策建议，从而为更好地促进中关村示范区国际化发展提供决策参考。

第一节　中关村示范区国际化发展现状分析

一、国际创新资源引入情况

（一）海外高端人才集聚情况

人才是中关村示范区重要的优势资源。近年来，随着中关村示范区国际化进程的不断加快，中关村示范区对国际人才的吸引力日益增强，对海外高端人才的需求日益迫切。

（1）留学归国人员加快集聚。截至2015年年底，中关村示范区共有1 091人入选国家“千人计划”，占全国入选人数的21%，其中2015年新引进216人。截至2015年6月底，424人入选北京市“海聚工程”，占北京市入选人数的69.3%；158名高端人才及其团队入选中关村“高聚工程”。从业人员中留学归国人数连续6年增长，截至2014年年底总人数达到21 521人，较上年增加1 758人（图21-1），其中拥有硕士及以上学历者1.7万人，占

① 本课题由中关村科技园区管理委员会完成，研究室蒋海军主任为课题负责人，武巍、王宇参与课题研究。

留学归国人员总量的78.99%。在人才流向上，内资企业共吸引了59.8%的留学归国人员，外资企业吸引了27.5%，港澳台企业吸引了12.7%。

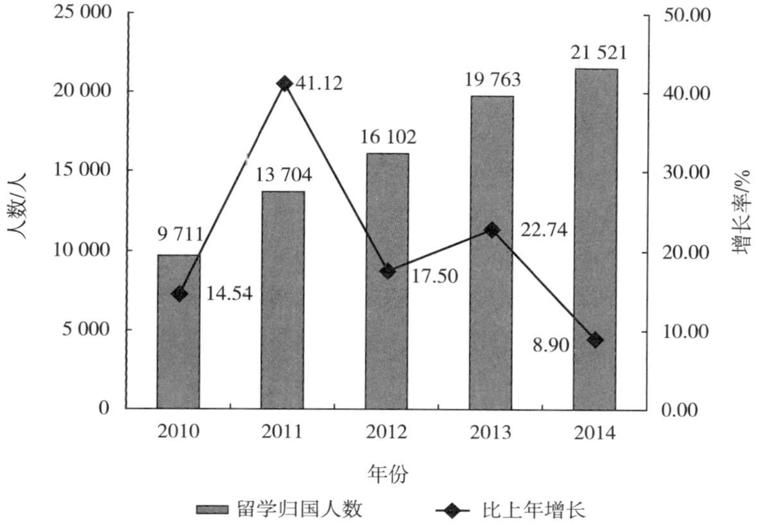

图21-1　2010~2014年中关村示范区留学归国人数及增长率

（2）港澳台和外籍人员所占比重仍然较低。2014年中关村示范区企业中港澳台和外籍人员数量为7 754名（图21-2），仅占从业人员总数的0.4%。2010~2014年，港澳台和外籍人员数量和增速波动较大，在全部从业人员中所占比重均不足1%。

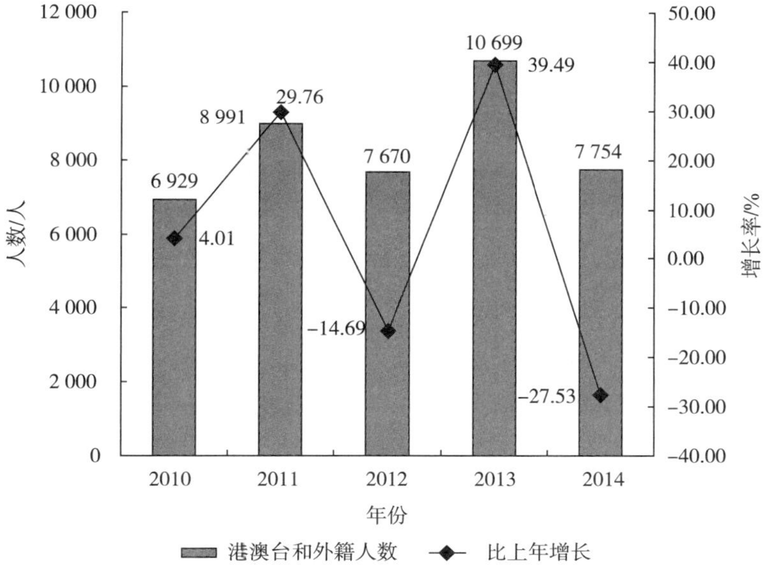

图21-2　2010~2014年中关村示范区企业港澳台和外籍人数及增长率

从技术领域看，中关村示范区的港澳台和外籍人员主要集中在电子与信息技术领域，集中了52.8%的港澳台和外籍人员，先进制造技术领域次之，集中了示范区14.8%的港澳台和外籍人员。这两个领域对国际化人才的需求和吸引程度相对较大。

（二）外资企业发展情况

外资企业是中关村示范区国际化发展的先行军，它们不仅带来了国际先进的技术、理念，吸引了大量国际高端创新人才，还促进了内资企业的技术创新和发展，增强了中关村示范区整体高技术产业竞争优势。

（1）外资企业数量和比重呈现逐年下降趋势。2014年，中关村示范区入统的外资企业（包括外商投资和港澳台投资企业）共计1 521家（图21-3），同比下降6.23%，吸纳就业51.02万人，同比增长了3.42%。2010~2014年，中关村示范区外资企业数量和比重延续了逐年下降的趋势，减少的原因如下：一是受到国际金融危机的持续影响，一些跨国公司面临经营困难，不断减少海外的分支机构数量；二是部分返程投资企业在成立之初为享受税收优惠而注册为外资企业，随着税收政策的调整，“特殊”待遇逐渐消除，部分返程投资企业转回内资企业。

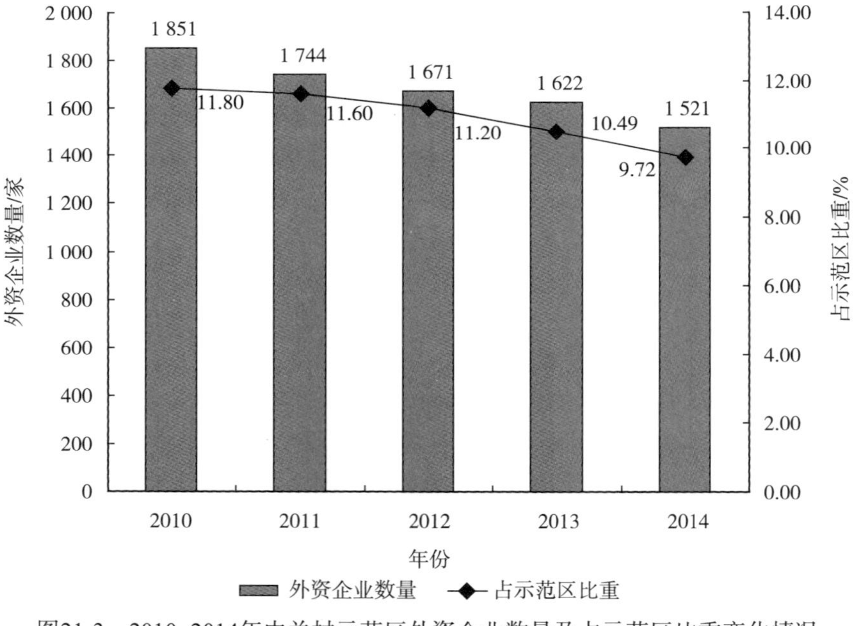

图21-3　2010~2014年中关村示范区外资企业数量及占示范区比重变化情况

（2）外资企业注册类型以外商独资企业为主。在企业注册类型方面，外资企业中外商独资企业的数量最多，达到了888家，占外资企业总数的58.4%；中外合资经营企业次之，达到了565家，占外资企业总数的37.1%；中外合作和外商投资股份的企业数量较少，分别占外资企业总数的2.5%和2.6%。

（3）外资企业对中关村示范区发展的作用凸显。2014年，纳入中关村示范区统计范围的外资企业实现收入9 575.1亿元，同比增长22.7%，高于总体增速4.5百分点，占中关村示范区总收入的四分之一以上，利润占比近三成，工业总产值、出口和税费均占四成以上，外资企业利润率达到9.2%，高于中关村示范区8.4%的整体盈利水平。

（三）吸引外资及国际机构集聚情况

（1）吸引外资的质量和水平不断提高。2015年“《财富》世界500强”企业榜单中，在中关村示范区设立子公司或研发机构的世界500强企业数量达到99家，包括英特尔、微软、IBM 、西门子、三星、埃森哲、惠普、索尼等大批跨国科技公司。在吸引全球风险投资方面，根据“安永全球风险投资集聚地排名”，北京及中关村示范区排名第二，吸引风险投资77.1亿美元；其中，中关村示范区企业吸引风险投资额329.8亿元，占全国的41.2%，IDG资本、德同资本、兰亭投资、红杉资本、凯鹏华盈等全球知名风险投资和创业投资机构均已进驻中关村示范区。

（2）国际性机构不断集聚。截至2014年年底，中关村示范区共吸引包括德国亥姆霍兹驻京联合会、中意技术转移中心、葡萄牙仕博创新管理咨询公司等52家国际化创新服务机构入驻，进驻面积超过1.2万平方米。目前，在中关村示范区运营的国际型产业联盟有国际半导体照明联盟（Industry Subversive Alliance，ISA）、国际垃圾处理产业发展联盟、国际焊接和表面技术联合会等。此外，国际知名大学技术转移集聚区共引进斯坦福技术许可办公室、香港科技大学技术转移中心、乌普萨拉技术转化公司、马来西亚知识产权局、布拉德福德技术转移中心等8家机构。

二、海外市场拓展情况

（一）企业出口情况

面对复杂多变的国际经济形势，中关村示范区企业充分发挥自身优势，不断扩大产品和服务出口质量、优化出口结构，在推进市场国际化方面迈出了新的步伐。

（1）出口总额总体保持增长，所占比重逐年提高。从近几年的情况看，2010~2014年，中关村示范区出口总额保持逐年增长态势，在北京市出口总额中的比重逐年提高，由2010年的41.0%提高到2014年的54.1%（表21-1）。

表21-1 2010~2014年中关村示范区与北京市出口情况对比

年度	2010	2011	2012	2013	2014
北京/亿美元	554.7	590.3	596.5	632.0	623.5
中关村/亿美元	227.4	237.3	261.7	336.2	337.3
增速/%	9.2	4.4	10.3	28.5	0.3
中关村/北京/%	41.0	40.2	43.9	53.2	54.1

（2）出口结构不断优化。2014年中关村示范区高新技术产品出口总额105.6亿美元，占出口总额的31.3%，自有品牌产品出口总额48.7亿美元，占14.4%，二者占比皆为近四

年来的最高值；技术或服务出口额35.7亿美元，是2008年的2.1倍，出口结构表现出更加明显的高端化特征。

（3）出口目的地主要集中在北欧、美国、日本、中国港澳台等地。其中，北欧仍然是企业出口的最大流向地区，2014年出口收入达到了42.31亿美元，占全部出口额的比重达到28%。美国次之，2014年出口达到27.98亿美元，占全部出口额的比重为18%。中关村示范区对欧美地区的产品出口总额达到75.83亿美元，占产品出口总额的比重接近50%（图21-4）。

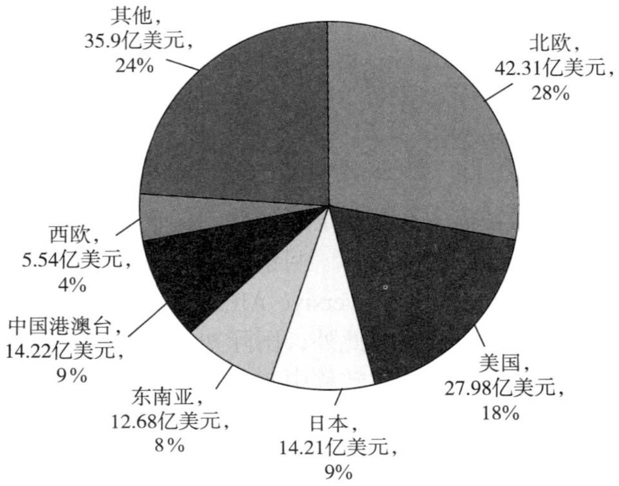

图21-4　2014年中关村示范区企业出口主要地区分布

（二）企业海外布局情况

中关村示范区企业加快“走出去”，在境外投资并购、企业境外上市等各个领域加快发展，不断提升中关村品牌的国际影响力和在全球范围内配置利用创新资源的能力。

（1）国际合作不断深入。截止到2014年年底，中关村130家企业在境外设立了571家分支机构。例如，百度在美国硅谷成立研发中心，北京航空材料研究院与英国帝国理工学院合作成立技术中心，中科创达与美国高通建立联合实验室，UC浏览器与Facebook达成合作，爱奇艺与英特尔成立战略联盟，共同研发高效视频服务系统，中芯国际、碧水源、网秦与高通、ARM、施耐德等海外跨国公司也在开展深入合作，等等。

（2）海外并购不断升温。海外并购一直是中关村示范区企业实施国际化发展战略的重要方式。2015年，中关村示范区企业发起的境外并购案例数36起，较上年增加15起；披露的并购金额525.5亿元，同比增长45.4%。其中，并购英国企业12起、美国10起、中国香港8起。利亚德并购Planar（平达）公司的案例，因交易金额大、影响力突出，成为2015年中关村示范区海外并购案例的典型，清芯华创收购豪威科技、江河创建入股Vision、有研粉末收购英国MMP公司等案例也引起了广泛关注。

（3）企业境外上市保持快速发展。近年来，中关村示范区企业境外上市活跃度持续增加，境外上市公司数量不断增长，国际资本市场中“中关村板块”的规模和影响力持续增强。截至2014年年底，中关村示范区共有98家公司先后在境外上市。美国依然是企业境外上市的主要聚集地，集中了57%的境外上市企业，其中在纽约证券交易所上市的有21家，在纳斯达克上市的有35家。中国香港地区集中了35%的境外上市企业，是境外上市的第二大市场。

（三）技术国际化情况

近年来，中关村示范区自主创新能力进一步提高，企业、高校和科研院所的整体科技实力显著增强，研发输出了一批具有自主知识产权的国际先进科技创新成果，在很多高新技术领域具备了国际领先水平和规则制定的主导权，增强了国际竞争力。

（1）技术出口总体规模波动较大。2014年中关村示范区2 504家技术卖方机构输出技术合同48 086项，成交额2 259亿元，占北京市的72%，占全国的26.3%。其中，出口技术合同887项，成交额347.7亿元，占全部输出技术合同成交额的比重为15.4%。近年来，技术出口合同成交额以2012年为界出现明显大幅波动，其中的重要原因是，从2012年开始，出口技术合同不再实行审批登记而是改为主动申报。2014年出现较大幅度下降，主要是受到国际金融危机影响的结果（图21-5）。

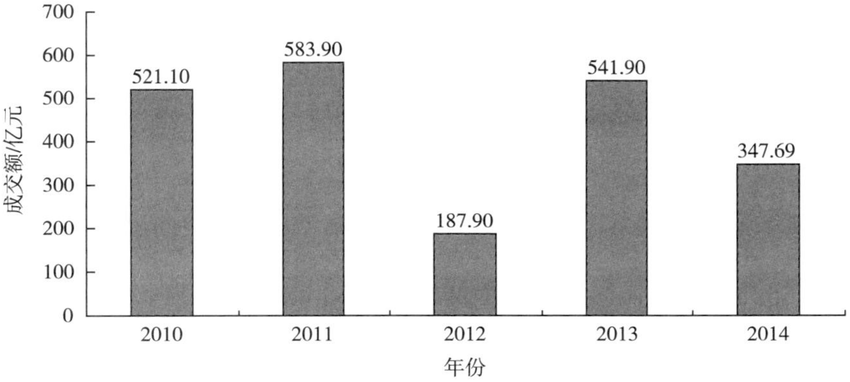

图21-5　2010~2014年中关村示范区技术出口合同成交额

从结构看，技术出口以技术服务和技术开发为主要形式。其中，技术服务合同383项，成交额204.9亿元，占中关村示范区出口技术合同成交额的比重为58.9%；技术开发合同467项，成交额142.1亿元，占总体比重为40.9%。此外，技术转让合同与技术咨询合同的项数较2013年都有所增长，但是成交额都出现了明显的下降。

（2）国际专利申请和授权数量继续保持稳步增长。随着企业创造和运用国际专利的能力不断增强，企业国际专利申请量、国际专利授权量保持了近年来稳定增长的趋势。2014年，企业拥有的有效专利数中境外授权达到2 964件，同比增长39.9%。境外授权专利占有效专利总数的比例近年来首次突破3%的水平，但仍有较大提升空间。2014年新增欧洲、美国、日本专利申请2 340件，新增欧洲、美国、日本专利授权490件，同比分别增长了21.1%和14.8%。

从专利结构来看，国际专利依然以发明专利为主，2014年境外发明专利占境外授权专利的比例达到了96.2%，在2013年的基础上又提高了2.2百分点，远高于中关村示范区发明专利占拥有有效专利总数47.4%的总体水平。

（3）国际标准创制数量大幅增加。截至2014年年底，中关村示范区企业累计创制标准5 049项，其中国际标准174项、国家标准2 877项、行业标准1 834项、地方标准164项。2014年企业共创制标准167项，包括国际标准44项、国家标准99项、行业标准6项、地方标准18项，其中国际标准的创制数量比2013年的增长了91.3%。

第二节　中关村示范区国际化发展环境建设的探索和实践

一、国际化政策环境建设

政策创新是中关村示范区快速发展的重要推动力。在促进国际化发展方面，从加强政策顶层设计、制定发展规划、出台鼓励政策、确保落地实施等方面多管齐下，构建有利于国际化发展的政策环境。

（一）实施中关村示范区支持企业国际化发展行动计划

为进一步支持企业“走出去”，增强中关村企业国际竞争力，加快建设具有全球影响力的科技创新中心，中关村示范区研究制定了《中关村国家自主创新示范区支持企业国际化发展行动计划（2013—2015年）》，于2014年1月13日正式印发。该行动计划是中关村示范区层面第一个支持企业国际化发展的综合性政策文件，从促进企业全球协同创新、强化科技金融服务支撑、支持企业引进国际高端人才和原创技术、营造企业国际化创新创业环境4个方面制定了30条具体措施，为把国外领先企业“引进来”和本地企业更好地“走出去”提供了有力的政策支持和措施保障，也为中关村示范区的国际化工作指明了今后一个时期的发展方向。

（二）实施国际化发展专项资金管理办法

《中关村国家自主创新示范区国际化发展专项资金管理办法（试行）》是全国105家国家级科技园区中首个国际化发展专项支持政策。其支持领域涵盖国际市场拓展、国际研发合作与交流、聚集国际商务投资与科技服务机构、国际品牌建设与推广、扩大海外市场收入多个领域。2015年，结合《中关村国家自主创新示范区国际化发展专项资金管理办法（试行）》实施以来的具体情况，根据示范区创新主体对国际化资金使用提出的新需求，针对国际化资金拨付过程中存在的问题，修订了《中关村国家自主创新示范区国际化发展专项资金管理办法（试行）》及“实施细则”。新的管理办法及实施细则细化了支持标准，进一步限制了自由裁量权，重点突出支持示范区企业与世界500强企业或境外排名前100名的大学、科研机构开展的实质性合作，更有力地支持了企业、平台机构等开展国际市场拓展、国际研发合作和国际化环境建设等业务。

二、国际化服务体系建设

在市场决定资源配置的前提下，充分发挥政府信息集中、对外交流渠道丰富的优势，不断提升政府服务的能力和水平，围绕企业在国际化过程中遇到的重点难点问题，为企业提供更多有益的指导和帮助。

（一）加强企业国际化培训

举办多种形式的国际化研讨班和国际化大讲堂，其中国际化大讲堂活动于2013年正式启动，是中关村管委会为进一步提升企业国际化业务能力而举办的培训讲座。主要围绕国际贸易规则、国际知识产权保护、目标国投资环境、国际标准、专利、法律法规、会计准则等方面为企业提供免费培训讲座。截至目前已举办多期实训班和专题讲座，其中2015年共举办两期实训班和7期专题讲座，为企业家创造了与国际知名专家学者交流学习的宝贵机会，搭建了一个开放的国际化交流平台。

（二）组织企业参加国际展会和活动

以展会和海外对接活动为重点，支持中关村示范区企业开拓国际市场。积极组织企业以中关村整体形象参加国际知名展会，如美国国际消费类电子展览会（International Consumer Electronics Show，CES）、阿拉伯联合酋长国阿布扎比世界未来能源峰会暨环保能源展（World Future Energy Summit，WFES）、世界移动通信大会、美国信息安全大会、美国生物技术大会暨展览会（Biotechnology Industry Organization，BIO）等。组织“北京之夜”“中美企业对接会”等系列对接活动，促进企业开拓国际市场，与国际高端资源对接。

三、国际化品牌建设

品牌建设是国际化发展的重要内容，是提升国际化能力的重要途径。中关村示范区积极参与国际科技园区的交流合作，让更多国家和地区听到来自中关村的声音，不断推出层次高、覆盖广、影响力大的国际品牌活动，为国际社会走进中关村、了解中关村搭建了广阔平台。

（一）举办国际科技园区协会2015年世界大会

成功举办国际科技园区协会（IASP）2015年世界大会，吸引来自48个国家的近700名代表参会，是IASP举办世界大会以来，参加国家和代表数量最多的一次盛会。IASP作为目前唯一的世界性科技园区、企业孵化器等创新机构的协会，在54个国家共拥有200多家会员，其一年一度的年会被视为科技园区界的“奥运会”。会议期间举办了由500家中外企业参加的技术交流对接会，实现了一批项目落地。其中，瑞士中心总部办公室落户中关村；以色列孵化器“趋势线”（Trendlines）以技术+股权融资的形式落户中关村；英国牛津大学国际技术转移中心与北京天坛生物、中国国际经济技术控股集团公司签署新一代治疗脑动脉瘤支架技术合作协议等26个国际合作项目。

（二）芬兰创新创业大会落户中关村

2015年10月13日，芬兰顶尖创新创业大会“Slush China”在中关村软件园举办。Slush国际创新创业大会每年都汇集来自欧洲和亚洲的众多科技初创企业，聚焦世界顶级投资者和媒体的目光，旨在为初创企业、科技人才、国际顶级投资者、企业高管和媒体之间提供一个交流的平台和桥梁，对进一步提高中关村在国际创新创业格局中的领先地位，促进中关村地区链接以北欧为代表的全球高端创新资源，实现创新合作与共同发展具有深远影响。

第三节　中关村示范区国际化发展面临的挑战及政策建议

一、中关村示范区国际化面临的挑战

（一）新的国际贸易格局为企业国际化带来巨大挑战

当前，全球经济形势复杂多变，整体国际贸易格局正在发生深刻变化：一是欧洲经济发展尚未看到复苏迹象，一些国家的经济发展态势还在恶化，影响到示范区企业的技术和产品出口；二是美国经济虽然正在缓慢复苏，但是以美国为首的跨太平洋伙伴关系协定（Trans-Pacific Partnership Agreement，TPP）国家形成的新的自由贸易区将中国排除在外，对中关村示范区企业的国际化影响较大；三是发展中国家经济崛起计划实施后，国际资本的投资意愿更加多元化，企业对国际资源的利用的不确定因素也相应增加。

（二）企业国际化发展的能力和动力不足

中关村示范区95%以上的企业都是中小企业，主要目标市场在国内，主要资源渠道在国内，主动“走出去”发展的压力不大，动力和意愿不足。2014年示范区内生产产品的12 444家企业中，仅有11.8%的企业有产品出口，比例还相对较低。在国际化发展能力方面，多数企业仍属于行业跟随者，缺乏具有较强国际竞争力的领军企业，主要体现为拥有核心和关键技术不足。以PCT国际专利为例，2012年英特尔、惠普、谷歌和苹果4家硅谷企业PCT申请量达到2 069件，超过示范区企业PCT申请量之和1 736件。此外，企业国际化发展模式比较单一，仍以产品出口为主，尽管近几年融资并购、技术合作等案例越来越多，但是真正取得较好效果的还比较少。

（三）国际化发展的人才基础差距较大

具有国际化背景的高层次人才是推动和参与国际化发展的最重要力量。与硅谷等国际创新中心相比，中关村示范区具有海外国际背景和国际化视野的创新创业人才仍较为缺乏。据统计，2006~2012年有43.9%的公司是由外国创始人创办，而中关村示范区2014年1.3万家新创办的科技企业中，只有30位创始人来自国外。目前，国内在引进外籍高层次人才等方面还有很多制度性的限制，外籍人才引进的门槛还比较高，手续相对烦琐，一定程度影响到国际化人才的集聚。

（四）国际化发展服务体系仍需进一步完善

国际化服务平台仍然缺乏，既缺乏对企业提供专业化服务的中介服务平台，又缺乏企业参与国际科技与产业资源配置的制度性、规范性的工作和机制平台。对于目前企业“走出去”重要的展会平台，也还处于初级培育阶段，园区与国际知名展会之间的长期合作机制没有真正形成，帮助企业解决国际贸易纠纷特别是知识产权纠纷的服务平台也还需要进一步提升功能。此外，促进企业国际化发展的政策还缺乏系统化，对深层次参与国际科技和产业资源配置活动的支持力度还不够。

二、推动中关村示范区国际化发展的政策建议

（一）加快聚集国际化高端资源

积极吸引外资企业特别是外资研发、金融机构入驻。吸引跨国公司在中关村示范区设立研发中心、结算中心、采购中心、营销中心、数据中心等机构。进一步促进跨

国公司技术、人才和管理经验扩散和推广，支持跨国公司通过多种方式与企业开展合作，带动企业拓展国际化发展渠道。引进国外创业投资机构和天使资本，支持境外创业投资机构等金融机构设立分支机构。积极引入一批国际技术和标准组织、国际产业和行业联盟组织等入驻或设立分支机构，增强中关村的国际话语权和规则制定权。

（二）推动产生前沿性国际化创新成果

加强与国际科技园区、国际领先的专业产业技术研发机构、国际知名的创新产业咨询机构等的联系与合作，及时掌握各国创新发展新态势。引导企业及第三方社会组织开展全球科技与产业创新趋势研究，发掘和发现科技创新的方向、可能的突破点。支持企业在科技发达国家和地区建立海外研发中心、实验室，开展关键核心技术研发和产业化应用研究。创新研发组织模式，支持企业、第三方专业机构探索建设一批面向全球的众创空间，集聚吸引国际创新人才和资源，深度融入全球创新体系。加强与国际专利组织和机构的密切联系，支持企业实施国际化专利战略，积极申请国际专利，加快形成专利高地。发挥国际技术转移中心的作用，吸引国际领先的技术转移促进、服务机构在中关村示范区设立分支机构。支持企业参与建设技术转移平台，发掘行业领先的重大科技成果。

（三）支持企业拓展国际市场

鼓励龙头企业开展海外布局，在发达国家和地区建立分支机构，在发展中国家和地区建立生产基地。支持以企业联盟、产业联盟和行业联盟的形式“走出去”开拓国际市场，参与国际竞争合作。建设一批国际研发转移交付平台，鼓励面向全球市场的软件服务外包、生物技术研发外包等先进服务贸易。加强支持示范区企业境外并购的综合金融服务，与境内外知名机构建立合作关系。支持企业面向“一带一路”开展国际贸易，搭建面向“一带一路”的资源平台、项目平台、信息平台和服务平台，在沿线国家和地区与企业间建设有针对性的贸易合作桥梁，实现贸易需求与供给的有效对接。

（四）搭建平台实现国际化布局

加强与重点国家地区、重点行业、重点企业、商务部门的交流与合作，加强与国际知名高科技园区的交流合作。支持科技园区、创新型孵化器、行业领军企业建设一批面向全球的开放式行业技术和产品众创平台，共享国际化创新创业资源。支持企业与研发机构共同打造一批面向国际市场的众创、众包、众扶、众筹平台，探索更加便捷利用国际资金的新模式。支持企业、孵化服务机构、中介机构积极在国际知名创新中心布局一批海外孵化器，在国外重点国家（地区）搭建企业国际化综合服务平台，建设离岸创新中心。加大对国际化服务平台建设、国际研发合作交流、国际品牌推广、国际人才引进等方面的资金支持力度。

改革发展篇

第二十二章 中关村示范区全面创新改革探索实践①

内容概要：本章梳理总结了中关村示范区全面创新改革的主要做法及成效。以“1+6”“新四条”“新新四条”为代表的中关村系列先行先试政策不断深化，加强改革顶层设计，在外籍人才出入境管理改革、工商管理、食品药品监管及产业发展等领域取得了新突破，进一步打通了科技经济价值链，加速了创新资源的集聚，产生了融合创新效应。同时，对中关村继续发挥好改革“试验田”功能，提出了积极开展新一轮改革和政策先行先试、开展科技创新体制改革试点、新技术新模式新业态新产业政府监管服务改革试点、构建跨京津冀科技创新园区链等建议。

中关村示范区是改革开放的产物，起源于20世纪80年代初的“中关村电子一条街”，是我国第一个国家级高科技园区和国家自主创新示范区。中关村的发展始终得到党中央、国务院的高度重视和亲切关怀。国务院先后8次对中关村的发展做出重要决策和部署，推动中关村示范区建设上升为国家发展战略，成为我国体制机制创新的改革试验田和战略性新兴产业策源地，承担起先行探索中国特色自主创新道路、代表国家参与全球科技经济竞争、引领全国创新发展的重大使命。2013年9月30日，中央政治局在中关村示范区举行第九次集体学习。习近平总书记讲话时强调，中关村作为我国第一个高新区，在国家科技经济发展中的作用越来越突出，已成为我国创新发展的一面旗帜。面向未来，中关村要加大实施创新驱动发展战略力度，加快向具有全球影响力的科技创新中心进军，为在全国实施创新驱动发展战略更好发挥示范引领作用。近年来，中关村示范区围绕提高自主创新能力，坚持全面创新改革，不断强化政策先行先试力度，积极探索科技创新改革新路径，不断取得新突破。

第一节 全面创新改革深入推进，示范效应凸显

在党中央、国务院的关心支持下，在北京市委市政府的坚强领导下，中关村通过不断地深化改革，开展政策先行先试，科技创新活力不断得到释放。经过近30年的快速发

① 本课题由中关村科技园区管理委员会完成，研究室蒋海军主任为课题负责人，武巍、王宇参与课题研究。

展，中关村实现了四大跨越：一是实现了总量从亿元向万亿元的跨越。企业总收入由最初的十几亿元发展到2015年的4.07万亿元。二是实现了从规模扩张向内涵发展的跨越。企业利润增长近2 000倍，高新技术企业增加值增长120余倍。“高精尖”经济结构效益日渐凸显，2015年1~11月，示范区现代服务业实现总收入2.06万亿元，占示范区总收入超过六成；万元增加值能耗0.08吨标准煤，为北京市的五分之一、全国的十分之一。三是实现了从企业集聚向产业集群的跨越。已经形成六大优势产业和四大潜力产业集群发展格局，2015年1~11月战略性新兴产业实现总收入2.3万亿元，占示范区经济总量的七成。四是实现了从个体创新向协同创新的跨越。沿产业链布局创新链，形成集研发、转化、应用于一体的协同创新体系。

2015年，中关村示范区认真落实中央和北京市委市政府关于深化体制机制改革加快实施创新驱动发展战略、推进全面创新改革试验、京津冀协同发展等系列重大决策部署，突出需求导向和问题导向，加强改革顶层设计，不断取得新成效。

一、推进体制机制创新和政策先行先试，释放科技创新活力

（一）加强改革顶层设计

积极参与并承接全面创新改革顶层设计，推动建设京津冀全面创新改革试验区。2015年，争取国家部委支持，中关村“大众创业　万众创新”综合改革试点获得国家发改委批复。公安部出台支持北京及中关村出入境管理改革20条政策，拟在中关村设立外籍人才出入境办事机构，试点移民入籍、华裔卡等制度。国家工商总局批复同意支持中关村创新发展的19条意见，在中关村开展工商登记全流程网上办理、简化审批流程和登记手续、下放外资企业登记权限等改革试点。国家食药总局实施支持中关村食品药品监管及产业发展的12条政策，设立国家食药总局中关村审评分中心绿色通道，开展国际临床多中心评价互认、上市药品许可持有人制度、新药审批“研产分离”等改革试点。国家质检总局支持设立特殊物品及生物材料进出口“一站式”服务平台，一系列标志性改革举措有效突破了制约创新资源聚集和产业发展的政策瓶颈，极大地释放了创新创业活力。

（二）大力推进政策先行先试

1. 深入贯彻落实“1+6”和“新四条”系列先行先试政策

2010年，国务院批复同意支持在中关村示范区开展“1+6”先行先试政策，其中“1”是指搭建中关村创新平台，初步建立了跨层级、跨部门的集中统筹工作机制和协同创新组织模式，形成了中央与地方联动、科技创新和产业化服务体系高效运转的格局。依托

中关村创新平台，中关村示范区率先开展和扎实推进了股权激励、科技金融、税收政策、科技成果处置权和收益权改革、科研项目经费管理改革、高新技术企业认定六项政策试点，有效激发了科研人员、科研机构、高等院校的积极性，促进了科技成果转化，突出了企业的创新主体地位。由于试点成效显著，国务院批复同意“1+6”政策延期执行三年。

2013年9月，经国务院批复同意，在中关村示范区开展高新技术企业认定中文化产业支撑技术等领域范围、有限合伙制创业投资企业法人合伙人企业所得税、技术转让企业所得税、企业转增股本个人所得税四项政策试点（“新四条”），进一步完善了支持创新创业的政策体系。

2014年12月，国务院常务会议通过支持中关村开展外籍高端人才永久居留资格程序便利化试点、放宽人才中介机构外资出资比例限制试点、支持中关村研究设立民营银行服务科技企业试点、调整存储生物制剂等公用型保税仓库建设标准试点四项新政策。目前，31名中关村外籍高层次人才及其外籍配偶子女获得永久居留资格。中关村银行筹建工作进展顺利。降低存储生物制剂等公用型保税仓库建设标准试点正式落地实施，中关村生命科学园设立公用型保税仓库获北京海关正式批准。

2015年3月26日，北京市财政局、市地税局、市科委、中关村管委会转发《财政部国家税务总局科技部关于中关村国家自主创新示范区有关股权奖励个人所得税试点政策的通知》，同时联合印发了《中关村国家自主创新示范区有关股权奖励个人所得税试点工作管理办法》，明确了示范区企业享受政策的具体备案流程。研究形成了中关村科技型中小企业标准，北京市财政局、市国税局、市地税局、市科委、中关村管委会联合印发《中关村国家自主创新示范区科技型中小企业资格确认管理办法（试行）》，完善股权奖励个人所得税试点配套政策。

2. 推动市级层面政策创新和先行先试

根据创新发展中的实际问题，围绕科技成果转化和高校院所、企业创新创业的关键环节、重点问题，加大市级层面的政策创新，先后出台了“京校十条”、“京科九条”及实施细则、支持互联网金融产业发展等系列政策文件。积极开展工商管理、社会组织管理、知识产权、标准创新等试点工作，进一步释放了科技创新活力。以北京农学院为例，该学院教师创办企业40家、学生创办企业17家。北京印刷学院已率先增设了科技成果转化及推广岗位。

二、推进人才特区和国家科技金融创新中心建设，聚集高端要素

（一）加快推进人才特区建设

（1）积极落实人才特区建设13项先行先试政策。2015年，在中央人才工作协调小组、北京市人才工作领导小组牵头部署下，中共中央组织部（简称中组部）等10部委联

合北京市委市政府印发实施《关于深化中关村人才管理改革的若干措施》（京发〔2015〕15号），研究提出简化外籍高层次人才永久居留证办理程序、简化外籍高层次人才签证及居留办理程序等8项深化中关村人才管理改革的若干措施，即“人才8条”，有关实施细则已经市人才领导小组会议审议通过。

（2）建立健全人才引进、培训、评价、创业扶持等工作机制。深化企业教授级高级工程师职称评审等试点。推动高校与企业联合培养创新型人才，实施雏鹰人才工程和领军企业家培训工程。深入落实中央“千人计划”和北京“海聚工程”，扎实推进中关村示范区“高聚工程”，加强海外人才联络机制，加快聚集以海外高层次人才为重点的特需人才资源。截至2015年年底，中关村聚集“千人计划”人才1 090人，占北京市82%，占全国21%；“海聚工程”424人，占北京地区70%，人才高地地位更加巩固。

（二）全面推进国家科技金融创新中心建设

2015年，推动中国人民银行（国家外汇管理局）在中关村设立中心支行，开展企业境外并购外汇管理和外债宏观审慎管理等改革试点，累计签约金额达20亿美元。出台支持中关村企业利用中关村股权交易服务集团的政策，正式发布全球首个科技园区股票指数——“中关村A股综合指数”和“中关村50指数”。探索社会资本投向创新创业的新机制，打造全球股权众筹中心，成立我国第一家股权众筹行业组织。支持股权投资发展，中关村创业投资引导资金与创业投资机构合作，设立了16只天使投资基金和52只创业投资基金，基金总规模超330亿元。2015年，中关村发生股权投资案例2 413起，约占全国总数的32.2%；已披露金额约人民币1 020亿元，占全国的24.81%，成为我国创业投资最活跃的区域。积极参与多层次资北京市场建设，上市公司总数达到281家，总市值突破3万亿元，境外上市企业超百家，涌现美团网、滴滴出行、口袋购物等一批上市前估值超10亿美元的独角兽公司。创业板上市公司占全国的七分之一，形成了“中关村板块”。担保融资、信用贷款、小额贷款等创新试点不断深化，缓解了中小企业的融资难题。科技保险、融资租赁等系列创新试点进展顺利，进一步完善科技金融服务体系。

三、完善创新创业生态系统，培育和强化企业创新创业主体地位

（一）大力推动政产学研用协同创新体系建设

积极鼓励新型社会组织发展，截至2015年，产业技术联盟和行业协会组织超过200家，形成了以企业为主体，政产学研用单位参与，具有明确的资源整合、合作运营、利益分享的运行机制，成为中关村示范区创新体系的重要组成部分。深入实施“中关

村开放实验室工程"，已累计挂牌195家实验室，有效推动了科技资源向社会开放共享。支持推动科研院所建立公共服务平台，推进中科院、北京大学、清华大学与北京市共建技术转移中心的建设。加强与清华大学、北京大学、中科院等央属高校院所和中国船舶、中航工业等央企对接合作，积极支持建设北京协同创新研究院等创新平台，紧盯"北京高校高精尖创新中心建设计划"进展，加快促进关键核心技术落地转化。

（二）积极推进"大众创业 万众创新"

2015年，联合科技部火炬中心出台《"创业中国"中关村引领工程（2015—2020年）》，开展高校院所育苗工程、领军企业摇篮工程、创业人才集聚工程、创业金融升级工程、创客极客筑梦工程、创业服务提升工程、创业文化示范工程七大工程。建立了以大学科技园、科技企业孵化器、留学人员创业园、天使投资机构等各类创业孵化机构组成的创新创业服务体系。挖掘培育以清华科技园、创新工场、车库咖啡等创业孵化机构采用"孵化+投资"的新型创业孵化模式。截至2015年，中关村示范区拥有各类创业孵化机构约800家，创新型孵化器50家，初步形成了涵盖早期项目孵化、天使投资、创业教育、创业媒体、创业社区等环节的创业服务新业态，引领全国创业服务业发展。实施"金种子工程"，组建了由知名企业家和天使投资人等80余人组成的创业导师队伍。鼓励天使投资和创业投资聚集和发展，涌现了一批活跃的天使投资人和连续的创业者。2015年，中关村示范区新创办科技型企业达到2.4万家，成为国内创业最为活跃的区域。

（三）持续支持创新型企业做大做强

深入实施"十百千工程"，设立"十百千工程"专项资金，加大服务力度，"十百千工程"重点培育企业增长迅速。截至2014年年底，中关村示范区收入过亿元企业2 556家，其中十亿元以上企业485家，百亿元企业65家，千亿元企业4家，涌现出联想、小米科技、百度等一批创新型领军企业。持续开展"瞪羚计划"，通过市场化的方式筛选出创新能力强和增长速度快的企业3 500余家，重点培育瞪羚企业1 000余家，涌现了小米科技、网秦天下等一大批"专、特、精、新"的高成长企业。

（四）大力实施知识产权和技术标准战略

中关村示范区在自主创新特别是原始创新方面占据主导，牢牢把握产业链的最高端，成为全国科技创新的源头。企业申请专利的数量持续增长、专利结构进一步优化。2015年示范区专利申请量60 603件，较2010年翻两番；获得专利授权34 946件，约是2010年的3.8倍。企业创制标准3 091项，其中国际标准184项、国家标准2 907项。京东方、联想成为专利"强极"企业。在战略性新兴产业领域涌现出我国第一台关键应用主机浪潮天梭K1系统、百度无人驾驶汽车、商汤科技计算机视觉、中航航空材料院石墨烯、中科院理化技术研究所液态金属、京东方10K级液晶显示屏等一批前沿重大技术创新成果，国家自主创新源头地位更为突出。

四、加快推进产业化创新，推动“一区多园”统筹协同发展

（一）培育壮大新兴产业集群

2015年，与科技部火炬中心共同研究发布《国家高新区互联网跨界融合创新中关村示范工程（2015—2020年）》，实施十大中关村“互联网+”产业创新工程，支持企业开展跨行业跨区域创新行动。加快下一代互联网、移动互联网和新一代移动通信、卫星应用、生物和健康、节能环保、轨道交通六大优势产业集群引领发展，推动集成电路、新材料、高端装备与通用航空、新能源和新能源汽车四大潜力产业集群跨越发展，促进现代服务业集群高端发展，形成“641”的产业集群发展格局。

（二）完善“一区多园”统筹协同发展机制

围绕“疏解非首都功能、优化首都功能”的新要求，中关村示范区强化了城区分园疏解、郊区分园承接产业力度，加快实施城区分园加大老旧厂房改造和腾退空间盘活力度，加快聚集技术创新型企业总部；着力提升郊区十园创新资源承接能力，促进生物医药、纳米新材料、智能制造、新能源等新兴产业快速发展，郊区企业收入增速达到示范区的2倍。据统计，2015年各分园共疏解项目207个，疏解人员2.3万人，盘活存量土地294公顷。深入实施一区多园高精尖对接工程，共挖掘出730个重点培育的创新平台和高精尖产业项目。

（三）推动特色产业基地和特色产业园建设

以培育发展战略性新兴产业及现代服务业为目标，谋划新建、升级一批特色产业基地，带动各区经济社会发展转型提升。高起点规划建设特色产业集群，同步引入产业公共服务平台，建立项目准入和退出机制，优化集群创新环境。从各区功能定位、发展优势和需求入手，研究规划建设一批特色产业基地。推进“蓝鲸园”等一批特色产业基地建设。

五、推进开放合作改革创新，整合利用国际国内创新资源

（一）引领京津冀协同创新共同体建设

中关村示范区坚持以服务京津同城化、京津冀一体化发展为重点，主动与天津、河北接洽，初步形成了多主体、多层次、多领域的合作格局和态势。修改完善《中关村示范区推动京津冀协同创新共同体建设行动计划》，探索形成了政府引导型、企业主导型、高校院所成果转移型、多主体协同型四种区域创新合作模式。推动设立“一司一金一空间”区域协同创新平台。加快推进园区合作共建，推进天津滨海—中关村科技园和石家庄（正定）中关村集成电路产业基地建设。截至2015年年底，中关村企业已累计在津冀设立分公司近2 000家。支持中国技术交易所牵头建设的京津冀技术交易平台正式上线。大力推动运用互联网思维、互联网技术促进区域产业结构优化升级和运用节能环保技术促进区域传统产业改造提升。积极探索新的创新合作模式，如海淀区与秦皇岛市共建中关村海淀园秦皇岛分园时，探索实施了区域性联合推动机制、地方财政收入共享、共设产业发展基金、共同开展新技术新产品政府采购与推广应用等模式。

（二）不断开创区域创新合作新局面

根据国家战略和北京市委市政府决策部署，中关村积极发挥示范引领、辐射带动作用。截至2015年，中关村示范区技术合同成交额近80%输出到北京以外地区，示范区高新技术企业在全国各地设立分支机构达9 000余家，初步形成了“自主创新在中关村开花，产业升级在全国结果”的良好局面。

第二节　发挥改革“试验田”功能，推动形成改革创新新局面

改革永无止境。目前，中关村的改革也面临着一些问题尚需进一步解决。一是随着全面深化改革进入“深水区”，迫切需要进一步强化改革的系统性、整体性和协同性。目前，在推进改革的部门联动、形成合力上还不够，还需强化统筹协同机制，真正形成支持科技创新体制机制改革创新的新格局。二是在推动新技术新模式新产业新业态的监管服务思维和管理方式创新上还相对滞后，迫切需要强化创新的思维和理念，为改革创新营造更加适宜的发展环境。例如，在互联网医疗、互联网教育、信息消费、股权众筹等新兴产业领域还存在着监管政策缺失甚至空白等现象，急需相关改

革和政策创新。

2015年以来，中央对于深化体制机制改革、加快实施创新驱动发展战略提出了更高要求，北京市委全面深化改革领导小组和市委科技教育体制改革专项小组全面落实中央部署，正在大力推进北京市的科技创新体制改革。中关村示范区将紧紧抓住这一历史机遇，积极发挥“试验田”作用和创新平台优势，围绕建设具有全球影响力的科技创新中心、强化北京全国科技创新中心功能和建设京津冀协同创新共同体的战略需求，认真落实好中央和北京市的各项改革部署，扭住关键、精准发力，统筹谋划科技创新综合改革，努力打通科技和经济社会发展之间的通道，打造中关村制度创新升级版。

一、积极推动新一轮改革试点和政策先行先试

落实国家《深化科技体制改革实施方案》，结合“大众创业　万众创新”以及互联网+新兴业态蓬勃兴起的新态势，在促进人才、技术、资本深度融合，挖掘“1+6”“新四条”政策潜力等方面推动出台支持中关村全面创新改革的新一轮试点政策。

二、探索开展科技创新体制改革试点

围绕激活高校、科研院所创新创业活力，提高原始创新能力，大力破除科技成果转移转化的藩篱，促进成果转化渠道进一步畅通。着力突破科技成果转移转化的关键问题和关键环节，深化科技成果使用、处置和收益管理改革试点，探索扩大中关村先行先试政策和相关创新政策的适用范围。

三、推动新技术新模式新业态新产业政府监管服务改革试点

落实国家“互联网+”行动计划和《北京市人民政府关于积极推进“互联网+”行动的实施意见》，深入实施国家高新区互联网跨界融合创新中关村示范工程，深化落实国家大数据战略。探索开展互联网+交通、互联网+医疗、互联网+教育等领域监管模式改革试点，支持新业态、新商业模式创新发展。

四、构建跨京津冀科技创新园区链

聚焦三轴和“4+N”重点区域，深化园区合作，实施政策先行先试、创新社区共建、新技术新产品示范应用等系列举措。支持中关村发展集团完善“一司一金一空间”运行模式，建立市场化运营服务平台。

第二十三章　构建具有国际竞争力的首都人才制度研究①

内容概要：国际人才作为世界各国开辟未来和赢得优势的首要因素，已成为当今全球争夺最为激烈的战略资源。构建具有国际竞争力的人才制度优势，是北京应对国际人才竞争和“大区域创新”挑战、实施人才强国和创新驱动发展战略、建设全国科技创新中心和发挥辐射带引领作用的需要。本章梳理了北京构建具有国际竞争力的人才制度的现实基础和人才制度特点，分析了构建具有国际竞争力的人才制度面临的现实挑战，并从构建全新的国际人才政策规章体系、构建完善的国际人才公共服务体系、建设符合国际标准的人才综合环境、构建引进国际人才的工作体系等角度提出了对策建议。

第一节　北京构建具有国际竞争力的人才制度的现实基础

当前，北京已成为全国人才高地，人才工作总体呈现出人才数量持续增长、人才质量稳步提升、人才结构更趋合理、人才效能显著提高等特点。

（1）人才总量方面。截至2014年年底，北京市常住人口总量为2 154.6万人，从业人员为1 156.7万人，人才资源总量为615万人，主要由党政人才、企业经营管理人才、专业技术人才、社会工作人才、高技能人才、农村实用人才六部分组成，其中企业经营管理人才和专业技术人才总量达到496万人，占比超过八成。

（2）高端人才方面。截至2015年年底，北京地区拥有700多名“两院”院士，占全国总数近五成，海外高层次人才入选中央“千人计划”1 337名，占全国总数1/3，“海聚工程”人才759名，享受国务院政府津贴专家近4 000名，国家级有突出贡献专家约100名，获得国家杰出青年科学基金者67名，占全国总数的1/3。

（3）人才受教育程度方面。截至2015年年底，北京市共有58所普通高校和80个科研机构培养研究生，全年研究生教育招生9.5万人，在学研究生28.4万人，毕业生8万人。北京市90所普通高等学校全年招收本专科学生15.8万人，在校生59.3万人，毕业生15.2万人。北京市成人本专科招生7.5万人，在校生20.4万人，毕业生9.5万人。接受过大专及以上教育的从业人员比例达到50%以上，居全国之首；2014年在北京高校留学的学生达

① 本章由中国留学人才发展基金会课题组完成。王通讯院长为课题负责人，岳文厚、王宇、高上卿和王真等参与研究。

7.7万人次，高校学历生比例达到43.5%。

（4）产业人才方面。截至2014年年底，北京第三产业从业人员规模为894.4万人，占全部从业人员比例的77.3%，其中信息传输、软件和信息技术服务业从业人员总数为65.8万人，金融业从业人员总数为41.1万人，文化创意产业从业人员总数为191.6万人。

（5）人才效能方面。2015年，北京人均GDP达到10.6万元/人，专利申请及授权量分别为156 312件和94 031件，分别较上年增长13.2%和25.9%，其中发明专利申请与授权量分别为88 930件和36 308件，分别增长13.8%和51.9%。1986~2015年，累计专利申请量接近97万件，累计专利授权量接近52万件。2014年，北京社会劳动生产率达到18.6万元/人，科技成果登记数量达到1 042项，其中15项获得国家技术发明奖，49项获得国家科学技术进步奖；有效发明专利103 638件。

（6）科技人才方面。2014年，北京科技活动人员总量为726 792人，R&D人员折合全时当量为245 384人·年，R&D经费内部支出12 687 953万元，相当于地区生产总值的5.95%。2015年，北京市R&D经费支出1 367.5亿元，R&D活动人员35.5万人；技术合同成交数为72 272项，较上年增长7.4%；成交总额为3 452.6亿元，较上年增长10%。2015年年末中关村示范区投产开业企业17 965家，比上年增加2 319家，全年实现总收入40 667.5亿元，比上年增长12.8%，科技活动人员总数接近55万人，企业内部用于科技活动的经费支出接近1 100亿元，同比增长幅度均在20%以上，居全国高新区之首。

第二节　北京人才制度特点

当前，北京加快实施人才优先发展战略，在人才战略布局、人才队伍建设、人才机制创新、人才效能发挥等方面取得了较大进展。

一、加快落实中央战略，部署人才发展格局

面对国际国内的新形势、新变化，中共中央组织召开了全国人才工作会议，颁布了《国家中长期人才发展规划纲要（2010—2020年）》，提出到2020年“确立国家人才竞争比较优势，进入世界人才强国行列”的人才发展战略目标。全国人才工作会议的召开以及《国家中长期人才发展规划纲要（2010—2020年）》的颁布，标志着中国人才发展进入了一个新阶段。2016年3月，中共中央印发了《关于深化人才发展体制机制改革的意见》，着眼于破除束缚人才发展的思想观念和体制机制障碍，解放和增强人才活力，形成具有国际竞争力的人才制度优势，聚天下英才而用之，明确了深化改革的指导思想、基本原则、主要目标，从管理体制、工作机制和组织领导等方面提出改革措施，对于全面贯彻党的十八大和十八届三中、四中、五中全会精神，深入贯彻习近平总书记系列重要讲话

精神，加快建设人才强国，最大限度激发人才创新创造创业活力，把各方面优秀人才集聚到党和国家事业中来，为实现“两个一百年”奋斗目标提供有力人才支撑具有十分重要的战略意义和现实意义。习近平总书记做出重要指示强调，办好中国的事情，关键在党，关键在人，关键在人才。综合国力竞争说到底是人才竞争。要加大改革落实工作力度，把《关于深化人才发展体制机制改革的意见》落到实处，加快构建具有全球竞争力的人才制度体系，聚天下英才而用之。要着力破除体制机制障碍，向用人主体放权，为人才松绑，让人才创新创造活力充分迸发，使各方面人才各得其所、各展其长。要树立强烈的人才意识，做好团结、引领、服务工作，真诚关心人才、爱护人才、成就人才，激励广大人才为实现“两个一百年”奋斗目标、实现中华民族伟大复兴的中国梦贡献聪明才智。同期出台的“十三五”规划纲要还首次提出要“实施人才优先发展战略”，要求“把人才作为支撑发展的第一资源，加快推进人才发展体制和政策创新，构建有国际竞争力的人才制度优势，提高人才质量，优化人才结构，加快建设人才强国”，重点实施六大人才工程，即创新人才推进计划、青年英才开发计划、企业经营管理人才素质提升工程、“千人计划”“万人计划”提升工程、专业技术人才知识更新工程、国家高技能人才振兴工程，着力于建设规模宏大的人才队伍，促进人才优化配置，营造良好的人才发展环境。

为全面贯彻落实全国人才工作会议精神，北京市组织召开了全市人才工作会议，发布了《首都中长期人才发展规划纲要（2010—2020年）》，提出到2020年“确立支撑世界城市建设的人才竞争优势，成为世界一流的人才之都”的人才发展目标。规划纲要中还提出了“创新机制、服务人才、高端带动、引领发展”的人才发展16字指导方针，要求加快确立首都人才优先发展的战略布局，并提出9项重大任务和12项重点工程。北京市委、市政府通过全市人才工作会议的召开以及《首都中长期人才发展规划纲要（2010—2020年）》的发布，对全市人才发展做出重新规划和具体部署，首都未来人才发展的目标和方向进一步明确。2015年10月，北京市委、市政府联合中组部、国家发改委、教育部等十部委发布《关于深化中关村人才管理改革的若干措施》，率先推动包括简化外籍高层次人才永久居留证办理程序、简化外籍高层次人才签证及居留办理程序、扩大人力资源服务业对外开放在内的八项创新举措，从多方面为外籍人才创业就业提供便利。公安部从2016年3月1日开始实施支持北京创新发展的20项出入境政策，涉及外国人签证、入境出境、停留居留等方面，主要服务在北京创新创业的外籍高层次人才、外籍华人、创业团队外籍成员和外籍青年学生四大类外籍人才，将极大地促进北京吸引集聚更多海外高层次人才和创新创业人才。

二、积极推进人才工程，聚天下英才而用之

当前，北京市按照规划纲要中打造世界级人才队伍的思路和要求，以培养集聚高层次、创新型、领军型、国际化人才为重点，以人才重大工程和项目为载体，统筹推进各

支人才队伍建设，为首都世界城市建设集聚了一批高素质人才。

为配合中央“千人计划”、吸引海外高层次人才来京创新创业，北京市于2009年发布“一个意见，两个办法”，启动实施“北京海外人才聚集工程”，计划用5~10年的时间，在市级重点创新项目、重点学科和重点实验室、市属高等院校、科研院所、医院、国有企业和商业金融机构及中关村科技园区、北京经济技术开发区等高新技术产业开发区聚集10个由战略科学家领衔的研发团队，聚集50个左右科技领军人才领衔的高科技创业团队，引进并有重点地支持200名左右海外高层次人才来京创新创业，建立10个海外高层次人才创新创业基地，通过北京海外人才聚集工程把北京打造成为亚洲地区创新创业最活跃、高层次人才向往并主动汇聚的“人才之都”。在大力开展高层次人才引进工作的同时，北京市各部门还实施了一系列的重点领域人才开发培养工程，为首都未来发展发现、培养、引进和储备了一批人才。例如，市科委实施了“科技新星”计划，以项目为依托开展科研工作，为具有高素质的青年科技人员独立承担科研项目提供启动性研究经费及培养经费，培养造就一批思想政治素质高、具有创新精神的青年科技带头人和科技管理专家，逐步形成青年科技专家群体。市科委还实施了“科技北京百名领军人才培养工程”，是《首都中长期人才发展规划纲要（2010—2020年）》确定的重点人才工程，计划从2010年到2020年，通过项目带动、产学研用结合、国际合作交流等形式培养造就百名科研水平一流、管理能力突出、成果国际前沿、专业贡献重大、能够引领和促进新兴学科形成与产业关键技术发展的领军人才。此外，北京市人力资源与社会保障局实施了“五年五万”新技师培养计划，北京市卫生局实施了首都高层次人才队伍建设工程，北京市教育委员会实施了“人才强教深化计划”等。

三、人才特区引领示范，创新人才发展机制

北京市紧紧抓住中关村示范区和人才特区建设的机遇，在股权激励、科技金融、科技经费管理、知识产权等方面进行先行先试，采用特殊的政策和机制为人才服务。

中关村示范区作为我国第一个国家自主创新示范区，也是我国第一个国家级人才管理改革试验区。自2011年15个中央单位和北京市联合印发《关于中关村国家自主创新示范区建设人才特区的若干意见》以来，中关村全力落实特殊政策、构建特殊机制、打造特殊平台、引进特需人才，加快打造“人才智力高度密集、体制机制真正创新、科技创新高度活跃、新兴产业高速发展”的国家级人才管理改革试验区，构建了“人才引领、创新驱动”工作新局面。中关村人才特区建设取得了显著成效，为全国人才工作改革创新积累了有益经验，为下一步打造中关村国家人才管理改革试验区“升级版”奠定了良好基础。

近年来，中央支持北京市在人才特区实行了“重大项目布局”“科技经费使用”“股权激励”等13项特殊政策，积极探索了人才发现、激励、使用、服务的有效措施。根据实际发展需要，中关村先后出台了深挖科技成果处置权和收益权等“1+6”先行先试政

策，争取中央支持出台技术转让企业所得税试点等“新四条”政策，在市级层面制定实施了“京校十条”“京科九条”等，大力推动科研创业、产业发展、财税金融、管理服务改革创新，以产业联盟、标准联盟为纽带鼓励人才协同创新，通过实行股权和分红激励、政府股权投资、示范应用工程等鼓励各类人才创新创业，构建了较为先进的人才政策网络体系。着眼于促进科技与经济的紧密结合，中关村支持高端人才组建了37家新型社会组织，为人才创制技术标准、开展协同攻关搭建平台。同时，支持北京生命科学研究所、北京纳米能源与系统研究所等科研院所创新科研体制，推动车库咖啡、创新工场、36氪等专业型孵化器创新发展，培育了新型创新创业载体和服务产业，为原创性成果生成，创新型成果转化以及进一步释放人才活力畅通了渠道、链条。2014年年底，国务院部署在更大范围推广中关村试点政策，以进一步激励大众创业、万众创新。

中关村人才在承担国家科技重大专项项目核心任务数量、专利申请量和授权量、国际国内技术标准创制数量等方面均走在全国前列，取得了汉卡、汉字激光照排、超级计算机、非典和人用禽流感疫苗等一大批国家重大科技创新成果，截至2014年年底，创制了174项国际技术标准、2 877项国家标准、1 834项行业标准。2015年，中关村专利申请量和授权量分别为37 843件、34 946件，分别占到北京市的42.6%和37.2%。人才对经济社会发展的支撑作用日益凸显，中关村正成为国家实施创新驱动发展战略的示范标杆。

四、着力构筑事业平台，人才效能充分涌流

人才成就事业，事业造就人才。为了确保引进人才创业有机会、干事有舞台、发展有空间，北京市结合中关村示范区建设，积极推进中关村科技园“一区十六园”建设，重点建设未来科技城和中关村科学城，为吸引、凝聚和用好海外高层次人才搭建平台。

未来科技城是中组部和国务院国有资产监督管理委员会（简称国务院国资委）为深入贯彻落实建设创新型国家和中央引进海外高层次人才“千人计划”而建设的人才创新创业基地和研发机构集群。国家对未来科技城的定位是，致力于建设具有世界一流水准、引领中国应用科技发展方向、代表中国相关产业应用研究技术领域最高水平的人才创新创业基地，使之成为中国乃至世界上创新人才最密集、创新活动最活跃、创新成果最丰富的区域之一。未来科技城已为神华集团、中海油、国家电网等十几家重量级央企的高新科技研发基地搭建了平台。

《关于深化中关村人才管理改革的若干措施》和《2016年北京市政府工作报告》还提出要加快打造首都国际人才港，建设成为北京深化中关村人才管理改革、大力推进创新发展的重要载体。

第三节　北京人才建设与国际主要城市的比较

从国际经验上来看，北京与纽约、伦敦、东京等世界城市比较，在高端科技人才建设上，北京需求量巨大，但后续动力仍显不足。

一、国际科技人才比重偏低

与世界一流城市人才集聚相比，北京在人才总量上优势明显，但是每万名从业者中的科学家和工程师数量与当前东京、伦敦和纽约比较相差甚远。目前，北京地区每万人中科学家和工程师的数量为200人左右，分别是纽约、伦敦、东京的1/3、1/2和1/4。此外，北京拥有的外籍人才约为12万人，其中持外国专家证人员为7 300多人，外籍人才占常住人口的比例不到0.6%，而在东京、纽约，这一比例均在3%以上。

二、人才发展环境差距较大

一是经济环境。2015年，北京人均GDP约为1.7万美元，仅为纽约和伦敦人均GDP的1/4。多年来，纽约、伦敦、巴黎和东京稳居全球城市综合实力排名前四位，超过一半的世界500强金融企业的总部分布在这四个城市。纽约的金融服务业占其经济份额15%以上，占美国国内经济的比例高达8%，是全球最大且最活跃的股票市场。东京是全球经济实力第一的城市和世界上拥有最多财富500强公司总部的地区。

二是国际化程度。尽管北京已成为世界第二大“500强总部之都”，跨国公司在京总部企业和研发机构达到600余家，但北京所拥有的世界500强公司总部多为中国国有大型企业总部，国际化程度较低。而纽约、伦敦、东京和巴黎凭借拥有众多的国际机构总部和举办大量国际会议，已成为国际政治的影响中心。目前，共有208个国际组织总部落户巴黎，57个国际组织总部位于伦敦，21个国际组织总部入驻纽约，16个国际组织总部落户东京，而北京国际组织总部数量只有上海合作组织、国际旅游组织等少数几个，影响力偏小，且每年举办的国际会议仅为纽约和伦敦的1/8。

三是生活环境。全球著名咨询机构美世咨询发布的《2015年全球城市生活质量调查》显示，北京在全球城市的生活质量排名为第118位，而伦敦排名第40位，纽约和东京并列第44位。一方面，北京的人文环境与世界几大城市相比差距较大，北京公共图书馆数量不到伦敦的1/3、纽约的1/7，艺术馆、博物馆数量也相对较少，不足纽约的1/2。另一方面，北京还存在交通拥堵、空气质量较差、生活成本较高等问题，也在一定程度上限制了优秀人才和高素质劳动力的流入。

三、引才政策优势仍显不足

其主要表现为思想观念保守，引才标准不完善，政策系统性需改进，制度化建设有待加强，人才法规体系亟待健全。特别是科研领域，在我国大环境条件下，人才激励机制不活、科研管理方式滞后、科研条件和经费保障不足、非科研负担过重和学术不够民主等，已成为北京集聚国际人才的主要障碍。

与之形成鲜明对比的是，世界一流城市人才政策始终保持系统优化，在人才待遇、岗位、科研经费、科研奖励、出入境和社会保障等方面引领国际惯例，并制定有具有法律效力的实施细则。同时，对人才的评价突出其学术成果、学术和科研领导能力、阅历和经验、学术地位和影响力、能力的提升潜力、研究领域前沿性等方面。

第四节　北京构建具有国际竞争力的人才制度的政策建议

纽约、伦敦、东京等大都市的发展经验表明，离开了世界级的人才队伍，就难以实现建设世界城市的目标。针对北京建设世界高端人才聚集之都的目标和国际人才开发现状，特别是围绕建设具有引领力和辐射力的全国科技创新中心，北京应依托首都国际人才港等人才发展载体创建首都国际人才创新创业试验区，通过实施全新的国际人才政策体系、国际人才公共服务体系，改善国际人才发展环境等，吸引大批站在国际科技和产业发展前沿的拔尖领军人才，并加快本土人才培养的国际化步伐，共同推动北京“四个中心”和国际一流的和谐宜居城市建设。具体建议包括如下几个方面。

一、构建全新的国际人才政策规章体系

这是创建首都国际人才创新创业试验区需要首先解决的重大问题。在人才发展环境的所有要素中，人才政策规章居于核心地位，要发挥人才政策对人才发展的导向作用、推动作用、保障作用，激发人才创业创新活力和热情。

一是构建和完善人才政策体系。要制定完善而有竞争力且更加符合国际惯例的人才政策，基本形成一个以规章政策为主体，基本覆盖国际人才开发的各个环节（包括人才引进、培养、评价、流动、使用、激励保障和生活配套等）的人才政策基本构架，加快培养和集聚一大批创新型国际人才。针对重点领域引进和培育人才的需求，制定落实财税、户籍、居住、教育等方面的激励政策和扶持措施。政府及其相关部门尤其要加大支持试验区建设力度，在规划选址、财政税收、土地使用、创业融资、资金扶持、知识产权保护、税费减免、专业服务和生活保障等方面形成特色鲜明的配套政策。

二是创新人才体制机制。以特别导向、特殊政策和特别机制，健全投入保障、财税

奖励、投融资服务、知识产权保护等创新创业政策体系，加快创建与国际接轨的人才开发体制机制。积极改革评价发现、选拔任用和激励保障机制，建立与国际接轨的薪酬体系、执业资格认证制度和职业准入制度等，着力形成一批具有国际竞争力的人才服务机构。在提供创业启动资金与办公经营用房、银行贷款补贴与担保、资助研究经费、生活津贴以及专利资助等方面，研究制定更加优惠的人才引进政策。

二、构建完善的国际人才公共服务体系

首都国际人才创新创业试验区应积极实施“五个一”项目，即“一基地、一大学、一基金、一中心、一大会”。通过资源整合、流程重建、方法调整，不断地打破体制界限、地域界限和职能界限，着力完善国际人才创新创业公共服务体系。

一是建好北京国际人才创业总部基地，用于办公、科研、高端服务及其他综合用途，将其打造成一个高新技术企业的孵化基地和创业人才的集聚培养基地。首先，要超前建设一批高质量、专业化、配套好的创新创业载体，在人才创业承载上有新的空间，着力打造国际人才创新创业的优势平台，建设一批由企业牵头，国内外高校、科研院所和企业参与的产业创新国际合作联盟和各类联合研发支持平台。其次，要主动对接国家“千人计划”“万人计划”和北京“海聚工程”等，实施试验区自有的多项重大人才引进工程，打造特色化品牌，不断提升试验区人才队伍国际化程度。

二是创办北京人才港国际创业大学。充分借鉴发达国家和地区工商学院成功发展的经验，以国际化的视野和全新的治理模式吸引国内外一流的学者，形成具有创新型专业和实践特色专业风格的创业教育与培训新模式，培养一批具有创新能力和创业精神的创新型、复合型、实战型的国际化创业人才，力争形成中国及亚太地区高级创业人才培养基地和具有一定国际影响力的创业研究与教学机构。

三是创建北京科技人才资源开发基金。采取政府财政拨款、吸纳企事业单位和社会团体出资等方式，通过多元化的经费筹集，设立北京科技人才资源开发基金，专项用于试验区人才开发和吸引国际人才来试验区创新创业。重点用于创新创业型科技人才的引进、培养和奖励，制定宽松灵活的政策，支持研发和产业化运作。

四是建好中国留学人才发展服务管理中心。在试验区的管理架构中引入“人才治理”要素，在功能设置中突出人才需求，设立民办非企业性质的“中国留学人才发展服务管理中心”，作为试验区服务管理的主体和总部。探索设立“首都国际人才创新创业活动周（月）”，开展“首都国际人才科技创新成果推介会”等，为国际人才搭建产、学、研的交流平台和展示最新科技成果的平台，推动科技成果产业化。

五是办好首都国际人才交流与合作大会。瞄准科技、教育、卫生、信息、农业、制造、电子、化工、能源、环保和节能等领域，吸引海内外各界广泛参与，把首都国际人才交流与合作大会发展成为专门面向外国专家组织、培训机构、专业人才开放的高规格、国际性的人才与智力交流盛会。

三、建设符合国际标准的人才综合环境

首都国际人才创新创业试验区应着眼于人文亲切、法制公正、竞争公平、人际友好、宜居舒适、生态和谐等方面多管齐下，打造有助于人才创业生活、有利于人才价值实现、全方位与国际接轨的软硬件环境，充分满足国际人才发展需要。

一是营造良好的社会文化环境。应积极推广中国传统文化与海派文化的交融，构建丰富、多元、相融、共生的文化氛围。要注重人文关怀，增强吸纳人才能力。特别尊重外国专家的宗教信仰、生活方式及文化习俗，为国际人才提供多样化的精神文化生活。

二是打造高品质的生活环境。加快建成一批标准高、配套全的国际人才公寓，切实改善国际人才居住条件。在满足基本公共服务均等化需求的基础上，突出“强教优医”，建立与国际接轨的医疗服务体系和教育服务体系，更好地满足高层次人才对子女教育、医疗服务的差异化、订制化需求，帮助国际人才实现安居乐业。谋划启动国际人才俱乐部等建设项目，为国际人才搭建全方位、多层次的聚会联谊、借鉴协作和沟通交流平台。

四、构建引进国际人才的工作体系

一是加大海内外国际人才引进力度。瞄准首都高端产业，重点吸引海内外科技领军人物实施科技创新创业项目，孵化发展一批科技含量高、创新能力强、发展前景好、成长潜力大的科技型企业。面向全球，重点引进一批达到世界前沿水平、对产业发展有重大影响、能够产生重大经济和社会效益的创新创业团队，围绕首都重点产业进行研究开发。结合产业结构调整和产业集群发展，注重引进紧缺的高层次创新创业人才，重点是为高新技术产业服务的金融、法律、教育、医疗、现代物流等领域的海内外高层次人才。

二是着力创新引才方法。积极把握国际人才智力资源流动的新趋势，健全国际人才引进工作体系。充分依托我国驻外使（领）馆、海外联络办事机构、华人社团等，加强沟通、咨询、联络和信息发布功能，提高国际人才集聚的针对性、有效性。积极拓展引才渠道，在海外设立办事处、联络站等引进人才的驻外机构，推进海外引才工作常态化。积极探索海外孵化模式，实现孵化前移和资助前移，逐步建立符合国际惯例的用才机制。建立国际人才信息库，完善国际人才联系制度，不断加大国际人才引进力度。

第二十四章　构建首都特色新型研发机构的探索与实践——以北京协同创新研究院为例①

内容概要：新型研发机构以有别于传统科研院所的全新发展模式和运行机制，有效地调动了各方面科技资源，实现了创新链、产业链和资金链的紧密结合，成功走出了一条科技与经济紧密结合的路子。本章以北京协同创新研究院（简称协同院）为典型案例，深入分析了协同院在完善管理机制、建设协同创新中心、构建多层次人才体系、推动重大项目落地及产业化方面的积极探索，总结了协同院在市场化的政府资金配置新机制、搭建京津冀协同创新载体、技术孵化、产业人才培养等方面的试点经验，提出了下一步协同院的改革重点。

第一节　新型研发机构的内涵和类型

当前，我国科技创新资源比较分散，不能有效协调多主体、多方面、多领域共同开展创新，也还存在着创新环节断裂的问题，不能有效促进基础研究、应用研究、技术开发和产业发展一体化发展，这些问题已成为创新的瓶颈。

随着网络信息服务和组织形态的多元化、多主体、多中心的趋势越来越明显，以新型研发机构为基础的协同创新模式成为未来创新体系建设的重要内容，这类研发机构在发展模式、管理体制、运作机制、协同创新等方面做出了全新探索，为解决科技与经济“两张皮”难题提供了新思路，对于科研院所改革有一定借鉴意义。

一、新型研发机构的内涵

新型研发机构是由多元化主体发起设立并实行企业化运营的“独立法人”机构。新型研发机构的目的是打造产学研一体化的模式，主要是突出跨学科，使用多元的技能和

① 本章由北京市科学技术委员会政策法规与体制改革处和条件财务处共同完成。缪海波、张燕宾、刘芸、王艳辉、邹继东等参与研究。

经验来解决某一特定的问题，更加强调科学知识的转移。

新型研发机构打造整合多主体、多方面和多领域共同创新的有效机制，具有推进横向协同的作用。新型研发机构基于在科技领域的优势地位和自身营运机制的规范激励，能够主动横向整合多元化创新主体、协调多方面的创新资源在多个领域共同开展创新活动，解决创新机制分散化的问题。一些新型研发机构不仅在国内加强了协同创新力度，而且已经将协同创新拓宽到了国外，走国际化创新的路子，整合全球高端创新资源为我所用，极大地提高了创新的能力，取得了大批科技成果，对战略性新兴产业发展和产业创新起到了突破性作用，成为推进创新的加油站和发动机。

新型研发机构发展势头迅猛，其独特的创办方式、运行机制、创新模式和创新机制以及重要的创新作用，成为我国推进创新的新生力量，显示出我国科研机构发展改革的一个重要方向。

二、新型研发机构的类型

根据新型研发机构的主要依托单位和建设主体，新型研发机构主要有如下三种类型。

一是“民办官助”类的新型科研机构。该类新型科研机构没有编制，没有事业费，没有行政级别，没有主管部门，以民办非企业身份登记注册，采用市场化运作，自主经营，自负盈亏，如深圳光启高等理工研究院、华南精密制造技术研究院等。同时，地方政府在引进创新科研团队、产学研合作和土地场地等方面给予政策扶持。

二是企业及产业联盟创办的新型科研机构。该类研发机构一种是以单个企业为主体，联合高校、科研院所建立的新型科研机构，如东莞东阳光药物研究院，集聚上千人的科研团队，科研设施设备不逊于国外同行机构。另一种是以产业联盟为主创办的科研机构。例如，华南新药创制中心由白云山制药、众生药业、达安基因等骨干医药企业每家出资1 000万元共同组建；广东省半导体业照明产业联合创新中心由22家LED领域的科研机构和龙头企业联合创办，联手攻克了一批LED核心关键技术难关。

三是“国有新制”类的新型科研机构。该类研发机构的建设主体虽然是传统的高等院校、科研机构或地方政府，其性质是事业单位，但已经被市场和产业环境进行“基因重组”，采用全新的管理、激励和运行机制。例如，中科院深圳先进技术研究院虽然享受事业编制和事业费，但是事业编制并没有具体对应到个人，而是统筹使用，建立起与国际接轨的现代院所制度。

北京近年来也涌现了一批新型研发机构，如北京生命科学研究所、北京蛋白质组研究中心、中关村华康基因研究院等，这些新型研发机构是指以支撑引领战略性新兴产业发展为目标、以市场为导向、以企业化模式进行运作，集科技创新、产业化、人才培养、社会公益于一体的一批科技创新机构。也有人形象地称之为“四不像”，既是企业又不完全像企业，既是事业单位又不完全像事业单位，既是研究机构又不完全像研究机构，既是大学又不完全像大学。北京新型研发机构由于其灵活的体制机制和精准的市场定位，在短短的几年时间里取得了显著成效，有力地支撑和引领了战略性新兴产业的发展，成为首都创新体系的重要组成部分。

第二节　首都特色新型研发机构的新探索

近年来，围绕将首都丰富的科教资源转化为产业竞争优势这一重大命题，北京市积极探索科技产业融合发展改革，打造市场化产学研用合作新机制。2014年，北京市科委、海淀区共同推动，以北京大学、清华大学、中科大、北航、北理工、中国农业大学、中科院等13家科研单位和商飞、潍柴、美亚柏科等70多家行业龙头及高科技领军企业为基础成立协同院。2014年8月28日，协同院正式挂牌成立。

协同院采取开放、集团化方式，以“整合一批世界一流的大学，聚集一批世界一流的高端人才，创造一批世界一流的科技成果，培育一批世界一流的高科技企业”为发展战略，致力于打造“原创科技的策源中心、行业技术进步的促进中心、大企业的技术创新中心和中小企业的产品创新中心，并最终建设国际一流的创新中心”，力争经过5年左右的建设，整合10所以上知名高校院所，聚集各类高端人才1 000人左右。每年培养高端创新创业人才100人以上，创造具有核心竞争能力的重大技术50项以上，新增创新创业企业10家以上，成为北京科技成果转化体制机制改革的样板、引导产学研合作的重要载体，为国家创新发展发挥示范引领作用。

协同院将以协同创新为导向，采取独特的“协同创新中心-基金二元耦合”体制，推动知识、技术、产品与产业的深度融合，致力于实现“五个协同”。

一是高校与高校（院所）协同：分析支撑具体产业的主要学科，遴选学科实力最强的高校（院所）组合委派领军人才，建立若干专门的先进技术研究实体，形成最强的研究力量。

二是高校与产业协同：遴选出覆盖该产业全产业链的一批企业和代表性用户，共建协同创新基金，共同规划、评估、投资项目和实施成果转化，与上游高校（院所）和先进技术研究群体共同形成包括基础研究、应用研究、产业发展和应用示范四个层次的金字塔结构的协同创新中心，实现“目标一致、责任共担、利益共享、行动同步”。

三是企业与行业协同：围绕行业整体技术进步进行技术发展规划，系统开展该领域共性技术、关键性技术和前瞻性技术的研发与转化，项目完成后由协同院内适合企业或组建新企业实施产业化。

四是创新与人才培养协同：采取“双课堂、双导师、双身份、双考核”模式培养高端创新创业人才。即研究生在大学修完理论课后到协同院承担实际科研任务，大学导师指导学术，协同院导师培养其解决实际问题能力，协同院按照全职员工发放报酬，调动学生工作积极性，按照理论与实际成果水平决定是否授予学位。

五是首都知识经济与京津冀区域产业经济协同：服务首都转型发展，发挥首都的科教优势，创造先进技术，并以知识产权与地方进行产业发展合作，致力于创造一种适合于京津冀区域的以知识经济为核心的创新型经济新模式。

第三节　北京协同创新研究院的工作模式创新

围绕完善组织架构和管理机制、实体空间落地、协同创新母基金筹建、重大科技成果筛选和落地、人才培养等核心方面，北京市科委、海淀区与协同院共同进行了探索和创新。

一、完善组织架构和管理机制

协同院注册为民办非企业公益法人，采取理事会领导下的院长负责制，下设技术、指导、工作三个委员会。理事会由北京大学、清华大学、中科大、北航、北理工、北科大、北工大等13所高校领导以及北京市科委、海淀区政府相关负责同志组成。2014年10月10日，协同院第一届理事会选举了时任北京大学副校长陈十一院士为理事长，聘任了北京大学工学院王蓼祥教授为院长。

同时，协同院独资成立了北京协同创新控股有限公司，由其代表协同院持有及管理各经营性公司股权。控股公司发起设立了北京协同创新投资有限公司（负责基金建立与管理）、北京协同创新园有限公司（负责园区建设）、北京协同创新孵化器有限公司（负责创业平台建设及服务、创新创业大赛等）、北京协同创新管理咨询公司（与北大纵横合资，负责创业企业经营管理咨询、技术创新规划咨询）等经营性平台公司，并聘请职业经理人经营管理。

管理机制方面，协同院已建立了课题立项、项目管理、技术转移、人力资源管理、财务管理、行政管理等制度。特别是建立了由初审、论证、评审和决策四个步骤组成的立项流程，且每个环节均由来自技术、产业和投资三个领域的专家执行，在立项之初即大幅提高了项目成功并实现转移的可能性。

激励机制方面，理事会已批准技术转移的收益由团队、基金和协同院按照50%、35%及15%的比例分配。

二、按照“围绕产业链构建创新链”的思路建设了一批协同创新中心

协同院一期规划了18个协同创新中心，目前已初步组建了仿真与设计、智能机器人、先进制造、智能电网、水处理、节能减排、信息安全、遥感、食品科学与工程9个协同创

新中心，并与湍流与复杂系统国家重点实验室、精密超精密制造装备及控制北京市重点实验室等6个国家级重点实验室开展了实质性合作，探索依托重点实验室建设高水平工程技术中心的内生式发展模式。同时，协同院美国分院已遴选出近100名世界顶级专家，尝试利用他们在美国的科研条件，就地开展高水平研究，项目完成后转移至国内发展。

为在更大范围内整合国际创新资源，协同院先后与我国香港应用科技研究院、我国台湾的工业技术研究院、德国史太白大学等科研机构达成了共建联合研究中心的共识，将通过国际技术转移、联合研发、共建国际研究所等形式引入其高端创新资源。拥有100多位由美国科学院院士、工程院院士等顶级科学家组成的德稻集团，170多名在美华人生物医药专家组成的赛福地基金会，未来将全面加入18个中心开展创新工作。

三、按照“围绕创新链组织人才链”的思路构建多层次的人才体系

为保证科研保持高水平，协同院从共建高校双聘了75位顶尖科学家负责把握技术发展方向，双聘人员的人事关系保留在原单位，协同院按照内部薪酬体系发放津贴；从海内外公开招聘了268名专职产业研究教授从事技术研发，聘请了一批专职工程师和优秀的实习生支持科研工作；聘请了熟悉现代院所管理的专家和职业经理人负责管理运营工作；在美国硅谷建立分院，与密歇根大学、德国史太白大学及美国赛福地基金会等机构建立国际合作关系，引进海外高层次人才参与协同创新中心研究，形成了满足创新链所需要的人才体系。

四、推动一批重大项目落地转化及产业化

协同院发挥北京作为全国科技创新中心的作用，与包头、南京、杭州、厦门等地开展合作，形成了“北京研发，全国转化”的模式。协同院将北京的科教优势转变成知识产权，输出到地方做产业，通过知识产权的转移转化实现北京与地方双向发展，推动一批重大项目落地及产业化。目前，已有电控调光膜等4项技术完成研发并在包头、南京等地组建公司，实现产业化。2015年，从国内外推荐的386个项目中，通过严格论证及重大项目国际评估的方式遴选了76个项目，包括“仿真软件”“外骨骼机器人”“兆瓦级超临界二氧化碳热泵”等具有世界领先水平的项目，这些项目将在1~2年内完成研发进入转化或产业化阶段。其中，协同院美国分院启动了12个项目，有3个项目已完成研发并转移到北京中试、转化。同时，该批项目中已有28个与企业达成产业化协议，组建了19家产业化公司，其中3家已改制进入“新三板”上市流程。

五、实施创新创业高端人才培养计划

一是实施“产业领袖”计划，推动“双课堂、双导师、双身份、双考核”的产业人才培养模式应用示范。目前，北京大学、北京科技大学及中国传播大学从现有招生指标中调剂出了50个名额先行先试，并将向教育部申请专门的招生指标。

二是与斯坦福创新中心、北大纵横等单位共同创建公益性的“北京创新创业学院”，对创业者提供核心经营管理理论、科技前沿解析与技术发展规划、商业计划书策划及实战等方面的训练，一期目标是每年为500名左右的创业者提供训练。该计划得到社会的高度认可，每年将获得社会无偿资助500万元支持开展此项工作。

六、推动北京协同创新园建设

2015年4月23日，协同院与海淀区苏家坨镇签署合作框架协议，共建北京协同创新园。园区占地600亩，规划建筑面积50万平方米，包括研发、孵化器及运营总部等。园区一期建设资金已落实，成为海淀北部一镇一园首个正式启动的示范项目。目前，已有7家上市公司、5家行业龙头企业及60家中小企业计划入驻园区。园区建设期间，海淀区在稻香湖创新园为协同院提供了4万平方米的过渡性用房。

七、助推“大众创业　万众创新”

一是“我创新你创业计划”。已有5个项目成功组建企业，其中团队出资30%~50%，较好地解决了团队创业无好项目，教授创业无好团队的问题。

二是“中小企业协同创新工程”。已选出企业40多家，并进入课题论证阶段。

三是“龙头企业整合创新工程”。已与京东方、伊利、潍柴等企业达成了合作共识，进入了项目规划阶段。

八、推动区域协同发展

协同院在美国硅谷和国内津冀区域、南京、杭州、包头等多地建设了分院，初步形成了“北京及美国研发，地方成果转化，产权共享”的院地一体化发展格局。2015年7月，协同院又与保定市共建保定分院，签署国内芯片领域植被装备技术项目合作协议，开展LED芯片关键装备、AIn陶瓷散热基板等项目产业化合作。

第四节　北京协同创新研究院的体制机制创新

在开展工作的过程中，协同院逐步形成了“以市场化、开放化、专业化为改革核心内容”的体制机制创新试点效应。

一、试点以市场化为核心的政府资金配置新机制

基金、社会投资等资本纽带是实现多方利益均衡，确保市场化方向的核心引擎，协同创新母基金的设立有助于通过吸引企业和社会资本投入来引导技术创新的方向和实现产业化目标。政府部门积极转变管理工作方式，不直接具体管理项目，委托协同院作为平台统一完成遴选和管理项目，项目由投资人或领军企业筛选，母基金或子基金实际投资的项目，政府予以优先配套支持，既发挥了政府引导创新的目的，又能保证由市场主体来主导创新方向、检验创新成果，并以未来的经济效益来配置创新资源投入。

二、试点搭建多层次的协同创新思路

开放性是协同院发展壮大的重要机制。整合高校院所和企业资源，首先以中关村核心区为重点，逐步扩大到其他区域。特别是京津冀一体化大背景下，协同院将吸引京津冀区域高校院所、产业骨干企业参与协同创新中心建设、带动其区域创新能力提升。通过双向资源整合，协同院吸引外省市的企业投资，依托技术资源优势形成研发创新层面的合作，并在产业化阶段优先将总部落户北京，避免出现以往技术、人才和企业被“一锅端”的现象；同时，技术转移过程中也能实现一定的经济贡献。成果产业化基地则可选在天津、河北等落地，带动京津冀协同发展。未来协同院将依托其国内多个分院和硅谷分院，形成“北京及美国研发、总部优先落户、产业化基地外移”的院地一体化发展格局。

三、试点“技术孵化”促进科技成果转化新模式

依托协同院整合配置资源，实现成果转化专业化分工，专业的人做专业的事，提升成果转化效率，解决成果转化“最后一公里”问题，形成别具特色的成果转化模式。

（1）“技术成果+合作企业”模式——知识产权“无障碍转移”。协同院的技术成果由参与合作的企业直接使用，按照销售额提成或按年付费的方式给予协同院

回报。

（2）“技术成果+创业团队”模式——实施“我创新你创业计划”，从协同院遴选具备核心竞争力的研究成果，面向社会招募优秀创业团队，团队与基金共同出资组成企业创业。

（3）“技术成果+中小微企业”模式——实施“中小企业协同创新工程”，企业与协同院共同出资，为中小企业量身打造新技术，研发完成后企业转化，助推加快发展。

（4）“技术成果+龙头企业”模式——实施“龙头企业整合创新工程”，围绕龙头企业自身产业链规划及研发一批技术，研发完成后由大企业转化，促进做大做强。

四、试点建立专业化产业人才培养新途径

通过“产业领袖”培养计划，打破传统以考试、论文为重点的考核方式，将产业化成效作为考核标准，有助于技术成果转化工程化、产品化阶段应用技术人才的培养。同时，以“双课堂、双导师、双身份、双考核”的模式培养高端创新创业人才，打破了传统的人才培养模式中普遍存在的理论水平高但动手能力弱，以及动手能力强但前瞻性不足等尴尬局面。

第五节　北京协同创新研究院未来发展重点

一、以“技术孵化”为核心，落地一批重大科技成果

挖掘和转化一批有市场价值的重大科技成果；关注和支持一批重大前沿项目，推动北京协同创新母基金及协同创新子基金筹建，通过知识产权基金，投资一批前沿技术；推动一批知名科学家开展“技术孵化”。

二、做实一批协同创新中心，初步形成良性运转的科技成果转化体系

引入一批知名企业参与协同创新中心合作，推进协同创新中心建设；完成协同创新母基金二期出资到位，进一步完善知识产权基金、协同创新子基金的运作流程，建立真正市场化的机制。运用该成果转化体系，落实一批成功案例。

三、服务大众创业，打造技术+团队为特色的“创业湾”

为更好地服务“大众创业　万众创新”，以北京协同创新园为中心，沿其东侧的周家巷排洪沟两岸建设“北京创业湾”，以技术创业孵化为特色，与中关村创业大街形成呼应，打造“一街一湾”“软硬结合”的创业基地。力促协同院常年服务的中小企业在100家以上，成为小微企业创新创业基地的重要平台和抓手。

四、服务京津冀协同发展，布局全国一盘棋

推广协同院模式，推动“北京及美国研发、地方产业化、知识产权共享”的全国布局。一方面，积极与京外省市尤其是津冀地区合作设立协同院分院，引导落地成果在北京设立企业总部，在地方建立产业化基地。另一方面，向外地企业推荐协同院成果和寻求企业技术需求，助力首都成果转化与地方产业升级。

五、推动协同院进行科技体制改革试点

落实国务院《关于深化中央财政科技计划（专项、基金等）管理改革的方案》（国发〔2014〕64号）精神，拟推动其进行专业机构管理项目的改革试点。政府部门负责决策管理和绩效管理，不再直接具体管理项目，按照形成重大科技成果与培育重大产业落地相结合的项目筛选原则，委托协同院作为平台统一进行项目遴选和管理以及成果转化。由投资人或领军企业筛选并获得母基金或子基金实际投资的项目，政府将予以优先配套支持。这既发挥了市场的主体作用，又更好地体现了政府的创新导向。

第二十五章　首都特色新型智库发展的思考①

内容概要：北京地区拥有众多国家级和市属科技创新与区域发展智库，其数量和发展水平在全国均处于领先地位。各类智库已具有相当强的决策、学术、社会和全球影响力，但与国外知名智库相比，仍有待进一步完善智库体系。本章建议，在创新驱动发展的背景下，为了加快首都“四个中心”特别是全国科技创新中心建设，发展首都特色新型智库应本着市场力量主导、政府创造环境的原则，通过不同智库间的资源交流与共享，为其自主发展创造条件，构建起智库间自由、自主、自发交流的工作体系，实现共同进步；站在政府管理者的角度，要为智库开展协作、塑造创新发展的文化氛围创造条件，使首都特色新型智库更好地为城市建设和区域发展服务。

首都智库是基于首都特殊禀赋形成的智库群，集中了全国智库的优势资源，兼具为国家战略服务和为地方发展服务的双重目标，已形成体系结构，蕴藏着极大能量。现阶段推进首都智库发展，应立足于现有体系格局，以建立开放合作的平台与协同发展的机制为重点，调动分散在各部门、各领域的智库力量，聚焦全国科技创新中心建设等北京城市发展的关键任务，引导智库发挥更大作用。

第一节　首都智库主要类型和基本情况

北京地区拥有国家级和市属众多智库，从国务院直属的政策研究机构，到高校院所，再到聚焦于经济发展的社会智库等，数量众多，水平在全国处于领先地位。

一、官方智库：结构完整，体系庞大，具有一定决策影响力

官方智库同政府关系最为紧密，智库机构的设置和管理往往依托于不同的行政部门。北京作为首都，在京的官方智库可以按照依托机构的行政级别，分为国家层面的官方智库和北京市层面的官方智库两大类别。又由于官方智库的议题选择、人员配置、工

① 本章由北京决策咨询中心课题组完成，王峥主任为课题负责人，武霏霏、李昱参与了课题研究。

作领域同依托部门的日常业务有极大的关系，因此在京的中央级官方智库往往把绝大多数精力放在国家层面的问题上，对北京的区域问题关注相对不多。

（一）国家层面的智库

目前，与科技、经济、产业、区域发展等主题相关的在京官方智库主要包括：国务院直属的研究机构，如中科院、国务院发展研究中心；国务院组成各部门下设的研究单位，大多是事业单位，包括经济、科技、产业、环境保护等领域；其他中央直属的学术单位和人民团体，如中国科学技术协会等（表25-1）。

表25-1　国家级科技创新与区域发展领域主要官方智库

机构类型	相关部门	机构名称
国务院直属政策研究机构	国务院	中国科学院
		中国工程院
		国务院发展研究中心
		国务院参事室
国务院组成部门	国防部	中国军事科学院
		中国国际战略学会
	国家发改委	中国国际经济交流中心
		宏观经济研究院
		国家信息中心
	科技部	中国科学技术发展战略研究院
	工信部	工业和信息化部电信研究院
		中国电子信息产业发展研究院
	财政部	关税政策研究中心
		财政部财政科学研究所
	环境保护部	环境管理研究中心
		环境规划院
	农业部	中国农业科学院
	中国人民银行	中国人民银行金融研究所
	国家税务总局	税收科学研究所
	国家行政管理总局	经济信息中心
	国家统计局	中国经济景气监测中心
	国家外国专家局	国外人才信息研究中心
其他	中央党校主办	中国改革开放论坛
	国家发改委主办	中国经济体制改革研究会
		中国经济改革研究基金会
著名社会团体		中国太平洋经济合作全国委员会
		中国科学技术协会
		中国国际经济交流中心

这些智库拥有全国顶尖的知名专家、实力雄厚的研究团队、相对充裕的经费支持，并同国家级决策部门有长期良好的合作关系。不过，由于机构定位，这些智库的主要研究议题基本以国家层面战略和宏观问题为主，往往以专家个人参与、合作办会等形式加入到市属智库主导的与北京城市发展密切相关的研究中。

（二）北京市层面的智库

北京市层面的官方智库机构同样可根据不同性质分为几类，包括政府内设的政策研究部门和与政府部门联系紧密的事业单位、科研院所等机构（表25-2）。

表25-2 北京市属科技创新与区域发展领域主要官方智库

<table>
<tr><th>机构类型</th><th>智库名称</th><th>职能职责</th></tr>
<tr><td rowspan="4">官方智库</td><td>中共北京市委研究室</td><td>负责综合性政策研究，为市委科学决策服务，下设首都社会经济发展研究所。现有人员约70人</td></tr>
<tr><td>北京市政府研究室</td><td>市政府承担综合性政策研究和咨询任务的市政府直属机构</td></tr>
<tr><td>区委、区政府研究室</td><td>由各区委设立，为地方党委决策服务</td></tr>
<tr><td>委办局研究室</td><td>由各委办局设立，承担委办局调研任务</td></tr>
<tr><td rowspan="6">半官方智库</td><td>北京市社会科学院</td><td>1978年成立。定位为市委、市政府的智囊团和思想库，目前有12个研究所、160余位研究人员；首批建设博士后工作站，出版《北京社会科学》和《城市问题》两本核心期刊</td></tr>
<tr><td>北京市社会科学界联合会</td><td>1983年建立，是社会科学界的群众性社会团体，目前共拥有社科类社会组织161家，其中社科类学会117家，民办社科研究机构32家，基金会12家，会员人数超过10万人</td></tr>
<tr><td>北京市科学技术协会</td><td>1963年成立，负责全面管理全市各级各领域科技类社会组织，目前拥有市学会、协会、基金会191个，区科协16个，企事业单位、经济技术开发区、科技园区科协等基层组织303个，会员达40余万人</td></tr>
<tr><td>北京市农村经济研究中心</td><td>1990年成立，从事农村改革与发展的决策研究，为三农问题和基层农村经济发展服务</td></tr>
<tr><td>北京市科学技术研究院</td><td>1984年成立，为市属大型科技研发机构，现有员工5 138人，其中科技研发人员2 200人，公益类研究人员830人</td></tr>
<tr><td>首都科技发展战略研究院</td><td>2011年8月成立，负责统筹首都科技资源，推动科技发展规律、机制体制、政策制度等重大问题研究，“科技北京”发展战略研究；发挥首都科技智力资源优势，推动首都科技发展战略研究</td></tr>
</table>

党政机关的政策研究部门主要是指各级党政机关的研究室，绝大多数研究人员具有丰富的决策研究经验和较强的研究能力。同时，部分委办局下设的事业单位性质的研究机构也是政策研究的一支重要力量，如首都社会经济发展研究所、北京市农村经济研究中心、北京市建设发展研究中心等。

市属主要智库研究机构包括北京市社会科学研究院、北京市社会科学界联合会、北京市科学技术协会、北京市科学技术研究院、市委党校、北京市哲学社会科学规划办公室等。这些机构总体上按学科归口进行分类，分属社会科学和自然科学两大领域，也有一些跨学科的分支机构，如市科研院下属的部分软科学研究单位。这些机构目前在市级层面的智库中属于最活跃的一群。与政府机关研究室相比，它们相对独立于政府部门，有自行选择议题和开展研究的空间；与高校智库相比，更大比例的科研院所智库是独立法人，进行各方面交流等工作更为便利；与社会智库相比，院所智库积累的研究实力较强、团队规模较大、与决策部门关系更近，更容易参与到决策制定和咨询过程中。

二、高校智库：面向北京，积极布局，在重点议题上发挥作用

北京地区高校数量众多、分布集中，无论是部属高校还是市属高校都聚集着大量科技人才，能够为北京城市发展出谋划策。为凝聚高校智力资源，自2004年起，北京市哲学社会科学规划办公室和市教育委员会按照科学规划、合理布局、突出优势、整合资源的原则,在首都部分高校和相关科研单位开展了北京市哲学社会科学研究基地建设工作。截至2015年，北京市的研究基地总数已达73家。

基地的研究领域涵盖了北京市经济、政治、文化、社会建设和党的建设各个方面。以基地为平台，以合作为框架，与不同单位主体建立多元合作的伙伴关系，汇聚、整合了所在专业领域内的优势资源，特别是政策、人才、项目、经费和信息资源。从研究方向上看，既有马克思主义研究、北京党建研究等基础理论研究，又有交通发展研究、企业国际化经营研究、北京决策研究这样的应用对策研究，还有北京学研究、北京戏曲文化研究等地域文化特色研究，研究方向涉及哲学社会科学各领域。其中，相当一部分与区域创新发展有关。11年间，研究基地开展了大量科研活动，已成为首都智库建设的一支重要力量，产出了大量优秀科研成果，一批科研成果得到转化应用，培养了众多优秀科研人才，发挥了重要作用。

三、社会智库：专家带动，规模不一，灵活利用新媒体打造品牌

近年来，以市场化运作为主的社会调查咨询企业发展迅速，对北京城市创新发展和科技领域相关议题提供决策支撑。例如，北京市长城企业战略研究所、北京方迪经济发展研究院、北京国际城市发展研究院等民间调查咨询机构等（表25-3），按照市场经济方式运作，研究方法和技术手段比较先进，为包括政府部门在内的社会各界提供了大量的咨询建议。目前，北京地区该类企业共2 000多家，从业人员近6万人，很多技术型企业经常直接为政府专门决策提供研究和咨询服务，如北京建筑工程技术咨询服务公司、安泰科技咨询公司等，已成为全市智库队伍中的重要组成部分。在京的社会智库按主要研究领域同样可分为两类：一类是主要针对北京及北京周边区域开展研究的智库，主体是一些地方属事业单位转企的智库公司，数量相对较多；另一类则是纯民间的智库机构，

往往并不专门针对北京地区的发展问题进行研究，而是围绕某一核心技术领域（如经济发展、数据分析、企业服务等）开展跨区域的工作，近两年发展迅速。

表25-3　经济和创新领域在京主要社会智库

智库名称	职能职责
北京天则经济研究所	1993年成立，由经济学家茅于轼、樊纲等成立，现任理事长为茅于轼，所长盛洪，学术委员会主席张曙光
北京国民经济研究所	2002年成立，现任所长樊纲
北京市长城企业战略研究所	1993年成立，面向商业组织和公共组织提供战略规划、管理咨询服务
北京安邦咨询公司	1993年成立，创建人陈功
北京方迪经济发展研究院	2004年成立，创建人赵弘，从事区域经济、产业经济、总部经济等研究
北京国际城市发展研究院	2001年成立，创建人连玉明，从事城市管理、城市竞争力研究

在京几家顶尖社会智库业务比较活跃，与官方和半官方智库相比，社会智库更积极地利用信息媒体和新媒体对机构自身和机构成果进行推介。例如，安邦咨询的官方网站和旗下“第一智库”网站，版块设计合理，更新及时，部分智库成果全文公开，每日更新全球智库观点，目前日均访问量已超过相当一部分官方和半官方智库，产生了一定的品牌效应。

第二节　首都智库的影响力

一、对政策方向把握较好，具备决策影响力

首都智库长期关注国家和北京市科技创新与区域发展政策动向，多数智库分别同各领域政府部门、科研机构、企业与社会组织建立了合作交流渠道，部分大型智库和资深专家对决策具有一定的影响力。

一些智库参与了若干重大决策的调研和论证。在一些专业性较强的科技创新议题中，部分科研机构智库、高校智库和社会智库以参加座谈论证会议、提供调研数据等方式参与到城市、地区发展重大战略目标的提出和论证过程当中。另外，还有一些高水平的智库专家凭借在决策研究领域的长期积累，进入各类规划和政策的编写组，直接参与政策文件的起草工作。

越来越多的智库承担了政府交办的具有时效性、对策性和战略性的重大课题。特别是随着政府购买服务热度的升高、研究项目招投标规则的完善、科技计划项目等财政项目管理的进一步规范，智库获得了更多承担政府交办课题的机会，课题研究成果也以各种专报、内参、人大/政协提案等形式供决策部门参考，并通过越来越频繁的交流，更好地把握各方面决策动向，进而提升了成果质量。

智库主动向中央及北京市提交内参材料的积极性不断上升。中国科学技术发展战略

研究院、北京市科学技术研究院、北京市社会科学院等机构都拥有各自的内参报送渠道，在各自优势研究领域，围绕首都经济、社会、科技发展重大问题向决策者提供数据和信息参考、观点建议、政策实施效果评估等。随着越来越多的智库主动向决策部门报送决策咨询成果，不同领域和行业的智库正在逐步形成差异化特色，发挥着更大的决策影响力。

二、理论研究成果丰硕，学术影响力极强

首都智库的学术影响力首先反映在学术论文和专著发表方面。据北京市哲学社会科学规划办公室的统计，自高校哲学社会科学研究基地工作启动以来，截至2014年，已出版专著3 000多部，在全国核心期刊发表论文1.3万余篇。

此外，首都智库还积极举办高层论坛和学术会议。特别是中央在京高层次智库，如国务院发展研究中心、中科院科技政策与管理科学研究所等机构，拥有大量高水平专家资源，每年定期组织学术交流会议，并不定期地根据国家和城市发展重点热点问题召开高峰论坛，促进了学界交流。

同时，首都各类智库也面向学术界征集部分研究项目选题，如北京学研究基地科研项目、北京对外文化交流与世界文化研究基地青年研究项目、北京新农村建设研究基地项目等，资助扶持了一批主要来自高校的研究人员，形成了大量研究成果，通过项目集中组织、管理和评审，扩大了智库机构在学术界内部的知名度和影响力。

三、发布各类出版物，积极扩大社会影响力

近年来，首都智库主要通过出版专著和媒体报道等方式强化社会影响。

在出版专著方面，社科院系统每年发布的“蓝皮书”“黄皮书”“绿皮书”“白皮书”系列，对首都各行各业情况和战略走势进行多角度分析，在学界广受关注。而部分社会智库出版的普及性更强的专著和大众读物，如天则经济研究所的“中国变革之道”、北京市长城企业战略研究所的系列企业研究报告等，也具备一定的社会影响力。

在媒体报道方面，不仅社会智库积极出现在大众媒体上，官方和半官方智库也越来越重视争取媒体的关注。例如，国务院发展研究中心、北京市社会科学院等单位的专家，近年来都在积极和主动地围绕广受民众关心的议题发表评论，引导社会舆论。

四、拓展国际交流范围，逐步打造全球影响力

近年来，一些能力较强、规模较大的智库通过召开国际会议、组织出国调研、与国外智库展开共同研究等方式提高自身的全球影响力。例如，国务院发展研究中心公共管理与人力资源研究所对世界主要发达国家及新兴经济体国家的智库进行了深度调研，2000年以来，先后访问美国兰德公司、法国国立科学技术与管理学院、英国亚当·斯密学会、德国联邦经济合作与发展部、日本关西经济研究所、日本经济产业研究所、韩国国家经济、人文社会研究会、韩国对外经济政策研究院、韩国产业经济与贸易研究院等十余家国际顶尖的科技与经济类智库，一方面帮助我国研究界和决策部门了解国外智库运行情况及主要功能，另一方面也大大拓展了国务院发展研究中心的国际交往范围、深化了国际交流深度。

第三节　首都智库体系的特点

综合来看，北京地区的智库受中央在京资源的辐射呈现差异化的布局，初步形成了首都智库体系。其中，以北京市社会科学院、北京市科学技术研究院为代表的市级大型智库，围绕北京市创新发展的热点、难点问题积极响应、主动谋划，持续为市委市政府提供决策支撑，发挥中坚作用；以国务院发展研究中心、中科院为代表的中央在京智库和以一批高校决策研究基地为代表的高校智库，拥有丰富的高层次专家资源，开展战略性和理论性研究，为决策研究奠定基石、规划方向；以北京市长城企业战略研究所、北京方迪经济发展研究院为代表的社会智库，在各类专业领域依靠骨干专家团队和深入的市场调研为政府部门和企事业单位提供咨询服务，是决策咨询大军中的生力军和突击队。

一、首都智库数量众多，机构组成多样

科技部最近一次“全国软科学研究机构统计调查报告”显示，北京地区拥有软科学研究机构258个，位居全国第一，占全国的10.7%；从事软科学活动人员总数为10 616人，占全国软科学研究人员的12.7%。在这些智库中，从机构性质上分，有科研院所、高校、社会组织、国有企业、民营企业等；从研究领域上分，有理论研究型、调查咨询型、政策分析型等；从关注对象上分，有主要研究国家发展战略问题的智库，也有更关注本区域情况的智库，类型多样（表25-4）。

表25-4　北京地区智库与研究人员数量

项目	北京	全国	北京占全国比重
软科学机构数/个	258	2 408	10.7%
从事软科学活动人员数/个	10 616	83 768	12.7%
其中：博士人数/个	3 564	17 583	20.3%

资料来源：《2009—2010全国软科学研究机构统计调查报告》

二、首都智库集中了顶尖研究资源，学术水平高

在京各级各类智库围绕区域发展的理论和实践，开展大量研究工作，持续产出大量高水平的学术成果。据统计，自高校哲学社会科学研究基地工作启动以来，截至2014年年底，在京高校智库已出版专著3 134部，在全国核心期刊发表论文13 080篇，获省部级以上奖励745项。研究基地学术骨干中，高级职称人员1 150人，副高级职称人员906人，其他专职人员922人，累计培养博士后、博士、硕士14 116人。北京市社会科学院“蓝皮书”“绿皮书”“白皮书”等皮书系列，已经获得研究界普遍认可。一批高校和科研机构的学者，在京津冀一体化、北京城市功能选择、北京产业发展规划和空间布局设计等重点焦点问题上开展研究工作，研究成果具有较高的质量。

三、首都智库的氛围活跃，国内外影响范围广

各类智库特别是中央在京高水平智库积极组织国内外合作和调研，广泛交流信息，形成了较强的影响力。在国内外各种智库研究机构开展的排名中，北京地区智库的整体影响力均位列全国第一。例如，2015年出版的麦甘《全球智库报告2014》中，由全球智库相关专业人士投票选出的排名前10家中国智库中有9家位于北京（表25-5）；上海社会科学院智库研究中心发布的《2014年中国智库报告》统计了影响力最大的10家智库，其中7家位于北京（表25-6）。

表25-5　《全球智库报告2014》中的前十家中国智库及所在地

排名	智库名称	所在地
1	中国国际问题研究院	北京
2	中国现代国际关系研究院	北京
3	清华-卡内基全球政策中心	北京
4	中国社会科学院	北京
5	国务院发展研究中心	北京
6	北京大学国际战略研究院	北京
7	上海国际问题研究院	上海

续表

排名	智库名称	所在地
8	天则经济研究所	北京
9	九鼎公共事务研究所	北京
10	中国国际经济交流中心	北京

资料来源：《全球智库报告2014》

表25-6 《2014年中国智库报告》中的前十家智库及所在地

排名	智库名称	所在地
1	中国社会科学院	北京
2	北京大学	北京
3	国务院发展研究中心	北京
4	复旦大学	上海
5	中共中央党校	北京
6	清华大学	北京
7	上海社会科学院	上海
8	国家发改委宏观经济研究院	北京
9	中国人民大学	北京
10	中国（海南）改革发展研究院	海南

资料来源：《2014年中国智库报告》

此外，北京地区智库相对全国其他地区智库明显更为活跃。《2014年中国智库报告》数据显示，北京地区的活跃智库超过90家，占全国活跃智库总数的三成以上；排名第二的上海仅有20余家活跃智库，其他省市拥有的活跃智库均不到10家（图25-1）。

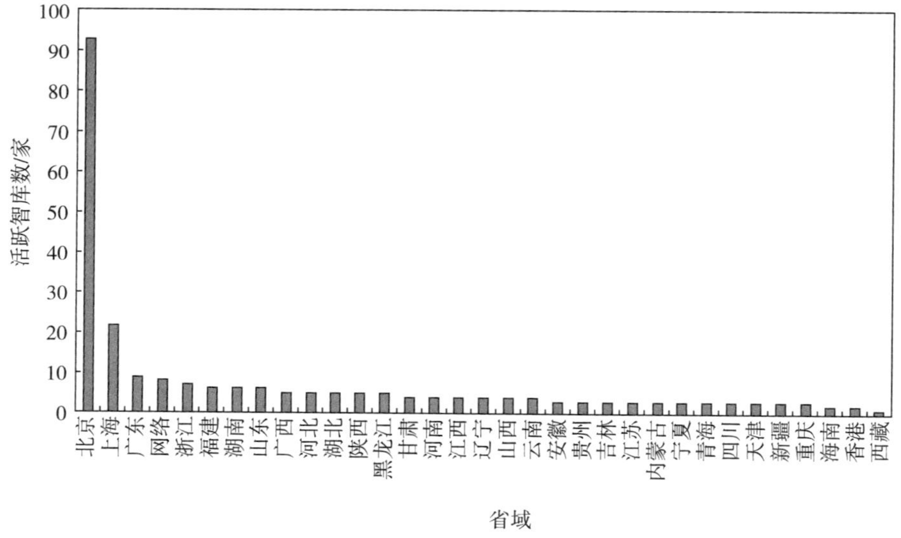

图25-1 2014年中国活跃智库省域分布

资料来源：《2014年中国智库报告》

四、首都智库在城市经济社会发展领域已有一定研究积累

根据麦甘《全球智库报告2014》，进入世界排名前列的首都顶尖智库主要在国内外经济政策，国家安全与国际关系政策，能源、环境与健康政策三大领域中开展研究，也有智库专门从事社会与教育政策研究和科技创新政策研究（图25-2）。一些智库在这些研究领域中已进入全球智库排名前30位。

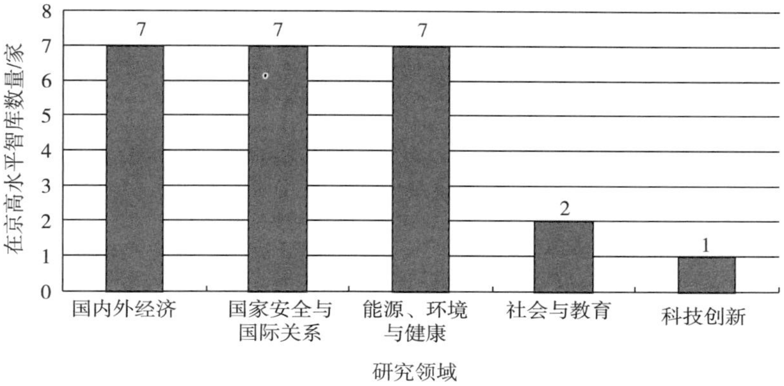

图25-2　在京高水平智库从事的主要研究领域

资料来源：《全球智库报告2014》

在经济新常态下，首都要实现“四个中心”的战略定位、引领京津冀协同发展，对整体经济、产业、社会文化、城市治理、发展模式提出全面的转型要求。顶尖的首都智库在经济、政治、能源环境、教育与科技创新等各个方面具备较好的研究积累，也已拥有了一定的全球竞争力，有能力应对城市发展过程中的具体问题。

五、首都智库为城市发展提供决策支撑的能力正在逐步提高

针对首都智库结构复杂、中央资源与地方资源并存的局面，为更好地利用中央在京智库为北京地方发展服务，北京市早在2000年前后已经开始了改革探索，于1998年、1999年先后成立了北京清华工业开发研究院和北京大学首都发展研究院。然而，这些智库在行政管理上仍隶属于高校，主要的研究力量也依附于高校。在日常研究组织机制和满足北京地方决策需求上还有一定障碍和滞后性。

2011年以来，首都科技发展战略研究院、北京协同创新研究院先后成立，开始探索组建独立实体开展研究、依托北京地方智库负责日常管理等新的组织形式。新型智库的探索和实践，提升了智库响应决策需求的反应速度，增强了决策研究的针对性，在一定程度上串联了中央和地方智库的专家力量，智库为城市发展提供决策支撑的能力正在增强。

总体上，首都智库体系理论研究水平高、学术成果数量多、国内外影响范围广、各种性质和层次的机构兼备，创新资源丰富，能够为城市发展的关键决策提供有力支撑。

第四节 推进首都特色新型智库发展的挑战与对策

推进首都特色新型智库发展，核心是要破除不利于智库发展的各方面障碍，充分发挥北京地区决策研究智库体系活力，为首都发展服务。从目前来看，在创新驱动发展战略全面深化的背景下，北京建设全国科技创新中心、京津冀打造协同创新共同体和全面创新改革实验区等一系列战略定位，对整个城市发展方式转变、创新生态优化等各方面工作提出了挑战，需要首都特色新型智库不断创新体制机制，加强决策研究合作，提高决策研究的前瞻性，推进智库体系的活性化，释放存量资源优势。

一、整合全社会决策研究资源，全面发挥智库合力

建设首都特色新型智库，要进一步凝聚研究资源、发挥智库合力，服务整个区域的科学发展，正确处理好“前瞻预测性研究”和“解答现实对策问题”两类任务的关系，擅长不同理论与方法的各类机构要发挥差异化的特色和优势，共同应对影响城市发展的关键性问题。应利用首都特殊的优势条件，关注央地资源对接，善于运用创新方法鸟瞰全球趋势、深入开展前沿和预测性分析的中央在京智库，要同地方智库和社会智库保持密切接触；地方智库则应在深入理解战略性方向性研究的基础上凭借自身了解地方需求的优势，深入把握北京发展中具有苗头性、趋势性的重大问题，实现研究协作。

为了调动全社会智库力量服务城市发展，应以编写各专业领域“智库索引”为抓手，加强横向沟通，形成线上线下的决策信息交互平台。索引内容应涵盖同一决策主题下，各种层次、各种性质的智库概况和主要成果简介，作为决策部门提出购买服务需求的参考资料。根据“智库索引”形成在线决策信息交互平台，集成政府购买服务信息平台等模块，向北京市决策研究界开放，围绕城市建设中的重点议题广泛吸纳智库参与，充分调动全社会的决策咨询力量。

要利用信息平台，全面加强智库之间的协作和成果交流。鼓励北京市科会技术协会、北京市科学技术研究院、北京市社会科学界联合会等核心智库围绕重大课题组织攻关，带动其他智库开展多学科研究；发挥中央在京智库、高校智库及各核心智库下属研究咨询机构与组织等智库的作用，在优势领域积蓄研究实力、加强分析深度；积极吸收社会智库力量，利用社会智库掌握的基层数据和信息，增强决策研究的实用价值。通过分工合作，将各类机构已有成果充分利用起来，形成多学科、多角度、多层次的分析框架，不断加大研究深度，提高研究的前瞻性和实用性。

二、搭建产学研主体对话平台，引领区域创新发展

在活跃的区域创新系统中，智库的作用已不仅仅是进行决策研究、提供咨询报告，而要积极通过决策研究的过程建立区域合作的讨论框架，促使产学研各界加强观点和信息的交换，帮助创新体系中的各方平衡分歧，推动政策的形成和实施，这是首都特色新型智库建设中的一项重要挑战。此外，首都特色新型智库还应发挥专业价值，探索主导组织产学研协作技术开发或成果应用项目，在产业联盟、技术研发平台等协同创新活动中发挥更大的作用，缩短科技创新政策研究和科技创新活动之间的距离。

因此，要允许和鼓励从事产业政策研究的智库加入各种产业技术创新联盟、参与协作攻关项目，为企业提供必要的支持。配合事业单位管理改革，允许体制内智库采取招募兼职项目顾问、设置咨询委员会等方式聘用企业人员，设法调和高校与科研院所智库聘用企业人员的制度障碍。在决策咨询类项目招投标、结题验收、服务评价等阶段，对产学研协作完成良好的项目予以表彰和奖励。相关政府部门要积极参与高校院所智库与企业联合组织的区域发展交流活动，倾听各方需求，推动信息的开放交流，培养和谐的创新环境，实现区域协同创新。

三、探索现代宣传手段，更好地发挥舆论引导作用

加快首都特色新型智库发展，要顺应当前移动媒体迅速扩张、社会公众对科技创新议题关注度日益高涨的形势，着力创新方法、加强首都智库的社会影响力。应有针对性地扩大智库的成果推送范围，将宣传对象群体从单个决策部门或学术界内部扩大到全体社会公众；要创新信息化的宣传方式，正确把握移动阅读时代缺乏专业知识背景的大众阅读习惯，避免平板枯燥的新闻内容、更新缓慢的发布节奏、长篇大论的文字描述，着力培育有利于创新的社会文化氛围。

在具体工作中，要依托北京市科学技术协会与北京市社会科学界联合会两界联席会议、高校研究基地等组织，委托专业机构运行和维护市级统一的智库宣传网站。采取多样化的交互方式，及时开设微博、微信等公众账号，撰写短小精炼、平实易懂的观点性文章。与国内其他智力资源密集区域（如上海等地）实现线上互动，并逐步建立和完善英语网站，将各机构公开的研究成果摘要翻译为英文，促进国际交流。通过宣传平台，就社会公众共同关心的问题给出权威解读，介绍国际前沿知识，提高全民科学素养，营造支持创新的社会氛围。

四、完善政府购买服务机制，改善智库发展环境

智库的研究成果不同于自然科学研究机构，很难以有形的技术、专利或产品形态出现；也不同于社会科学研究人员，无法单纯以发表学术文章、出版理论专著作为指标加以衡量。由于智库开展决策咨询的特殊性，在决策信息的获取、研究过程的安排、研究成果的知识产权共享与效果评价等方面，都必须对现有制度做出一定调整，以完善政府购买服务机制为重点，将智库产品作为一项重要的专业性服务，理顺管理流程。

要继续推动政府信息公开，将年度决策需求纳入政府信息公开目录。应特别明确，凡属智库提供的咨询报告、政策方案、规划设计、调研数据等，都属于政府采购的需求内容，鼓励智库探索成果创新。安排专项经费通过预研究对决策需求进行聚焦，避免决策咨询选题过泛、过大。完善政府决策流程，设计智库服务评价的标准和方式，适当引入公共政策听证会等社会监督机制，在服务项目完成后以目标达成情况、用户满意度、咨询服务工作效率等为主要评价标准，根据评价等级，按比例给予智库相应的奖励。

面对全球各国竞争机遇、国家转型发展战略、北京城市建设任务，加快首都特色新型智库发展是一项紧迫的工作。若能为决策咨询各界的联系协作创造条件、提供渠道，有效调动起体制内外的存量资源，推动智库围绕区域发展重大议题开展通力合作，无疑将使首都特色新型智库的发展迈上一个新的台阶，为“四个中心”建设、京津冀协同发展、创新型国家建设做出更大贡献。